智能建造领域高素质技术技能人才培养系列教材

智能建造施工技术

广联达科技股份有限公司　组织编写
主　编　王春林　杨剑民　张隆隆
副主编　王英杰　胡　敏　张　宁
主　审　卢文良

中国教育出版传媒集团
高等教育出版社·北京

内容提要

本书是智能建造领域高素质技术技能人才培养系列教材之一。全书内容分为一个智能建造施工概论模块及四个技术模块，技术模块内容主要有：地基基础工程施工、主体结构工程施工、装配式工程施工、防水工程施工及节能减碳。教学过程中融合了土方调配、钢筋算量、模板脚手架结构复核、装配式施工等方面的软件应用，有代表性地介绍了智能化施工机械、智慧工地监测设备和辅助决策软件。

本书每个模块设置了导言，每个项目设置了学习目标、思维导图，便于引导学习。为方便读者学习，教材还配有拓展资料、微课等多媒体资源。授课教师如需要本书配套的教学课件等资源，可登录高等教育出版社产品信息检索系统（https://xuanshu.hep.com.cn/）免费下载。

本书可作为高等职业院校土木建筑类等相关专业的教材，也可作为相关工程技术人员的参考书及企业培训用书。

图书在版编目（CIP）数据

智能建造施工技术 / 广联达科技股份有限公司组织编写；王春林，杨剑民，张隆隆主编. --北京：高等教育出版社，2024.9

智能建造领域高素质技术技能人才培养系列教材

ISBN 978-7-04-062242-3

Ⅰ.①智… Ⅱ.①广… ②王… ③杨… ④张… Ⅲ.①智能技术-应用-建筑施工-高等职业教育-教材 Ⅳ.①TU74-39

中国国家版本馆 CIP 数据核字（2024）第 106442 号

ZHINENG JIANZAO SHIGONG JISHU

策划编辑 刘东良　责任编辑 刘东良　封面设计 李卫青　版式设计 李彩丽
责任绘图 于 博　责任校对 张 然　责任印制 刁 毅

出版发行	高等教育出版社	网　址	http://www.hep.edu.cn
社　址	北京市西城区德外大街 4 号		http://www.hep.com.cn
邮政编码	100120	网上订购	http://www.hepmall.com.cn
印　刷	北京市鑫霸印务有限公司		http://www.hepmall.com
开　本	787mm × 1092mm 1/16		http://www.hepmall.cn
印　张	18.5		
字　数	390 千字	版　次	2024 年 9 月第 1 版
购书热线	010-58581118	印　次	2024 年 9 月第 1 次印刷
咨询电话	400-810-0598	定　价	49.80 元

本书如有缺页、倒页、脱页等质量问题，请到所购图书销售部门联系调换

物 料 号 62242-00

编审委员会

（排名不分先后）

编写委员会

（排名不分先后）

序

智能建造是我国建筑业转型升级和实现建筑新型工业化体系的重要过程和核心成果，也是我国信息化社会建设的重要组成部分。自2018 年同济大学率先开设智能建造专业至今，全国已有 230 多所高等院校设置了智能建造相关专业，这充分体现了广大院校对智能建造领域新专业的积极关注和主动参与。智能建造专业是在原有土建类专业基础上引入“机器代人”施工，融合了大数据、人工智能、物联网等新技术、新模式、新平台的新兴跨界融合专业，对实现以“互联网＋建筑业”为标志的建筑业新业态具有积极意义。

随着智能建造相关专业办学点数量的快速增长，院校在人才培养方面也面临着诸多有待破解的难题。在专业培养目标、人才规格、对应岗位等顶层设计基本完成之后，如何开辟产教融合畅通渠道，如何实现“想法与做法相互支撑”，如何设计出教育教学过程中的“有效落地手段”，如何配置好一流的教学平台与资源，已经成为今后一个时期专业建设发展的关键要素。就教材建设而言，亟待解决的问题主要有：一是适应智能建造相关专业教学的教材开发相对滞后，各院校对优质、适用、特色鲜明、成套系编写的教材需求急迫；二是软件应用、自动控制、机电及大数据等“跨界课程”，如何为专业服务、如何进入专业和设计教学空间，也需要高水平的教材来引领；三是与实际工程对接紧密，行动导向或理实一体化的新形态教材整体缺失，对专业与课程的创新发展促进作用不突出。院校亟需一套兼顾“前沿”与“系统”、“交叉”与“专业”、“理论”与“实践”的教材。

近年来，国家和有关部委陆续出台了一系列推动智能建造与建筑工业化协同发展的系列文件，为了服务国家发展战略，紧跟建筑行业转型升级和数字化发展趋势，助力培养新业态背景下行业所需的智能建造人才，高等教育出版社和广联达科技股份有限公司合作组织编写了智能建造领域高素质技术技能人才培养系列教材。系列教材由 12 本涵盖智能建造相关专业技术和管理领域，并兼顾专业通识和专业拓展功效的教材组成，拟分批陆续出版发行。本套教材有以下三个方面的特点：一是突出了立德树人，系列教材深入贯彻党的二十大报告提出的“深入实施人才强国战略”“努力培养造就更多大师、战略科学家、一流科技领军人才和创新团队、青年科技人才、卓越工程师、大国工匠、高技能人才”的要求，充分挖掘教材的思政元素，将社会主义核心价值观、家国情怀、专业素养和工匠精神融入学习任务中，为培养造就德才兼备的高层次、高素质智能建造技术技能人才提供支撑；二是突出了应用性，系列教材基于对行业发展及岗位能力迁移的整体思考，融入了广联达科技股份有限公司“四流一体”（即业务流、数据流、案例流、教学流）的培养培训模式，建立整体编写框架思维，各本教材通过一个典型的工程案例来展开内容，从项目“立项→设计→施工→交付→运维”的全生命周期中进行业务流、数据流的演示，通过各阶段实体及虚拟数字孪生模型的任务要求，完成各阶段需要产生的成果，形成完整的案例流，达到完整的一体化教学的目的；三是创新了呈现形式，系列教材积极响应教学创新的实际需要，突出职业教育的应用性特色，深入挖掘“项目式、任务式”教材内涵，采用“模块→项目→任务”分层进行整体设计，创新应用了“任务引入→知识准备→任务实施→知识拓展”的教材框架结构，以项目驱动教学活动开展，积极探索“内化于心，外化于形”的理念。

本系列教材在广泛调查研究、认真研讨论证的基础上，由校企协同团队开发编写，相信一定会对智能建造人才培养起到支撑促进作用，成为教师授课的有力助手，学生学习的有效资源，业内人士培训的教学范本。希望本系列教材的出版，能够助力智能建造人才培养体系的完善与优化，为行业培养出更多德才兼备的高层次、高素质智能建造人才，为我国建筑业实现高质量发展、早日建成世界一流的建筑业强国贡献力量。

前言

世界各国的建造施工技术正经历着向智能制造、智能建造的高速转变，伴随着人工智能、大数据、5G 技术、物联网技术的发展，从BIM（建筑信息模型）技术迈向数字孪生，从机械化施工逐步演化为机器人施工。计算机辅助设计、决策、施工的智能建造系统化应用，传感器和集成软硬件技术耦合的智慧工地管理，成为建筑施工领域未来一个时期的特点。从 AlphaGo 到 ChatGPT，人工智能的发展日新月异，人们将面对人工智能技术赋能各行各业的新时代。为应对未来的数字挑战，要做好人才培养、前沿技术研究和联络合作，加快国内高等学校、职业院校开展相关课程、培育本土人才，强化国家战略科技力量。本书的编写，尽可能在工程实例的基础上，将建筑行业的最新技术，在配套虚拟仿真的平台上直观呈现，并通过教学大纲、配套的微课、视频、教学课件、试题库等资源建设，以 4 个学习专题设计进行弹性化、过程化、数字化的教学及评价。

本书由赤峰学院王春林、赤峰工业职业技术学院杨剑民、赤峰应用技术职业学院张隆隆任主编，赤峰学院王英杰、四川建筑职业技术学院胡敏、赤峰学院张宁任副主编。参编人员（排名不分先后）有：赤峰学院王啸、刘晓林、景凯宇、魏丽丽、张立华、彭冠涵；赤峰工业职业技术学院王建伟、郭远博；赤峰应用技术职业学院付彬彬；广联达科技股份有限公司梁兆佳、冷亚鹏、宋银灏、郭振金、赵卓辉、李保宾、李鹏超；内蒙古交通职业技术学院张萌、崔海虎；赤峰建筑工程学校夏晓红；呼伦贝尔学院魏巍；通辽市工业职业学校朱彬、李晓勇；东南大学管东芝、朱明亮；福建信息职业技术学院李月莲；福建水利电力职业技术学院廖素娟；泉州轻工职业技术学院唐荣明；石家庄职业技术学院王永发；深圳市郑中设计股份有限公司郑开峰；北京博睿丰工程咨询有限公司席作红；东北农业大学赵倩倩。王春林负责全书统稿，北京交通大学卢文良审阅，电子资源由各参编单位联合提供。在本书编写的前期资料搜集和后期案例整理过程中，编委会成员群策群力，直击教学痛点，提炼“四流一体”的数字化教学组织模式、动态调整教材编写任务，最终呈现出五大教材特色，包括“模块－项目－任务”总体设计、“任务引入－知识准备－任务实施－操作指导－知识拓展”的过程设计、软件案例与知识教学的深度融合、虚拟仿真资源嵌入、专题化呈现装配式施工技术和绿色施工理念。

特别感谢来自高等教育出版社的孙薇女士提出宝贵业务指导、广联达科技股份有限公司提出的“四流一体”教学设计理念，同时感谢来自各位参编同志所在单位对教材内容的审核，在此也对在本书编著过程中给予支持和帮助的老师及参考文献的作者致以衷心的感谢！

由于时间和编者水平有限，书中难免有不妥之处，敬请广大读者批评指正。

编者

2024 年 1 月

目录

模块一

智能建造施工概论

中国制造、中国创造、中国建造共同发力，继续改变着中国的面貌。智能建造之于建筑业，相当于智能制造之于工业。发展智能建造，是加快建造方式转变，推动建筑业高质量发展，打造“中国建造”升级版的优选路径。党的二十大报告指出，建设现代化产业体系，推进新型工业化；加快实施创新驱动发展战略，加快实现高水平科技自立自强。“人工智能+”赋能建筑智能化施工带来的降本增效作用日益凸显，2023年初，ChatGPT再一次打开了人们对数字经济的时代畅想，有可能是利用人工智能生成内容技术进展的一个里程碑，开启了利用人工智能技术的新时代。大国科技实力是国家实力的核心，能否抓住智能时代的变革机遇，是中国建设现代化强国的关键。

项目 1 智能建造概念与应用

【学习目标】

知识目标

1. 了解实现智能建造施工技术的主要途径。
2. 了解智能建造的发展历程。
3. 理解智慧工地的内涵及特征。
4. 理解智能建造的基本概念。
5. 熟悉常见智慧工地的系统架构及功能模块。

技能目标

1. 能够根据不同施工场景选择适当的智能建造技术。
2. 能够通过文献检索、网络查新等方式了解智能建造的最新发展。

素养目标

1. 了解智能建造对生态发展的重要意义。
2. 了解智慧工地的发展对工地信息化建设的重要意义。
3. 建立绿色、高效、低耗、环保的智能建造施工理念。
4. 掌握 BIM 技术与智慧工地的应用。
5. 具备组建小组开展问题研究的组织管理能力。
6. 具备个人融入团队的合作意识。
7. 思考在智能建造条件下的安全管理方面的变化。

【知识图谱】

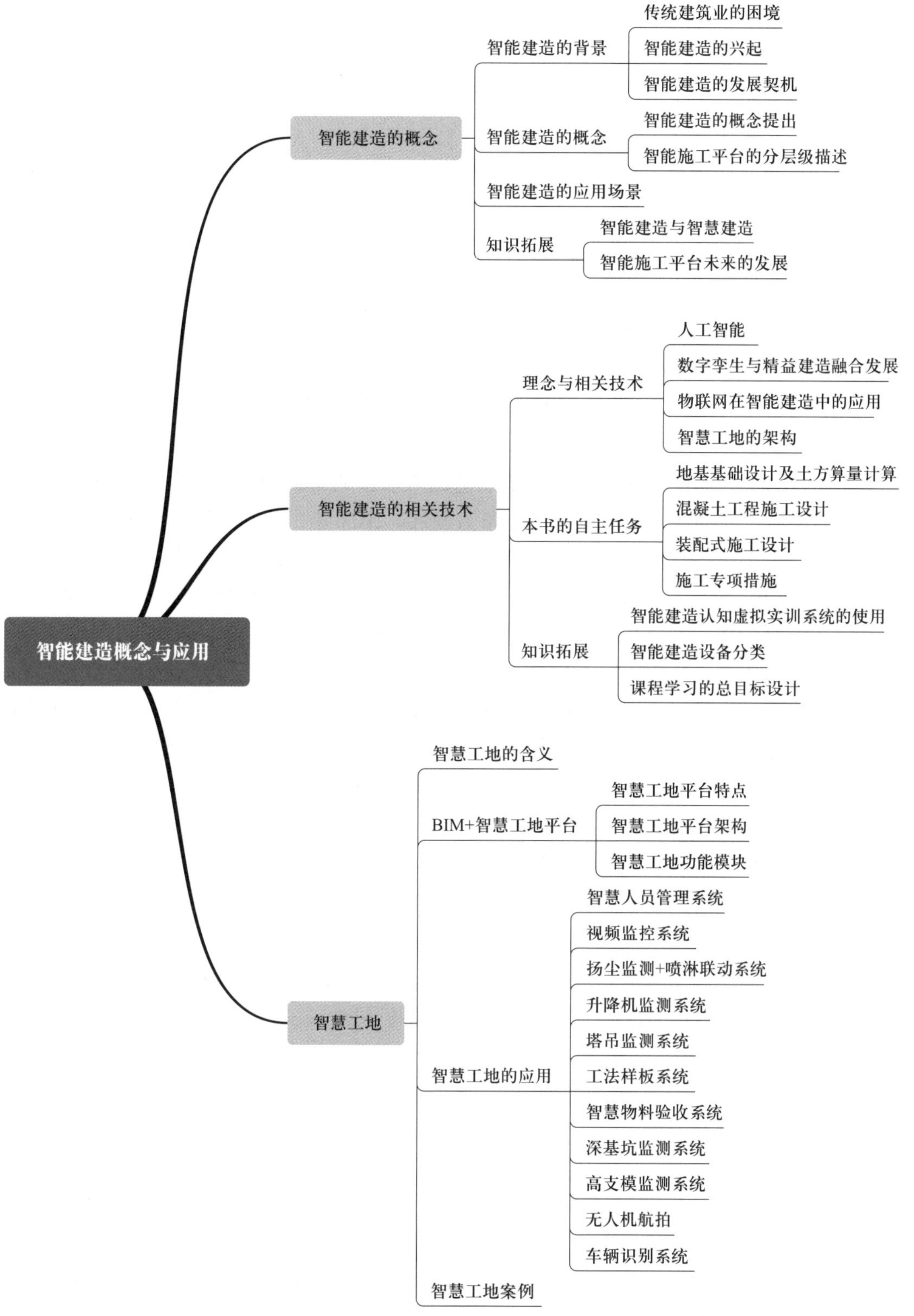

智能建造概念与应用
智能建造的概念
智能建造的背景
传统建筑业的困境
智能建造的兴起
智能建造的发展契机
智能建造的概念
智能建造的概念提出
智能施工平台的分层级描述
智能建造的应用场景
知识拓展
智能建造与智慧建造
智能施工平台未来的发展
智能建造的相关技术
理念与相关技术
人工智能
数字孪生与精益建造融合发展
物联网在智能建造中的应用
智慧工地的架构
本书的自主任务
地基基础设计及土方算量计算
混凝土工程施工设计
装配式施工设计
施工专项措施
知识拓展
智能建造认知虚拟实训系统的使用
智能建造设备分类
课程学习的总目标设计
智慧工地
智慧工地的含义
BIM+智慧工地平台
智慧工地平台特点
智慧工地平台架构
智慧工地功能模块
智慧工地的应用
智慧人员管理系统
视频监控系统
扬尘监测+喷淋联动系统
升降机监测系统
塔吊监测系统
工法样板系统
智慧物料验收系统
深基坑监测系统
高支模监测系统
无人机航拍
车辆识别系统
智慧工地案例

任务 1.1　智能建造的概念

【任务引入】

建筑业是我国国民经济的支柱产业，一直以来生产方式相对粗放，精细化程度较低。在中国高质量、绿色发展的大背景下，随着中国社会人口全面老龄化的到来，建筑从业人员数量逐年下降，建筑企业经营过程中的各项矛盾日益凸显，企业发展遇到瓶颈。麦肯锡国际研究院《想象建筑业的数字化未来》报告统计，在全球机构行业数字化指数排行中，建筑业位于倒数第二位。其他国家和地区相继发布了建筑业发展战略，如英国的《Construction 2025》，目标可以具体表现为在满足“0”质量缺陷、“0”安全事故的前提下，成本降低 1/3、二氧化碳排放量减少 50%、生产进度加快 50%。日本也提出了《i-Construction》，这些发展策略都强调了建筑业应通过工业化、数字化、智能化等方式增强产业竞争力。基于智能建造实现建筑业的跨越式发展是一个重大课题，也是历史发展机遇。

2010 年以后，世界各国纷纷将智能制造纳入国家战略，抢占产业发展的制高点，以实现各自国家工业向高质、高效、高竞争力发展。2021 年，我国《第十四个五年规划和 2035 年远景目标纲要》提出：“发展智能建造，推广绿色建材、装配式建筑和钢结构住宅”。《“十四五”建筑业发展规划》提出了 2035 年远景目标：到 2035 年，建筑业发展质量和效益大幅提升，建筑工业化全面实现，建筑品质显著提升，企业创新能力大幅提高，高素质人才队伍全面建立，产业整体优势明显增强，“中国建造”核心竞争力世界领先，迈入智能建造世界强国行列，全面服务社会主义现代化强国建设。2022 年，住房和城乡建设部征集遴选部分城市开展智能建造试点，为全面推进建筑业转型升级、推动高质量发展发挥示范引领作用。通过完善政策体系、培育智能建造产业、建设试点示范工程和创新管理机制等举措，推动建筑业发展数字设计、智能生产、智能施工、智慧运维、建筑机器人、建筑产业互联网等新产业，打造智能建造产业集群。

【知识准备】

建筑产业高质量发展本质上是以数字化手段为有效的支撑，以新型建筑工业化为核心，以全产业链绿色化为目标的发展新方式，其发展方向是要达到工业级的精细化水平。通过全产业的转型升级，将传统靠大量投资进行的规模化增长模式，转变为靠价值创造来驱动发展的新模式。

以下从传统建筑业的困境、智能建造的兴起和发展契机 3 个方面来了解智能建造的历程。

一、传统建筑业的困境

传统建筑产业工人老龄化严重、事故多、能耗高、工期超、成本超、利润低、质量差、生产效率低、社会总成本高，已经严重制约建筑产业高质量发展，例如，中小型建造企业内部管控机制不完善，管理模式缺乏先进思想支撑，企业风险评估体系缺失，建设经营的风险预测防范措施不到位；有很大部分建造企业的硬件方面、技术装配水平没有达到现代化智能建造施工的技术要求；工程质量通病仍然存在，尤其是量大面广的住宅质量问题较多。用数字化、工业化、绿色化的手段减少和消除以上问题，成为建筑从业人员的共识。

中国建筑业的发展经历了一段从明显加快到逐渐缓慢的过程，建设能力和技术装备能力进一步提高；建筑业作为国民经济发展主要支柱之一，也面临着一系列不确定性风险，在人工智能产业如火如荼的机遇下，建筑业也要采取相应的对策措施。建筑业普遍认知的“人、材、机”知识框架模型如图 1–1 所示。

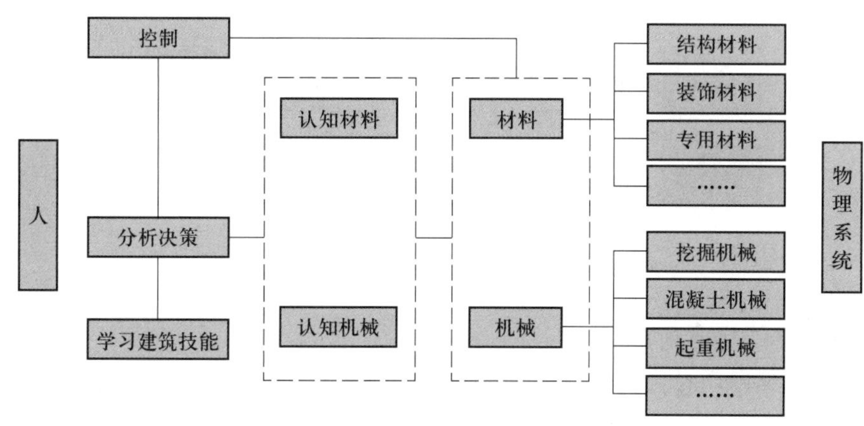

图 1–1　建筑业“人、材、机”知识框架模型

经过长时间的发展和积淀，我国在智能建造领域取得了长足进步，形成一系列成果。但是，面对国内建筑业转型升级的需求，对照全球智能建造最新的发展势态，我国智能建造的发展仍然面临诸多困境。

智能建造的困境

二、智能建造的兴起

1. 智能制造向智能建造方向的渗透

中国建筑业水平提升的有效途径之一是要在实施建造项目过程中树立优质的技术理论基础，提高资源利用、设计开发以及生产建造的效能。建筑业没有完全走出粗放式发展模式的原因之一在于中国建筑企业没有将大数据时代下的新兴技术思想——大数据驱动下的智能制造技术（数字化、网络化、智能化的先进技术）运用到建筑工程项目上，自主生成制造装备和制造过程智能化的范式。大数据驱动下的智能制造技术体系能帮助改善施工建设项目中多阶段资源优化、技术优化，达到安全、优质、绿色、智能地建设产品和运营企业的战略效果。将大数据智能制造技术体系应用到建筑项目和建筑企业中，能更好地驱动建筑业向着“安全建造、优质建造、绿色建造、智能建造”的理念发展。智能制造向智能建造方向渗透模型如图 1–2 所示。

在历次科技变革中，人类社会的科技成果都在制造业得到了迅速关注和广泛应用，进而促使制造业走上了从机械化、电气化、自动化到智能化的发展道路。受到制造业变革的启示，智能化技术与工程建造的融合应用也在推进。

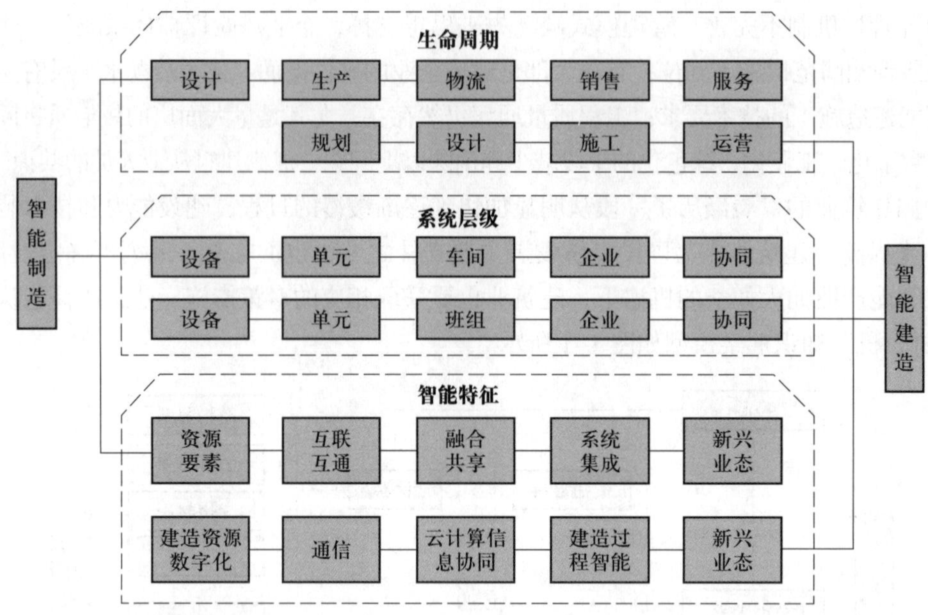

图 1–2　智能制造向智能建造方向渗透模型

2. 智能建造的理念形成

从 20 世纪 80 年代起，各国就陆续发起了轰轰烈烈的甩图板运动，计算机辅助设计（Computer Aided Design，CAD）得到推广普及；利用以 ANSYS 软件为代表的计算机辅助工程（Computer Aided Engineering，CAE）软件进行工程仿真分析逐渐被人们接受；工程机械设备厂商开始大力推进工程机械的数字化变革；各种工程软件也得到了广泛的推广应用，其中以建筑信息模型（Building Information Modeling，BIM）为代表的新兴技术受到各国政府和业界企业的高度重视。

智能建造理念形成

目前，以数字化、网络化和智能化为标志的新一代信息技术正在与各产业深度融合，生成新一轮的产业革命。为了实现工程建造的创新发展，各国政府及行业企业正在审视工程建造的现实情况、反思工程建造面临的问题、探索行业发展的数字化未来、抢占工程建造数字化高地。为了抓住这一历史性机遇，我国不仅需要准确把握科技发展智能化前沿，还要夯实自动化、信息化基础，更要同步补上机械化、工业化的功课，积极参与全球竞争，探索一条具有中国特色的工程建造发展的创新道路。

三、智能建造的发展契机

近年来，我国高度重视信息技术对建筑业发展的推动作用和智能建造领域的发展。

2003 年，建设部发布了《2003—2008 年全国建筑业信息化发展规划纲要》，对建筑业信息化起步发展起到了积极的推动作用；2011 年，住房和城乡建设部印发了《2011—2015 年建筑业信息化发展纲要》，首次将 BIM 纳入信息化标准建设内容，提出要加快 BIM、基于网络的协同工作等新技术在工程中的应用；2016 年，住房和城乡建设部发布了《2016—2020 年建筑业信息化发展纲要》，提出要通过发挥信息化驱动力，推进“互联网 +”行动计划，拓展建筑业新领域；2021 年 10 月，国务院发布《2030 年前碳达峰行动方案》，城乡建设碳达峰行动要求：“推广绿色低碳建材和绿色建造方式，加快推进新型建筑工业化，大力发展装配式建筑，推广钢结构住宅，推动建材循环利用，强化绿色设计和绿色施工管理。加强县城绿色低碳建设。”对建筑工业化从绿色建造的角度提出了要求。

智能建造部分国家政策

我国一些地区以“实施方案”“实施意见”的形式对推动智能建造和建筑工业化协同发展的目标和行动方案进行了细化。对照住房和城乡建设部制定的全国性目标，各地区提出了更加细化的本地区发展目标和相应的时间节点，大多以 2025 年、2035 年为节点，也有部分地区以 2023 年、2030 年为节点。各地方政府制定的发展目标相较于国家制定的目标更加具体，部分地区还制定了定量指标。一些地区通常以推进 BIM、物联网、人工智能等新一代信息技术在建筑工程中的应用为推动智能建造技术发展的手段，将“智慧工地”建设作为推进智能建造应用的手段之一。同时，有些地区还提出了相关的激励政策，如提前预售、优先推荐评优、将智能建造应用情况纳入考核体系等，以优惠政策和评奖评优来激励和引导企业采用智能建造技术。部分地区采用了带有一定强制性的做法，如在一定规模或指定类型的建筑工程项目中必须使用 BIM 技术等条文，倒逼企业在建设工程中采用智能建造技术。此外，大多地区采取了多部门联合发布相关政策的方式。可见，在国家大力推行智能建造技术的影响下，各地区也增加了推动智能建造发展的力度。

智能建造部分地方政策

【任务实施】

一、智能建造的概念提出

随着人工智能技术的发展，智能制造、智能交通、智能家居等概念日益普及，也有人对工程建造向智能化方向发展给出了预期。许多企业推出了以“智能建造”“智慧建造”为主题的解决方案，寄托着在新一轮科技革命浪潮中人们对于工程建造勇立潮头、转型升级的美好愿望。

目前，学术界对智能建造的定义尚未达成一致。基于国内外学者对智能建造的定义，可总结出智能建造强调的内容主要有 5 个方面：一是新技术对建造活动进行智能化赋能；二是面向规划决策、设计、生产、施工和运维全过程，面向建筑业的全参与方和全要素；三是实现建筑产业链的整合与协同升级；四是促进建设过程的能效提升与资源利用；五是交付更安全、更高质量、更绿色节能的建筑产品。

智能建造定义

互联网时代，数字化催生着各个行业的变革与创新，建筑业也不例外。智能建造是解决建筑业低效率、高污染、高能耗的有效途径之一，已在很多工程中提出并实践，因此有必要对智能建造的特征进行归纳。智能建造涵盖建设工程的设计、生产和施工 3 个阶段，借助人工智能、物联网、大数据、云计算、机器人、5G、BIM 等先进的信息技术，通过感知、识别、传递、分析、决策、执行、控制、反馈等建造行为，实现全产业链数据集成，为全生命周期管理提供支持。

从字面意义理解，智能建造即“智能 + 建造”，是人工智能技术在工程建造全生命周期中融合应用所涉及的理论、技术和方法，目前还未形成系统化的体系。其相关研究与实践主要包括工程智能化设计、智能化施工、智能化运营及智能化管理。

简言之，智能是指能够捕捉场景性信息，并做出适当反应。新一代智能技术已经进入了以万物互联和深度学习为支撑的数字逻辑推理阶段，以数字化为前提，借助网络化实现多种异构设备集成，支持用户参与，通过利用传感网络采集到的海量数据，在各种智能算法的支持下，发挥云计算和高性能计算能力，进行知识发现、组合与应用，从而实现智能化的生产与服务。

智能建造是建筑业转型升级的必然选择。在新一轮科技革命背景下，建筑业急需改变落后的生产方式，通过科技创新实现产业变革，完成从数字化、网络化到智能化的转型。

二、智能施工平台的分层级描述

按照“场景－工序－要素”分层级的递进结构描述，智能施工平台的关键作业场景涵盖主体工程（地上工程）、装饰装修工程、其他工程等传统施工场景下的分部分项工程，各分部分项工程中的工序对应的关键作业要素见表 1–1。例如，主体工程（地上工程）包括了模板搭设、钢筋绑扎、混凝土浇筑等工序，其中模板搭设工序仍需传统施工人员操作，而钢筋绑扎则可借助机械将钢筋调直、弯曲、绑扎，实现自动化施工。事实上，已有部分装饰装修工程可使用机械实现部分作业自动化，如自升造楼平台中所使用的喷涂机器人、螺杆洞封堵机器人等，但绝大多数作业工序仍然需要人的操作或辅助。

表 1–1　智能施工平台可实现的关键作业场景和要素的分层级描述

<table>
<tr><th rowspan="2">关键作业场景</th><th rowspan="2">分项工程</th><th rowspan="2">工序</th><th colspan="3">关键要素</th></tr>
<tr><th>人</th><th>机械</th><th>主要材料</th></tr>
<tr><td rowspan="3">主体工程（地上工程）</td><td>模板工程</td><td>搭设</td><td>传统施工人员</td><td></td><td>模板</td></tr>
<tr><td>钢筋工程</td><td>钢筋绑扎</td><td rowspan="14">传统施工人员＋部分智能化施工人员</td><td>调直 / 弯曲机</td><td>钢筋</td></tr>
<tr><td>混凝土工程</td><td>浇筑</td><td>自动化泵车</td><td>混凝土</td></tr>
<tr><td rowspan="10">装饰装修工程</td><td>砌筑工程</td><td>砌筑</td><td>砌筑机器人</td><td>砌块</td></tr>
<tr><td rowspan="2">建筑地面</td><td>整平</td><td>整平机器人</td><td rowspan="2">面层材料</td></tr>
<tr><td>磨平</td><td>磨平机器人</td></tr>
<tr><td>饰面工程</td><td>铺贴</td><td>铺贴机器人</td><td>饰面材料</td></tr>
<tr><td>抹灰工程</td><td>抹灰</td><td>抹灰机器人</td><td>砂浆、石膏</td></tr>
<tr><td rowspan="2">涂饰工程</td><td>螺杆洞封堵</td><td>螺杆洞封堵机器人</td><td rowspan="2">涂料涂饰</td></tr>
<tr><td>喷涂</td><td>喷涂机器人</td></tr>
<tr><td>门窗工程</td><td>外窗安装</td><td rowspan="3">安装机器人</td><td>窗框、玻璃、防水材料</td></tr>
<tr><td>幕墙工程</td><td>安装</td><td>幕墙材料</td></tr>
<tr><td>保温工程</td><td>外墙保温材料安装</td><td>保温材料</td></tr>
<tr><td rowspan="2">其他工程</td><td>垂直运输</td><td>运输</td><td rowspan="2">吊装机器人 / 塔吊</td><td rowspan="2">检出材料、设备</td></tr>
<tr><td>水平运输</td><td>运输</td></tr>
</table>

【操作指导】

施工与生产过程正经历着一体化的转变，从智能化设计、智能生产、智能施工到智能服务，形成了“2+3+3”的智能建造应用场景，分别是“两场 / 厂”（施工现场、工厂一体化）、“两线”（数字生产线与物理生产线）、“三化”（智能化大脑、数字化循环系统、工业化肌体）的总体趋势，如图 1–3 所示。

在建筑全流程上，对应标准建造过程，利用相关的新技术（图 1–4）、新模式、新方法带来的安全施工、降本提效，达到业主提出的要求。

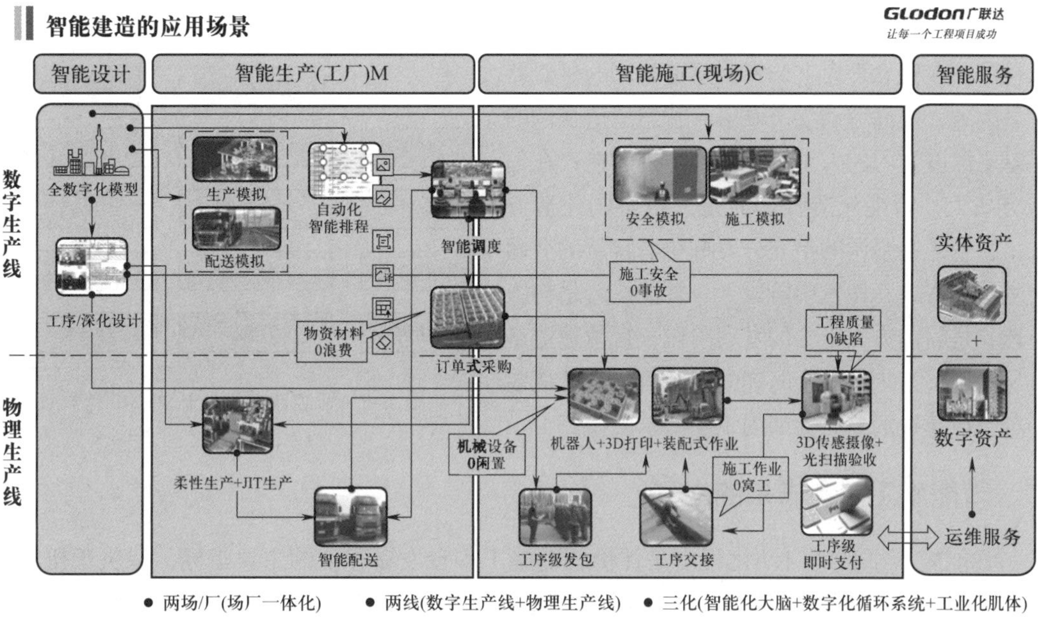

图 1–3　智能建造的应用场景

图 1–4　工程建造的相关技术

【知识拓展】

一、智能建造与智慧建造

智能建造与智慧建造的差异

智能建造和智慧建造的基本内核有相同之处，两者都以智能技术及相关信息技术的综合应用为前提，通过应用智能化系统、机械、工具提升建造效率及品质，减少对人的依赖，实现数字化建造、智能化建造、安全化建造。但不同专家基于各自不同领域、不同思维起点、不同认知模式，给出了两个专业名词定义。现阶段，在没有特别说明和强调的情况下，可以认为智能建造和智慧建造基本等同。从更深层次上理解，智能建造和智慧建造在概念理念、建造方式和发展阶段上，还是有较大差异性的。在概念理念上，智能建造强调的是机器代替人力，提高劳动生产效率，智慧建造强调的是基于深度学习的人工智能实施工程建造；在建造方式上，智能建造强调的是人机协同建造方式，智慧建造强调的是充分发挥机器智慧的全面化的建造方式；在发展阶段上，智能建造是初级阶段，是目前方兴未艾的发展阶段，智慧建造是高级阶段，是未来一个时期的发展阶段。智能建造与智慧建造的差异性如图 1–5 所示。

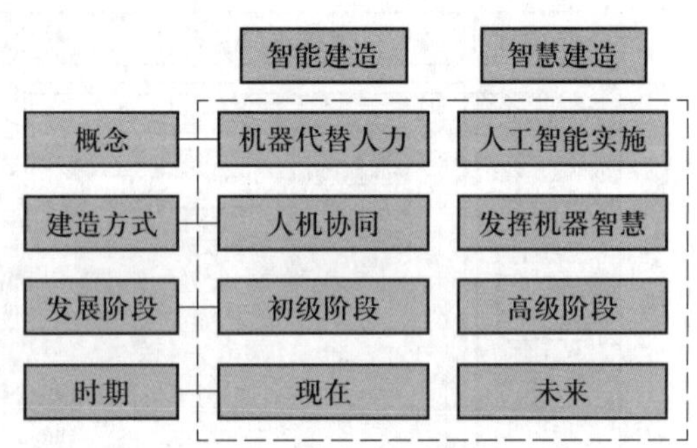

图 1–5　智能建造与智慧建造的差异性

二、智能施工平台未来的发展

智能施工平台的自动化程度是评价智能施工平台发展程度的主要指标，取决于机器的自主程度及人机任务分配情况。同时，智能施工平台的发展也将改变安全监管中人的角色，提升系统效益，解决目前建筑业安全事故频发及效率较低等问题。

智能建造未来发展阶段

从技术发展过程来看，智能建造的未来发展也可以按照自动化程度分为机械化阶段、自动化阶段和机器人化阶段。机械化向自动化及机器人化发展的过程，是施工自动化不断成熟的体现。机械化是指由操作人员对施工过程和工艺操作进行控制，机器在人的指令下完成简单的施工操作或完成一道完整的工序；自动化是指不需要操作人员实时对施工过程和操作进行控制，部分施工过程或场外复杂制造过程由机器人完成；机器人化是指由机器完全替代人或工程机械进行作业，是最高程度的自动化。各阶段下还存在部分自动化和全自动化的区分，智能建造未来发展阶段如表 1–2 所示。

表 1–2　智能建造未来发展阶段

阶段	区分	主体	任务分配
机械化	部分机械化	人	机械由操作人员控制，能够在特定的施工过程中部分地执行简单的工序，如在地基工程中利用机械进行地基填充，在内墙工程中利用机械进行抹灰等
	全机械化	人	机械由操作人员控制，能够执行一个完整的施工工序，如土方工程中的机械完成路堤建设

续表

阶段	区分	主体	任务分配
自动化	部分自动化	人 + 机械	机械不需要操作人员的控制，操作人员仅在必要时出现，如机械维修时。机械能够对多项施工工序进行重复作业，剩余部分由操作人员手工完成
	全自动化	人 + 机械	机械不需要操作人员的控制，对于不能在现场实施的复杂自动化过程，机械能够在场外进行全自动化操作，如在自动化辅助工厂中实现混凝土预制件的批量生产
机器人化	全机器人化	机械	机器人能够在各类环境下替代操作人员进行作业，尤其是在人无法作业的环境中工作，由机器人完成全部建造

任务 1.2 智能建造的相关技术

【任务引入】

我国现代建筑工程的智能建筑技术研究和应用目前仍处于初期阶段，部分核心技术依赖从国外引进，对先进智能建造装备依赖程度较高，平均 50% 以上的智能建造设备需要进口。尤其是智能建造设备的核心——人工智能，由以美国、英国等为代表的发达国家走在世界发展前列，德国更是在 2012 年就推行了“工业 4.0 计划”，以服务机器人为重点加快智能机器人的开发和应用。

但是据相关数据统计，2017 年，全球人工智能核心产业规模已超过 370 亿美元，中国人工智能核心产业规模占比超过 15%。在政策与市场的支持下，目前出现了一大批优秀的智能建造装备企业，有的能在建筑结构中利用人工网络神经进行结构健康检测；有的能在施工过程中应用人工智能机械手臂进行结构安装；还有的能在工程管理中利用人工智能系统对项目全周期进行管理。人与机器的协同建造，作为技术发展中的重要环节，可在一定程度上推动建筑建造的产业化升级，助推建筑产业链的延伸。

人工智能

数字孪生与精益建造融合发展

【知识准备】

2016 年，国务院提出的“十三五”国家科技创新规划，提出了发展高性能计算、云计算、人工智能、宽带通信和新型网络、物联网、虚拟现实和增强现实、智慧城市等新一代信息技术。2019 年，在住房和城乡建设部发布的《关于完善质量保障体系提升建筑工程品质的指导意见》中，提出了大力研发智能设备，推进 BIM 等技术在设计、施工、运维全过程的集成应用。智能建造的技术集成如图 1–6 所示。

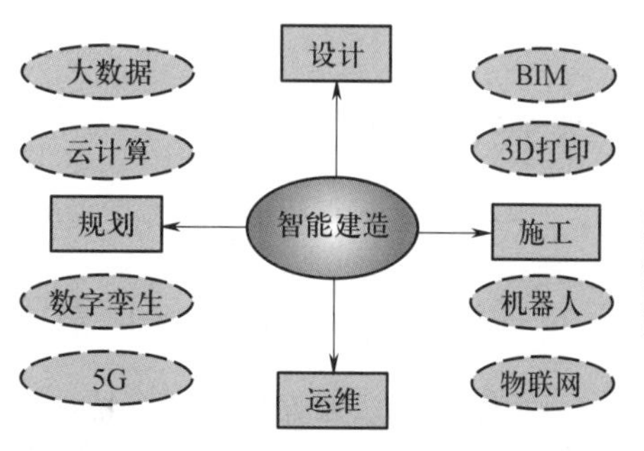

图 1–6　智能建造的技术集成

物联网在智能建造中的应用

【任务实施】

本书采用一例到底的教学模式，请参照教材配套的工程案例或自选一个典型建筑，分组完成以下任务。

一、基本要求

（1）掌握工程采用的智能建造施工关键技术。

（2）形成学习小组，建议 3~7 人 / 组，推选组长、拟定小组名称，并拟定小组成员的自学计划。

（3）运用智能建造信息技术完成施工计算和结构复核，能够初步判断计算结果的有效性。

（4）完成文献检索，小组共同完成新技术、新工艺、新方法的讨论，并形成调研综述。

（5）熟悉图纸，完成建筑的 BIM 三维模型，并进行项目成果的可视化呈现和工程表达。

二、学生分组任务（表 1–3）

表 1–3　学生分组任务

序号	项目	内容要求
1	地基基础设计及土方量计算	基础工程设计方案
		考虑松方系数的挖填方平衡计算
		土方调配
		地下水降水方案
2	混凝土工程施工设计	混凝土施工配合比
		模板设计复核及配板
		钢筋下料设计
		脚手架工程设计（落地、悬挑）
3	装配式施工设计	装配式吊装方案
		钢结构吊装方案
		起重机主要参数复核及专项方案
4	施工专项措施	智慧工地设计
		应用虚拟仿真系统进行措施方案展示

【操作指导】

一、软件数据流图

本教材案例所用的部分软件如图 1–7 所示。

二、智能建造认知虚拟实训系统的使用

智能建造认知虚拟实训系统如图 1–8 所示。智能化施工虚拟实训系统能模拟真实的智慧工地场景，将建造流程数字化，建造方式方法智慧化，教学过程智能化。以工地项目的

沉浸式认知与知识实践为目标，要求学生设计完成施工方案后，在系统中讨论和验证施工方案的可行性，寻求可优化的条件，实现“线上线下”师生互动，全面认识建筑工程施工的复杂性，体验项目管理者对工程建设实施的责任感与使命感。

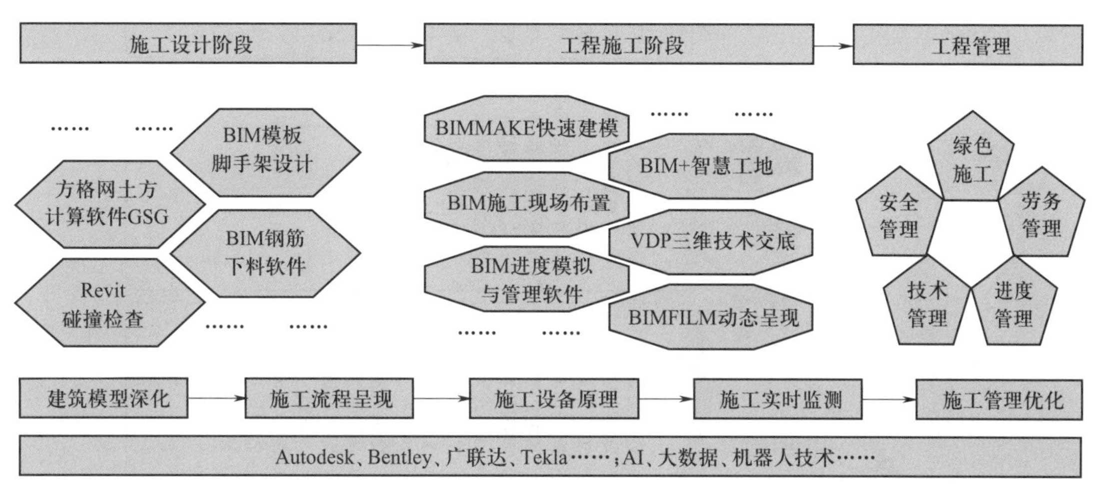

图 1–7　本教材案例所用部分软件

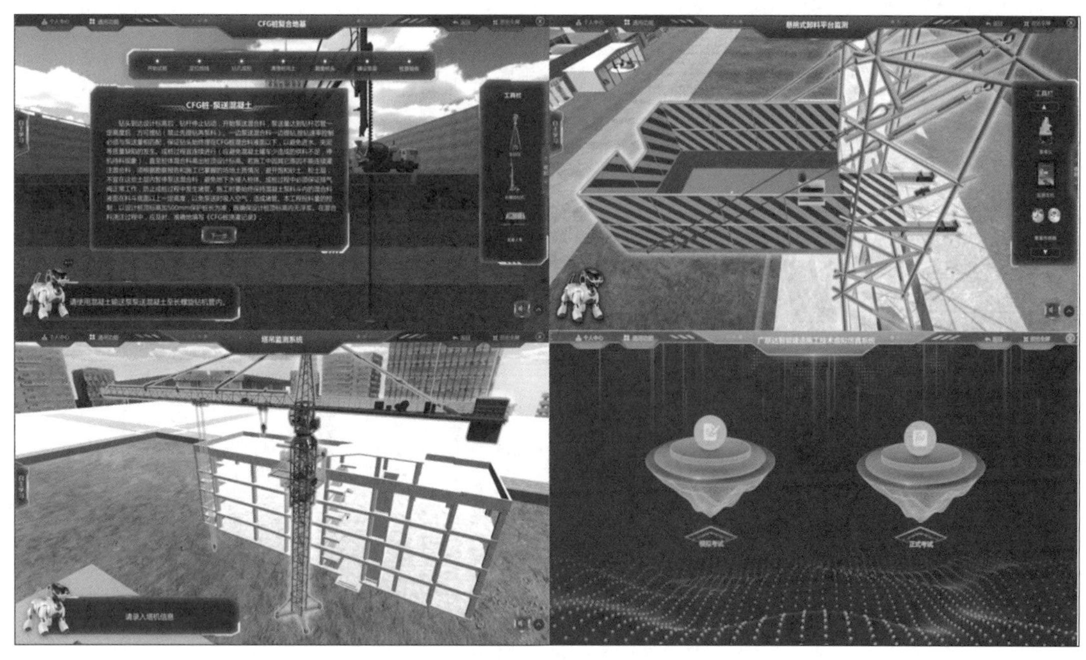

图 1–8　智能建造认知虚拟实训系统

【知识拓展】

常用的施工阶段BIM类软件

运用物联网、BIM、大数据、AI 等核心技术，集成项目软、硬件系统，通过数据汇总、分析，智能识别风险并预警，为项目管理层建设一个数据实时汇总、生产过程全面掌握、项目风险有效降低的“项目大脑”。施工智能建造设备可进一步分为安全施工类、质量检测类、绿色施工类、智慧调度与管理类、建筑工业化类、智能展厅类 6 个大类，如图 1–9 所示。

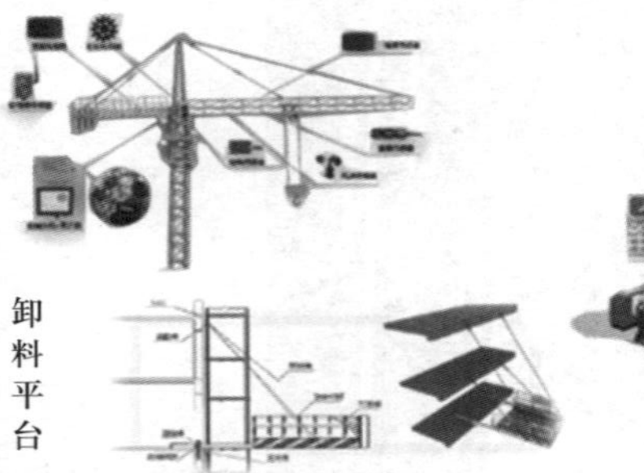

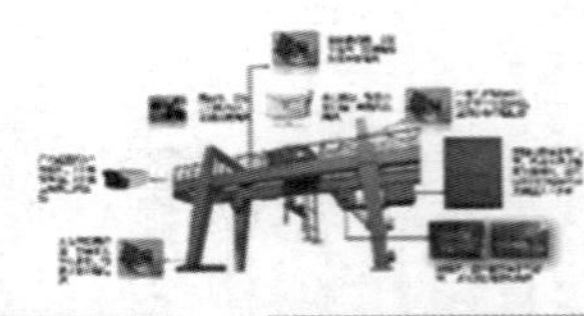

安全施工类

1. 视频监控
2. 智能AR全景
3. 蜂鸟盒子
4. 塔机监测
5. 钢丝绳损伤监测
6. 吊钩盲区可视化
7. 塔机激光引导系统
8. 施工升降电梯监测
9. 卸料平台监测
10. 高支模监测
11. 基坑监测
12. 外墙脚手架监测
13. 钢结构安全监测
14. 智能临边防护网监测
15. 便携式临边防护
16. 周界防护
17. 施工临电箱监测
18. 智能烟感
19. 库房监测
20. 螺栓松动监测
21. 吊篮监测
22. 龙门吊安全监控管理系统
23. 架桥机安全监控管理系统
24. 履带吊安全监控管理系统
25. 盾构机远程监测系统
26. 高边坡监测系统
27. 隧道有害气体监测
28. 隧道安全步距监测
29. 隧道应急对讲系统
30. 检到位系统
31. 消防水压监测
32. 汽车吊监测
33. 电动葫芦智能监测
34. 升降机人数识别控制器

质量监测类

35. 大体积混凝土测温
36. 标养室监测
37. 公路智能摊铺监测
38. 智能数字压实监测
39. 桩基数字化监测
40. 强夯数字化监测
41. 隧道围岩数字量测
42. 智能压浆监测
43. 智能张拉监测
44. 试验机远程监控
45. 拌合站远程监控系统

绿色施工类

46. 环境监测
47. 自动喷淋控制系统
48. 智能水表
49. 智能电表
50. 车辆进出场管理
51. 车辆未清洗监测
52. 污水监测
53. 车辆油耗监测
54. 砂浆罐智能监控

指挥调度与管理类

55. 视频会议
56. 监控大屏
57. 5G+AR眼镜巡检交互系统
58. 智能广播
59. WIFI教育
60. 分布式无人机平台
61. 工程车辆智慧管理
62. 施工巡更系统
63. 巡检锁系统
64. 岗前健康检查一体机
65. 单兵身体机能监测
66. 智慧屏

建筑工业化类

67. 四足机器人
68. 三维激光扫描机器人
69. BIM放样机器人
70. 倾斜摄影服务
71. 点云采集服务
72. 远程遥控及自动驾驶挖掘机
73. 码垛工作站
74. 氩弧焊接工作站
75. 喷涂工作站
76. 自适应螺丝锁附工作站
77. 自动化混凝土地面施工租赁服务

智慧展厅类

78. 全息投影
79. 全息沙盘
80. AR智慧桌面
81. MR头盔
82. 迎宾机器人
83. 虚拟质量样板
84. 滑轨屏
85. 四联屏
86. 异形屏
87. 720全景
88. VR一体机
89. VR大屏

…

图 1-9　智能建造设备分类

任务 1.3 智慧工地

【任务引入】

随着物联网等信息和通信技术（Information and Commu-nication Technology，ICT）、BIM、射频识别技术（Radio Frequency Identification，RFID）、传感器网络、在建设工程领域的快速发展及广泛应用，建筑业已经进入大数据、信息化、智能化时代。

建设工程项目中蕴藏着大量的数据资源，其相关的数据既涉及与项目前期规划、工程设计、现场施工等过程相关的内部数据，又涉及与环境保护、政策法规、干系人诉求等相关联的外部数据；既涉及 RFID、无人机等手段可以采集的工程物理数据，又涉及通过互联网等形成的如民众诉求、舆论导向等虚拟世界的数据；既涉及结构化的数据，又涉及半结构化和非结构化的数据。如何分析这些多源异构数据对建设工程项目的潜在影响，如何对表征建设工程技术、组织、资源、环境等异质要素的数据进行有效集成并提取出有价值的信息，以便用于建设过程的决策与管理中，是建设项目管理者所面临的重要课题。

智慧工地理论为这一问题的解决提供了思路。智慧工地是将如云计算、大数据、物联网、移动互联网、人工智能、建筑信息模型等先进信息技术与建造技术融合，充分集成项目全生命周期信息，服务于施工建造，实现建造过程各利益相关方信息共享与协同的新型信息管理方式。与传统建设项目信息管理技术相比，智慧工地能够充分实现信息的有效利用与决策支持，为项目管理者与利益相关者创造价值，实现项目参与者的有效协作，对项目绩效具有显著提高作用，其发展前景巨大。

【知识准备】

智慧工地是指在工地施工过程中，综合运用信息技术，建立施工场地的立体化模型，在施工监管全过程中形成一个互相连接的数据链条，并结合智能信息采集、数据模型分析、管理高效协同及过程智慧预测等措施，提高工地现场的生产效率、管理效率和决策能力等，提升工程管理信息化水平，实现绿色建造、生态建造和智能建造。

智慧工地是高度信息化产物，是融合信息感知、互联互通、全面智能和协同共享的新型信息化手段，也是将 BIM 技术、云计算及物联网等信息技术与先进的建造技术深度融合的产物，是对现场管理工作模式的创新，更会催生出创新的工程现场管理模式。

智慧工地需要应用最新的信息技术，以一种“更智慧”的方法来改进工程各干系组织和岗位人员相互交互的方式，以便提高交互的明确性、灵活性、响应速度和效率。信息技术应用的重点包括：一是要采用物联网技术，将感应器植入建筑、机械、人员穿戴设施场地进出关口等各类物体中，并且被普遍互联，形成“物联网”，再与“互联网”整合在一起；二是通过移动技术，结合移动终端的使用，直接在现场工作，实现工程管理关系人与工程施工现场的整合，保证实施协同工作；三是集成化的需求和应用，企业和项目部都有对工地现场进行统一管理和监控的需求，因此，在规范不同系统的标准数据接口的基础上，还应建立集成化的平台，实现智慧工地监管系统，系统还要保证与现有的管理体系、管理系统等实现无缝整合。

【任务实施】

一、BIM+ 智慧工地数据决策系统

BIM+ 智慧工地数据决策系统（以下简称智慧工地平台）将现场业务系统和硬件设备集成到一个统一平台，并将产生的数据汇总、建模形成数据中心，将各子应用系统的数据统一呈现，形成互联。与 BIM 模型融合，实现数据互融互通。项目关键指标通过直观的图表形式呈现，智能识别项目风险并预警，问题追根溯源，帮助项目实现数字化、系统化、智能化，为项目经理和管理团队打造一个智能化的“战地指挥中心”。BIM+ 智慧工地数据决策系统如图 1–10 所示。

图 1–10　BIM+ 智慧工地数据决策系统

二、智慧工地平台特点

1. 集成平台、统一入口

智慧工地平台提供数据可视化看板，整体呈现工地各要素的状态和关键数据。看板具备分析能力，能够对劳务、进度、质量、安全等相关数据进行多维度的分析，指标数据支持逐级下钻至原始数据。

2. 应用系统集成

通过建立工地现场的数据标准、数据通信协议标准、各应用间证书和数据交换标准，支持多个应用间的数据共享和数据交换。智慧工地平台已集成各应用子系统所产生的数据，包括但不限于进度管理系统、劳务管理系统、安全管理系统、质量管理系统、成本管理系统。

3. 智能硬件接入

智慧工地平台使用工业级物联网平台，对连接的硬件设备进行统一连接认证、建模和

管理，保障接入设备数据传输的可靠性和稳定性。基于场地布置平面图提供动态可视化的图形看板，图形看板中按实际位置呈现环境检测设备、摄像头、塔式起重机等硬件设备，并对其运行状态进行动态显示。已接入现场设备类型包括视频监控、环境监测、自动喷淋控制、塔式起重机监控、升降机监控、卸料平台监控、高支模监测、智能基坑监测、智能变电箱、智能水表、大体积混凝土测温、智能烟感监测、天气预报等十余类近百家品牌，且提供开放接口，可以快速接入任意厂商的硬件设备。

智慧工地平台架构

智慧工地五大功能模块

【操作指导】

智慧工地的应用在项目管理、质量控制及数据分析等方面成效显著。在施工过程管理中，植入更多的网络应用、可视化管理、虚拟现实等高科技技术，使施工过程管理更加经济高效、便捷以及节约各项成本资源，并且形成一个完整的可视化、数据化、人性化的过程控制网，实现施工过程管理人与施工现场的无缝整合。智慧工地的典型应用场景包括多个方面，如图 1–11 所示。

智慧人员管理系统

视频监控系统

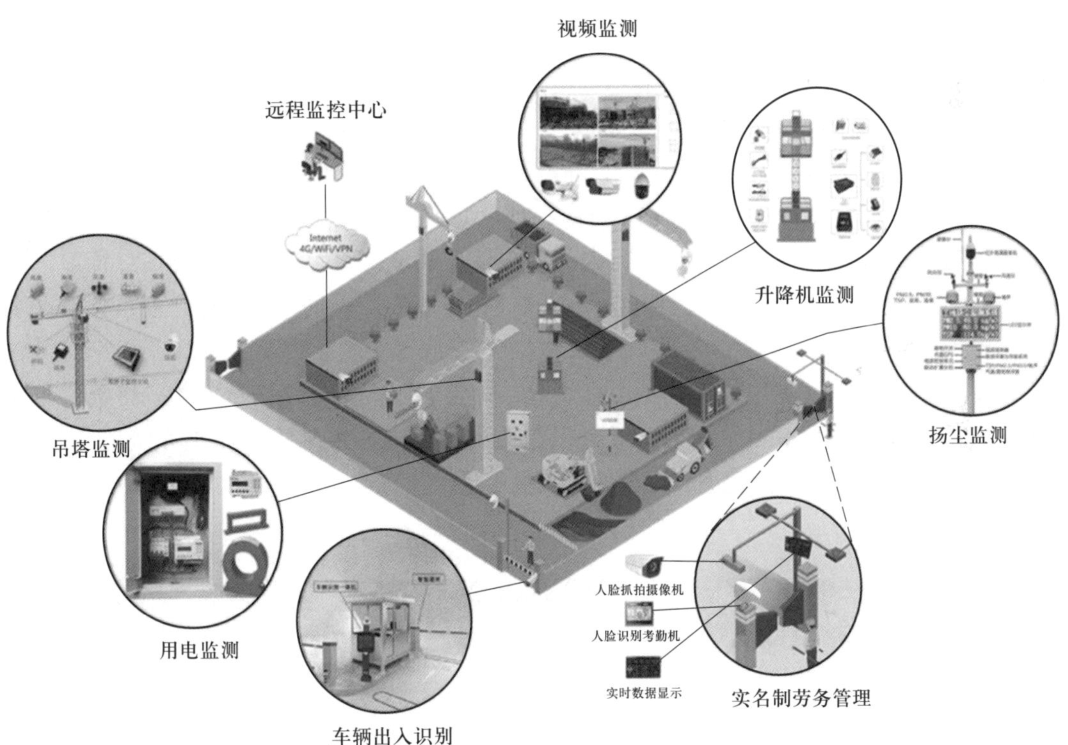

图 1–11　智慧工地的典型应用场景

扬尘监测+喷淋联动系统

升降机监测系统

塔吊监测系统

【知识拓展】

青岛青春足球场项目主要建设内容为 1 座 5 万座位专业足球场，2 块训练基地，1 座多功能馆，1 座游泳训练馆，配套建设商业、地下停车位，并完善周边基础设施配套，占地面积约 16 万平方米，总建筑面积为 194 105 平方米，项目建设周期为 833 天。项目将按照国际足球比赛标准要求，建设具备承担 2023 年亚洲杯足球赛事，并满足国际足联国

工法样板系统

智慧物料监测系统

深基坑监测系统

高支模监测系统

无人机航拍

车辆识别系统

某项目智能建造管理系统

际 A 级比赛要求的大型甲级体育场。

该项目有三大重难点：一是工期短、专业多，平面管理、施工组织协调难度大；二是造型复杂、空间结构多，定位测量、钢结构拼装焊接精度控制难度大；三是危大工程多，大型机械多，安全管理难度大。

整个项目的信息化建设以“智慧工地大数据中心”为数据集成枢纽，通过数据集成、信息交互等，实现施工环境安全有序、建筑质量优质可靠、图纸文档协同管理，施工进度协同管理、质量安全协同管理，实现工程项目的智能化、信息化管理，综合运用 BIM、物联网、大数据、人工智能、移动通信、云计算及虚拟现实等先进技术，实现建筑施工全过程的数据采集、智能分析、智能预警、数据共享和信息协同，通过人机交互、感知、决策、执行和反馈。

项目使用 BIM 安全管理软件发起安全巡检记录共 118 条，其中隐患数量 95 条，全部处理并闭合流程，减少了安全隐患。识别风险 155 条、重大风险 7 条，制订了排查计划，加强风险预防；在施工现场 1 号门及 3 号门设置人脸识别实名制通道，进行场区封闭管理及考勤管理，已登记人员 1 135 人，系统平均出勤率 95.87%，流动率 5.35%，人员组成稳定，钢筋工和木工占比 70% 以上，满足当前施工阶段用工要求；多次使用 AR 巡检眼镜进行技术指导与现场巡查，使用 3D 扫描机器狗完成人防区域目前使用斑马网络进度计划进行施工计划编制优化，编制完成总进度计划及 730 阶段进度计划；在斑马进度的基础上，项目扩展应用生产管理软件，项目将总计划、730 阶段计划进行上传，在网页端派分周任务，使用系统生成的各模板周报资料，辅助进行项目周报资料的编制；使用 BIMMAKE 完成项目临建布置图，总占地面积约 16 700 m^2；项目共上传 37 个节点模型、29 个工序动画至 BIM 可视化交底软件，通过软件在项目内部实现信息共享，使用二维码进行信息传递，并进行 8 次在线交底；使用 BIM 施工组织模拟软件，拉取生产管理 730 阶段计划，关联进度模型，生成施工模拟动画；将电子版图纸、方案、交底等资料上传至 BIM 竣工模型交付软件，项目内共享使用，可以线上阅览、批注等，并尝试以模型作为信息载体，将资料与模型构件进行挂接；使用 BIM 质量管理软件发起质量检查记录共 55 条，根据系统汇总分析，项目将加强钢筋工程的质量管理，提高项目质量水平。

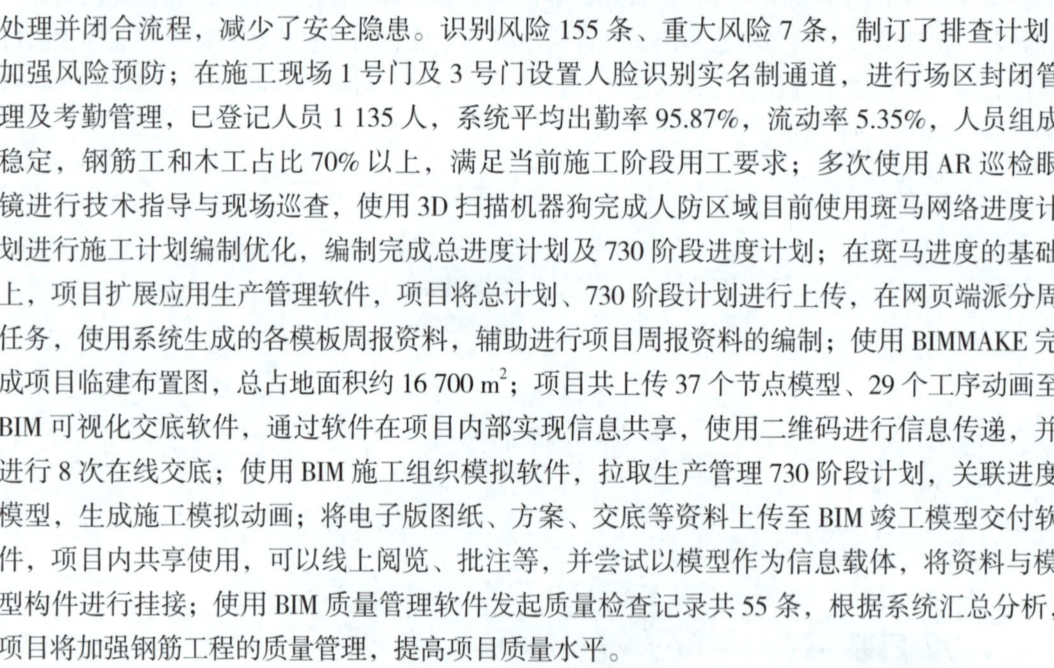

复习思考题

1. 智慧工地平台具有什么样的特点？
2. 智慧工地的主要应用范围是什么？
3. 智慧人员管理系统的意义是什么？
4. 视频监控系统对施工管理具有怎样的意义？
5. 智慧工地绿色施工的应用场景有哪些？
6. 智能建造与智慧建造的区别与联系是什么？
7. 智能建造发展趋势如何？

模块二

地基基础工程施工

北宋文学家苏辙的《新论》中提到："欲筑室者，先治其基"，其意为想要筑造房屋，首先要打好它的地基；"基完以平，而后加石木焉，故其为室也坚"，其意为地基牢靠平整，再在上面砌石架木，建好的房屋才能坚固长久。

项目 2 土方工程

【学习目标】

知识目标

1. 了解土方工程中智能技术的应用。

2. 了解土方开挖边坡支护形式，会选择土方开挖的放坡系数，掌握护坡桩施工工序和要求。

3. 了解土方施工过程中地下降水的基本类型和基本原理，掌握各工况下降水量的计算方法。

4. 掌握土的可松性系数、土方量计算原理及方法，理解并掌握土方调配原理及方法。

5. 掌握轻型井点降水的设计和降水工程施工工艺。

技能目标

1. 能根据项目实际情况选择合适的土方形式。

2. 能根据项目实际情况选择合适的边坡支护方法，并检测护坡桩施工质量。

3. 能利用土的可松性系数计算土方量，能进行土方调配。

4. 能够在施工操作中认识和正确使用相关的地下降水设备，根据工程要求确定地下降水的施工方案。

5. 具备解决一般降水工程的施工技术问题和组织计划问题的初步能力。

素养目标

1. 正确认识我国土方工程施工方法的优势和不足，提高对建筑业发展道路的自信。

2. 树立对建筑产品的安全意识，具备良好的思想品德、吃苦耐劳的职业素养和爱岗敬业的奉献精神。

3. 培养理论与实践相结合的应用能力，并注重实践的务实意识。

【知识图谱】

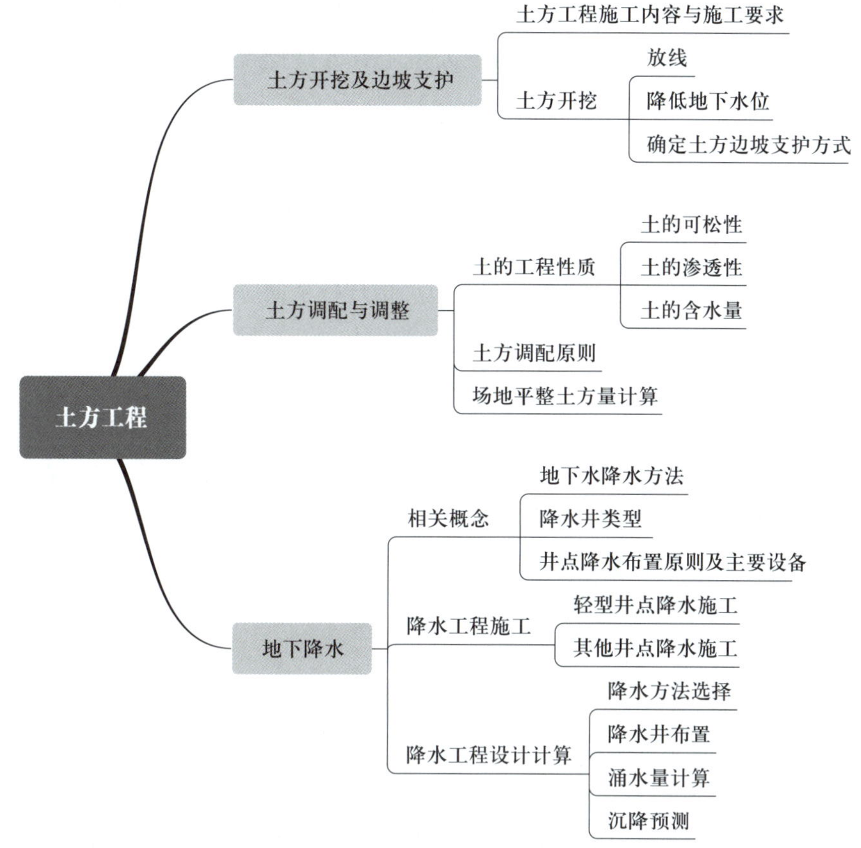

任务 2.1　土方开挖及边坡支护

【任务引入】

土方工程包括一切土的挖掘、填筑、运输等过程，以及排水降水、土壁支撑等准备工作和辅助工程。具体应如何操作呢？

土方工程视频

【知识准备】

一、土方工程施工内容

常见的土方工程施工有以下内容。

（1）场地平整。场地平整是指将天然地面改造成所要求的设计平面时所进行的土石方施工全过程（厚度在 300 mm 以内的挖填和找平工作）。场地平整的特点是工作量大、劳动繁重且施工条件复杂。

（2）基坑（槽）及管沟开挖。基坑（槽）及管沟开挖是指开挖宽度在 3 m 以内的基槽且长度大于 3 倍宽度或开挖底面积在 20 m^2 且长为宽 3 倍以内的土石方工程。它是为浅基础、桩承台及沟等施工而进行的土石方开挖。基坑（槽）及管沟开挖的特点是要求开挖的标高、断面、轴线准确，土石方量少，受气候影响较大。

（3）地下工程大型土石方开挖。地下工程大型土石方开挖是指对人防工程、大型建筑物的地下室、深基础施工等进行的地下大型土石方开挖工程（宽度大于 3 m，开挖底面积大于 20 m^2，场地平整土厚大于 300 mm）。地下工程大型土石方开挖的特点是涉及降低地下水位、边坡稳定与支护、地面沉降与位移、邻近建筑物的安全与防护等一系列问题。

（4）土石方填筑。土石方填筑是指对低洼处用土石方分层填平的工程，可分为夯填和松填。土石方填筑特点是对填筑的土石方，应严格选择土质，分层回填压实。

二、土方工程的施工要求

土方工程施工要求标高、断面准确，土体有足够的强度和稳定性，工程量小，工期短，费用省，但土方工程的面广量大、劳动繁重、施工条件复杂（土方工程多为露天作业，施工受当地气候条件影响大；土的种类繁多，成分复杂；工程地质及水文地质变化多，也对施工影响较大）。因此，在组织土方工程施工前，应根据现场条件，制订出技术可行、经济合理的施工方案。

【任务实施】

多、高层建筑为增加基础的稳定性和抗震性能，一般基础埋置较深，同时，为满足人防要求，充分利用地下空间，常设置单层或多层地下室。为此，土方开挖的深度和面积都很大，往往会涉及土方开挖放线、降低地下水位、边坡的稳定、边坡支护等一系列问题。

一、放线

土方开挖时的放线工作主要是放出在天然地面的开挖范围线，俗称“放灰线”。放灰线时，可用装有石灰粉末的长柄勺靠着木质板侧面，边撒边走，在地上撒出灰线。传统的土方施工需要进行大量的手工测量和布点工作，操作过程中不仅容易出现误差，而且难以进行量化和改进。随着人力成本的不断上涨，高技能操作员的人才缺口日益增加。BIM 放样机器人可以避免人为干扰和误差的发生，提高土方施工的精度和效率，同时也可以缓解人才资源紧张和成本增加的压力。BIM 放样机器人具有自主化、智能化、精准化等特点，可以实现高效、精准、可靠的放线操作，为土方施工带来更高的质量和效率，有助于推动土方施工向数字化、智能化方向发展。在这样的趋势下，引入 BIM 放样机器人是土方施工提升效率、提高质量的必要手段，如图 2–1 所示。

在进行土方施工前，首先需要建立 BIM 模型，以确定场地尺寸和照明路线等信息，这需要进行建筑测量和建模等预处理工作。

测量员将 REVIT 或 3D 模型加载到平板电脑，连接机器人全站仪，照准控制点，选择放样点和位置，确定施工范围和放线路线，进行放样。由 BIM 放样机器人自动导航，沿着放线路径对施工场地进行自动放线，快速而精确的放线可缩短施工周期和提高砖石施工精度，如图 2-2 所示。

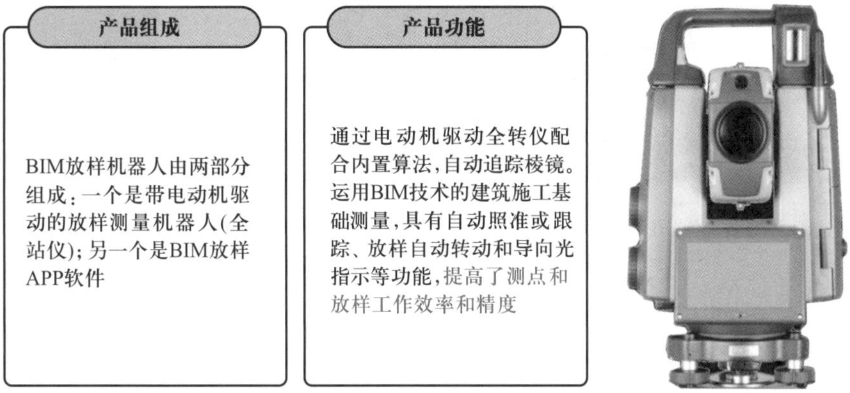

产品组成

BIM放样机器人由两部分组成：一个是带电动机驱动的放样测量机器人(全站仪)；另一个是BIM放样APP软件

产品功能

通过电动机驱动全转仪配合内置算法，自动追踪棱镜。运用BIM技术的建筑施工基础测量，具有自动照准或跟踪、放样自动转动和导向光指示等功能，提高了测点和放样工作效率和精度

图 2-1 土方放样机器人示意图

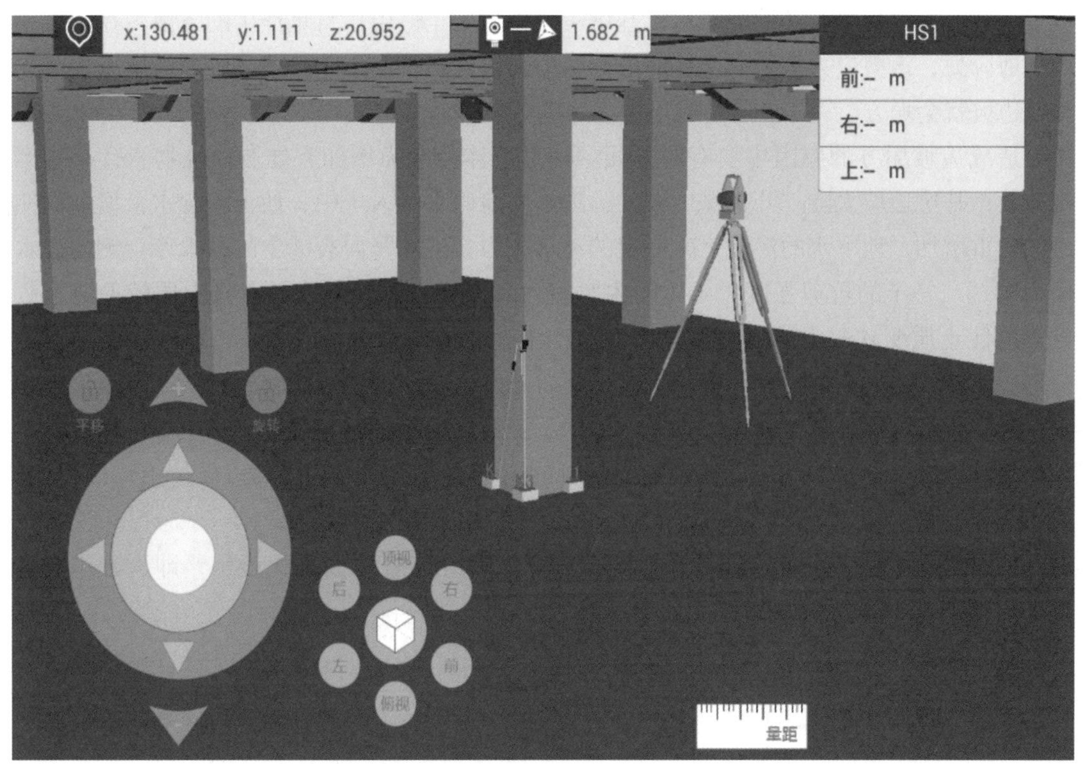

图 2-2 BIM 土方放样机器人自动导航图

通过 BIM 放样机器人的实时监测，对施工现场进行控制和记录，将实际施工情况与设计模型进行比对，及时提出问题并进行解决，保证施工进度和精确度。BIM 放样机器人可以在放线过程中进行基站信号采集，实时记录建筑物的空间和位置信息，并将其上传至 BIM 管理系统中，为后期的施工管理和监控提供更加精细的数据支持，如图 2-3 所示。

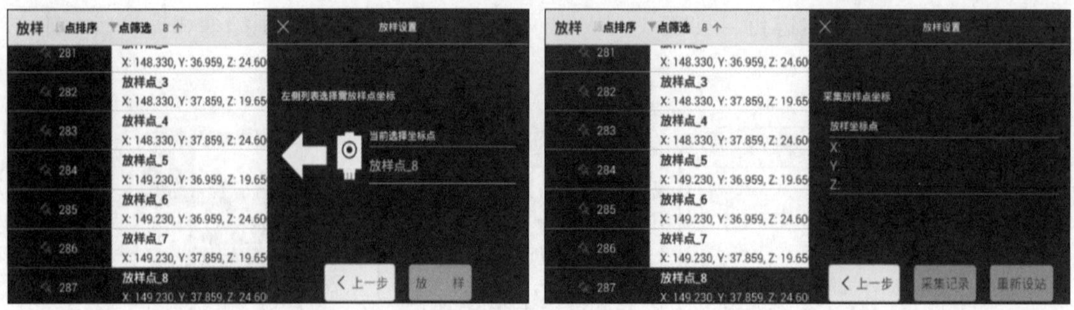

图 2–3　BIM 土方放样机器人数据处理

二、降低地下水位

在此略述，详见任务 2.3。

三、确定土方开挖放坡系数

土方开挖过程中及开挖完毕后，基坑（槽）边坡土体由于自重产生的下滑力在土体中产生剪应力，该剪应力主要靠土体的内摩阻力和内聚力平衡，一旦土体中力的体系失去平衡，边坡就会塌方。

造成边坡塌方的原因主要有两方面。一是土体剪应力增加，如坡顶堆物、行车等产生荷载；基坑边坡太陡；开挖深度较大；雨水或地面水渗入土中，使土的含水量增加而使土的自重增加；地下水的渗流产生一定的动水压力；土体竖向裂缝中的积水产生侧向静水压力等。二是土的抗剪强度（土体的内摩阻力和内聚力）降低，如本身土质较差或因气候影响使土质变软；土体内含水量增加而产生润滑作用；饱和的细砂、粉砂受振动而液化等。

为防止塌方保证施工安全，在基坑（槽）开挖深度超过一定限度时，土壁应做成有斜率的边坡以减少土体自重 P，或者加以临时的土壁支撑利用外加压力以保持土体的稳定，如图 2–4 所示。

如图 2–5 所示，土方边坡坡度以土方挖方深度 H 与底宽 B 之比表示，即土方边坡坡度 $=H/B=1/m$。其中 $m=B/H$，称为坡度系数。

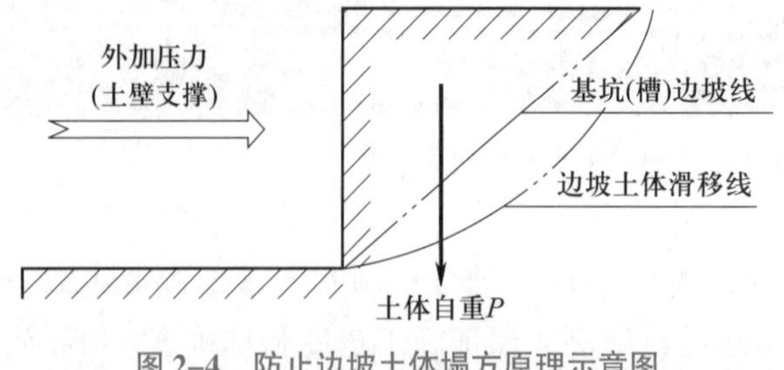

图 2–4　防止边坡土体塌方原理示意图

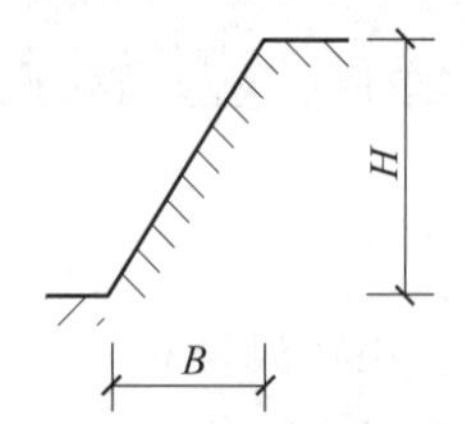

图 2–5　边坡坡度示意图

土方边坡坡度的大小主要与土质、开挖深度、开挖方法、边坡留置时间的长短、边坡附近的各种荷载状况及排水情况有关。根据施工经验，当地质条件良好，土质均匀且地下水位低于基坑（槽）或管沟底面标高时，挖方边坡可做成直立壁不加支撑，但深度不宜超过下列规定：① 密实、中密的砂土和碎石类土（充填物为砂土）为 1.0；② 硬塑、可塑的粉土及粉质黏土为 1.25；③ 硬塑、可塑的黏土和碎石类土（充填物为黏性土）为 1.5；④ 坚硬的黏土为 2。

挖方深度超过上述规定时，应考虑放坡或做成直立壁加支撑。

当地质条件良好，土质均匀且地下水位低于基坑（槽）或管沟底面标高时，挖方深度在 5 m 以内，根据施工经验，不加支撑的边坡的最陡坡度应符合表 2-1 的规定。

表 2-1　挖方深度在 5 m 以内不加支撑的边坡的最陡坡度

土的类别	边坡坡度（高：宽）		
	坡顶无荷载	坡顶有静载	坡顶有动载
中密的砂土	1：1.00	1：1.25	1：1.50
中密的碎石类土（充填物为砂土）	1：0.75	1：1.00	1：1.25
硬塑的粉土	1：0.67	1：0.75	1：1.00
中密的碎石类土（充填物为黏土）	1：0.50	1：0.67	1：0.75
硬塑的粉质黏土、黏土	1：0.33	1：0.50	1：0.67
老黄土	1：0.10	1：0.25	1：0.33
软土（经井点降水后）	1：1.00	—	—

注：静载是指堆土或材料等；动载是指机械挖土或汽车运输作业等。静载或动载距挖方边缘的距离应保证边坡和直立壁的稳定。堆土或材料应距挖方边缘 0.8 m 以外，高度不超过 1.5 m。

永久性挖方边坡应按设计要求放坡。对于临时性挖方，根据现行规范，其边坡的挖方深度及边坡的最陡坡度应符合表 2-2 的规定。

表 2-2　临时性挖方边坡值

土的类别		边坡值（高:宽）
砂土（不包括细砂、粉砂）		1：1.25 ~ 1：1.50
一般性黏土	坚硬	1：0.75 ~ 1：1.00
	硬塑、可塑	1：1.00 ~ 1：1.25
	软塑	1：1.50 或更缓
碎石类土	充填坚硬、硬塑黏土	1：0.50 ~ 1：1.00
	充填砂土	1：1.00 ~ 1：1.50

注：1. 设计有要求时，应符合设计要求。

2. 如采用降水措施或其他加固措施，可不受本表限制，但应计算复核。

3. 开挖深度，对软土不应超过 4 m，对硬土不应超过 8 m。

四、确定土壁支护方式

开挖基坑（槽）时，如地质和周围条件允许，可放坡开挖。但在建筑稠密地区施工或基坑深度较大，无法按要求的放坡宽度开挖时；或者施工中有防止地下水渗入基坑要求时，就需要用土壁支撑土体，以保证施工的顺利和安全，并减少对相邻已有建筑物等的不利影响。土壁支撑的种类较多，如用于较窄沟槽的横撑式支撑；用于深基坑的支护结构，如板桩、灌注桩、深层搅拌桩、地下连续墙等。

一般沟槽的支撑方法

基坑监测在基坑开挖施工过程中的作用非常重要，特别是对于边坡支护存在安全质量风险的，包括工程地质复杂、支护结构强度不足、堆载和机械对边坡的影响、水位变化和降雨等地质力量的影响、监测方案不完善等问题。通过实时监控基坑的变化情况，监测人员可以快速了解和掌握基坑的实际变化情况并进行相应的处理，减少因施工质量及安全问题所带来的损失。

一般基坑的支撑方法

如图 2–6 所示，基坑监测系统主要是以数据采集器和传感器检测基坑变形和变化情况，并将数据实时传输到终端设备，同时通过现场无线网络或互联网传输给利益相关方进行监测。其流程包括传感器选择、安装、数据处理和数据传输。基坑监测系统采用高精度、高灵敏度的传感器，并通过自动化操作和控制技术实现精准控制，采用的仪器设备具备高度的可重复性和稳定性，能够连续不断监测，并能够提供准确的基坑变形信息。此外，基坑监测系统还具备灵活的监测方案，能够满足不同的监测需求，还可高度自动化地实现远程监测。围护桩顶水平位移及竖向位移监测示例如图 2–7 所示。

深基坑的支撑方法

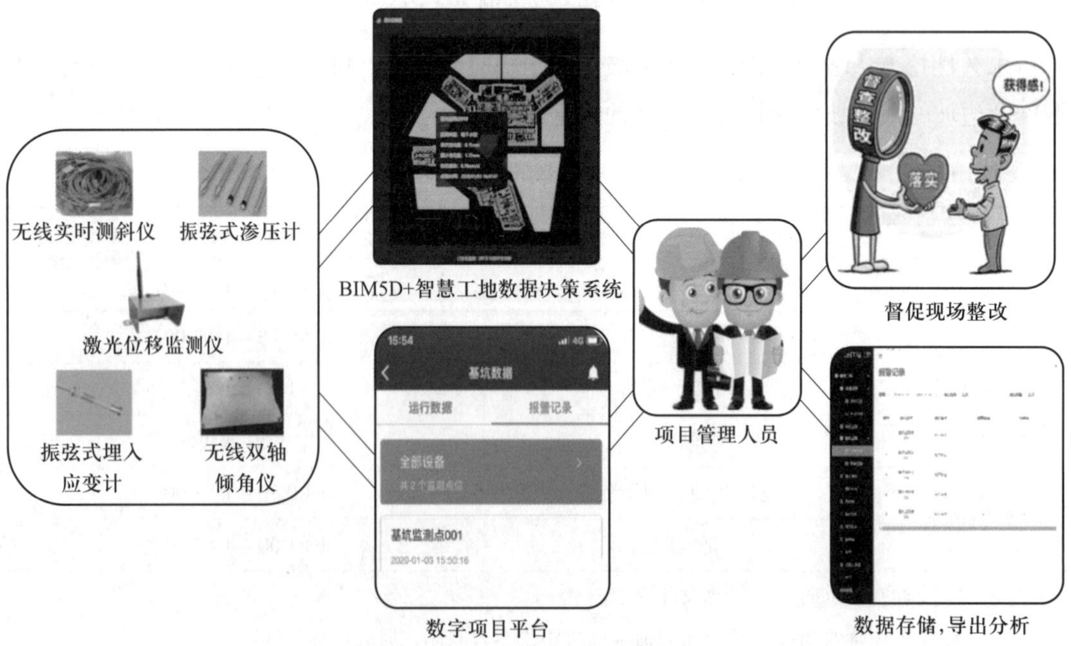

图 2–6　智慧工地基坑监测系统

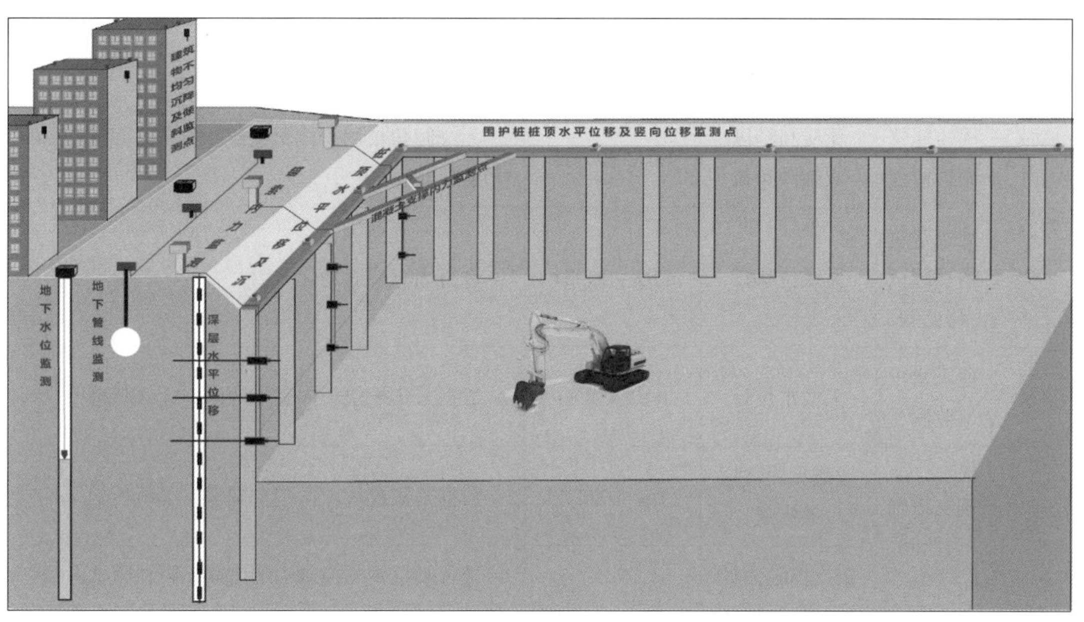

图 2-7　围护桩顶水平位移及竖向位移监测示意图

智慧工地基坑监测类型及其设备见表 2-3。

表 2-3　智慧工地基坑监测类型及其设备表

序号	监测类型	设备名称	设备型号	备注
1	混凝土支撑应力	智能无线数据采集仪	LRK-DZ622A	数据采集模块，内置 4G 上网卡，无线传输
		埋入式混凝土应变计	YB-MR01	钢弦式混凝土应变计，不含电缆
2	锚索轴力	智能无线数据采集仪	LRK-DZ622A	数据采集模块，内置 4G 上网卡，无线传输
		锚索轴力计	YB-MS300	三弦锚索轴力计 100/200/300/400T，不含电缆
3	深层水平位移	智能无线数据采集仪	LRK-DZ622A	可与应力或应变传感器模块复用
		自动化测斜仪	LRK-CX06	自动化测斜仪可配合固定杆安装，也可预埋
		测斜仪固定杆	LRK-G06	配合自动化测斜仪安装
4	基坑周边沉降及水平位移	二维激光位移计	LRK-DL630	激光标靶法测沉降和水平位移
5	基坑周边沉降	智能无线数据采集仪	LRK-DZ622A	数据采集模块，内置 4G 上网卡，无线传输
		静力水准仪	LRK-J112	压差式静力水准仪，不含电缆和水管

续表

序号	监测类型	设备名称	设备型号	备注
6	周边建筑倾斜监测	无线高精度双轴倾角仪	LRK–RG911	无线倾角仪用于测量建筑物倾斜，量程 ±30，精度为 0.5%F.S
7	周边建筑物裂缝位移监测	无线位移计	LRK–LG931	进行固有裂缝变化监测
8	地下水位监测	无线水位计	RYY–SW01	数据采集模块，内置上网卡，无线传输
9	钢支撑轴力监测	智能无线数据采集仪	LRK–DZ622A	数据采集模块，内置上网卡，无线传输
		钢支撑轴力计		进行基坑钢支撑轴力的监测，默认带 2 m 线
10	结构应力应变监测	表贴式应变计		
11	供电	太阳能电池板（选配）		用于设备的供电，如无长期监测需求可以不选
12	系统平台	基坑自动化监测平台		

【操作指导】

边坡支护的方式很多，以下介绍建筑工程中常用的护坡桩与锚杆支护施工工序与施工要求。

一、护坡桩施工工序与施工要求

1. 试成孔

正式施工前首先进行成孔试桩，以根据实际地质情况确定施工工艺。试桩施工采用长螺旋钻机，并配置搅浆机、注浆泵等辅助机具。钻机按甲方指定试桩位置就位，调直钻杆后钻进，钻至设计标高后提钻至孔外，测量孔深、孔径、塌孔位置，根据实测数据确定注浆用量。注浆时将钻杆钻至设计标高后，利用注浆泵，高压将水泥浆从长螺旋轴心注入孔底，根据施工实际情况每隔一定时间提升一次钻杆，保证钻头低于浆面；当注浆量达到计算值时，停止注浆，提升钻杆至孔外，立即测量成孔深度，并根据测量数值及时调整注浆量，直至达到成孔要求为止。

2. 成孔

采用长螺旋钻机，进行间隔式跳位钻孔施工。钻杆钻至设计标高后，将 0.5 ~ 0.6 水灰比的水泥浆利用泥浆泵压入长螺旋轴心管注入孔底，注浆量达到试桩确定的数值时，提升钻杆至孔外，及时安放钢筋笼，并填入适量碎石至浆面下 1.0 m 左右，待沉淀 0.5 h 后灌注标号为 C25 预拌混凝土。

3. 钢筋笼制作

钢筋笼严格按设计图纸和施工规范绑扎成型，钢筋笼竖向钢筋伸至帽梁长度应超过帽梁中线，钢筋笼成品经监理检验合格后，用吊装设备（吊车或钻机）吊放入桩孔。

4. 钢筋笼吊放

钢筋笼吊放入孔后，应用吊筋固定，使钢筋笼与桩孔同心、朝向正确，以满足钢筋保护层厚度，使受力钢筋位置准确。基坑西侧护坡桩钢筋笼应采取分节吊放焊接的办法，以避免碰撞高压电缆。

5. 浇注混凝土

钢筋笼吊放入孔后，用混凝土罐车通过漏斗灌入孔内；混凝土标号为 C25，坍落度控制在 12 ~ 18 cm 之间。桩孔上部 6.0 m 采用振捣棒振捣密实。混凝土灌注应符合《混凝土结构工程施工质量验收规范》（GB 50204—2015）及《建筑地基基础工程施工质量验收标准》（GB 50202—2018）的要求。

6. 帽梁施工

护坡桩施工完成一定数量后，开始帽梁施工。帽梁施工前应凿去桩顶浮浆并清理干净。帽梁钢筋按设计图纸绑扎，主钢筋保护层厚度为 20 mm，梁内侧支钢模，外侧采用土模。混凝土浇筑时，采用振捣棒振捣密实。

二、锚杆支护施工工序与施工要求

（1）施工工序：成孔→拉杆制作→注浆→锚具安装→张拉锁定。

（2）锚杆施工场地平整后，锚杆钻机进场，调整角度，对准孔位中心开始钻进，钻至设计深度后，抽出钻杆，移机至下一个孔位。

（3）拉杆采用 1860 型钢绞线，杆体中间插入塑料管。钢绞线拉杆每 2.0 m 间距设置一个固定支架。拉杆长度为自由段＋锚固段＋张拉段（0.8 ~ 1.0 m）。

（4）注浆时应采用胶泥或纺织带封住孔口，水泥浆水灰比为 0.5，二次注浆间隔时间为 2 ~ 4 h，注浆压力不小于 0.8 MPa。第一次注浆后将塑料管拔出 6 ~ 8 m，二次注浆后可将塑料管全部拔出，冲洗干净后重复使用。

（5）锚杆注浆强度达到设计强度的 70%（约 7 d）后方可张拉，首先应进行试拉，根据试拉结果调整或确定锁定值。锚杆试验与验收试验遵循《建筑基坑支护技术规程》（JGJ 120—2012），锚杆张拉时锚具与工字钢之间应加设钢制角度板。

【知识拓展】

一、护坡桩质量评定标准

1. 保证项目

（1）护坡桩所用原材料和混凝土强度必须符合设计要求和施工规范的规定。检验方法：观察检查和检查材料合格证件及试验报告。

（2）成孔深度必须符合设计要求，沉渣厚度严禁大于 200 mm。

（3）混凝土浇注充盈系数应大于 1。

（4）浇注后的桩顶标高及浮浆处理必须符合设计要求和施工规范规定。检验方法：观察和尺量。

2. 允许偏差项目

护坡桩的允许偏差和检查方法应符合表 2–4 的规定。

表 2–4　护坡桩允许偏差项目和检查方法表

项次	项目		允许偏差 /mm	检查方法
1	钢筋笼	主筋间距	± 10	尺量
2		箍筋间距	± 20	
3		直径	± 10	
4		长度	± 50	
5		保护层厚度	≤ 10	
6	桩孔	桩位	不大于 $d/6 \leqslant 100$	拉线和尺量
7		桩径	± 20	
8		孔深度	± 50	
9		垂直度	0.5%	吊线和尺量

3. 混凝土试块

每台机器每台班（限量在 100 m^3 以内）的同配合比混凝土取样不少于一次（包括同条件养护和标准养护各一组试块）。

二、锚杆支护质量评定标准

1. 保证项目

（1）锚杆所用钢材、水泥品种、标号、水泥浆的水灰比和外加剂的品种、掺量必须符合设计要求。检验方法：观察和检查出厂证明及实验报告。

（2）锚杆的位置、数量、长度必须符合监理部门批准的设计方案和施工规范的规定。检验方法：观察和检查施工记录。

（3）水泥浆应按设计要求配制，严格控制水灰比，注浆压力不小于 1 MPa；注浆充盈系数不小于 1.1。检验方法：观察和检查施工记录。

（4）锚杆张拉和施加应力要求：锚固段水泥浆强度大于 15 MPa，并达到设计强度等级的 75% 后方可进行张拉。锚杆张拉至设计荷载的 90% ~ 100% 后再按设计要求锁定。锚杆张拉控制应力不应超过锚杆体强度标准值的 75%。检验方法：观察和检查施工记录。

2. 允许偏差项目

锚杆的允许偏差项目和检查方法应符合表 2–5 的规定。

表 2–5　锚杆允许偏差项目和检查方法表

<table>
<tr><th>项次</th><th colspan="2">项目</th><th>允许偏差 /mm</th><th>检查方法</th></tr>
<tr><td>1</td><td rowspan="3">孔位</td><td>水平方向</td><td>≤ 50</td><td rowspan="5">测斜仪和尺量</td></tr>
<tr><td>2</td><td>垂直方向</td><td>≤ 100</td></tr>
<tr><td>3</td><td>偏斜度</td><td>≤ 3°</td></tr>
<tr><td>4</td><td colspan="2">孔深</td><td>+100 ~ +200</td></tr>
<tr><td>5</td><td colspan="2">孔径</td><td>± 10</td></tr>
</table>

3. 水泥浆试块

（1）水泥浆强度等级不低于 15 MPa。

（2）试块制作每台班不少于一组，或保证每组不超过 30 根锚杆。

（3）锚杆验收按《建筑基坑支护技术规程》（JGJ 120—2012）规程进行，检测数量不应少于锚杆总数量的 5%，且同一土层中不得少于 3 根。

任务 2.2　土方平整与调配

【任务引入】

场地平整就是将原始地面改造成满足人们生产、生活所要求的平面（如满足后续建筑场地与已有建筑场地的标高对应关系，满足整个场地的排水系统要求等），并力求使场地内挖填平衡土方量最小。其主要内容是先进行场地竖向规划设计确定设计标高，然后依据设计标高计算挖、填土方量，最后合理地进行土方调配。

【知识准备】

一、土的工程性质

影响土方工程施工的土的工程性质有土的可松性、渗透性和含水量等。

1. 土的可松性

自然状态下的土经开挖后，其体积因松散而增加，以后虽经回填压实，仍不能恢复成原来的体积，这种性质称为土的可松性。它对土方平衡调配，基坑开挖时留弃土方量及运输工具的选择有直接影响。

土的可松性的大小用可松性系数表示，分为最初可松性系数和最终可松性系数。

（1）最初可松性系数 K_S

自然状态下的土，经开挖成松散状态后，其体积的增加用最初可松性系数 K_S 表示，即

$$K_S = \frac{V_2}{V_1} \tag{2–1}$$

式中：V_1——土在自然状态下的体积（m^3）；

V_2——土经开挖成松散状态下的体积（m^3）。

土的最初可松性系数是计算挖掘机械生产率、运土车辆数量及弃土坑容积的重要参数。

（2）最终可松性系数 K_S'

自然状态下的土，经开挖成松散状态并回填夯实后，仍不能恢复到原自然状态下体积，夯实后的体积与原自然状态下体积之比，用最终可松性系数 K_S' 表示，即

$$K_S'=\frac{V_3}{V_1} \tag{2-2}$$

式中：V_3——土经回填压实后的体积（m^3）。

最终可松性系数是计算场地平整标高及填方所需的挖方体积等的重要参数。

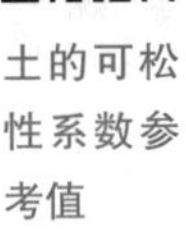
土的可松性系数参考值

2. 土的渗透性

土的渗透性是指土体被水透过的性质，即水流通过土中孔隙的难易程度。土的渗透性用渗透系数 K 表示。渗透系数 K 值直接影响降水方案的选择和涌水量计算的准确性，其参考值见表 2–6。

表 2–6　土的渗透系数参考值

土的种类	K/（m/d）	土的种类	K/（m/d）
亚黏土、黏土	<0.1	含黏土的中砂及纯细砂	20～25
亚黏土	0.1 ～ 0.5	含黏土的细砂及纯中砂	35～50
含亚黏土的粉砂	0.5 ～ 1.0	纯粗砂	50～75
纯粉砂	1.5 ～ 5.0	粗砂夹砾石	50～100
含黏土的细砂	10 ～ 15	砾石	100～200

土的渗透系数的实验室测定方法是由法国学者达西发明的，根据实验发现水在土中的渗流速度 v 与水力坡度成正比，即

$$v=K\times i \tag{2-3}$$

式中：i——水力坡度，又叫水力梯度，是两点的水位差与渗流路程之比。

3. 土的含水量

土的含水量是指土中水的质量与固体颗粒质量之比，以百分数表示，即

$$\omega=(G_1-G_2)/G_2\times 100\% \tag{2-4}$$

式中：G_1——含水状态土的质量（g）；

G_2——烘干后土的质量（土经 105 ℃烘干后的质量）（g）。

土的含水量表示土的干湿程度，是反映土的湿度的一个重要物理指标。含水量影响土方施工方法的选择、边坡的稳定和回填土的质量。

天然状态下土层的含水量称为天然含水量，其变化范围很大，与土的种类、埋藏条件及其所处的自然地理环境等有关。一般干的粗砂土，其值接近于零，而饱和砂土可达 40%；坚硬的黏性土的含水量约小于 30%，而饱和状态的软黏性土（如淤泥），则可达 60% 或更大。一般说来，同一类土，当其含水量增大时，强度就降低。土的含水量超过 25%～30%，机械化施工较困难，容易产生打滑和陷车的现象。

在含水量确定的条件下，用同样的夯实工具，可使回填土达到最大密实度，此含水量

称为最佳含水量。常见土的最佳含水量：砂土为 8%～12%，粉土为 9%～15%，粉质黏土为 12%～15%，黏土为 19%～23%。

土方量计算完成后，便可着手土方的调配工作。土方调配，就是对挖土的利用、土方的堆弃和填土的取得这三者之间的关系进行综合协调的处理。好的土方调配方案，应该是使土方运输量或运输费用达到最小，而且又能方便施工。

二、土方调配原则

（1）应力求达到挖方与填方基本平衡和就近调配，使挖方量与运距的乘积之和尽可能为最小，即使土方运输量或费用最小。

（2）土方调配应考虑近期施工与后期利用相结合的原则，考虑分区与全场相结合的原则，还应尽可能与大型地下建筑物的施工相结合，以避免重复挖运和场地混乱。

（3）合理布置挖、填方分区线，选择恰当的调配方向、运输线路，使土方机械和运输车辆的性能得到充分发挥。

（4）好土用在回填质量要求高的地区。

总之，对土方进行调配，应根据现场具体情况、有关技术资料、工期要求、土方施工方法与运输方法，综合考虑上述原则，并经计算比较，选择经济合理的调配方案。

【任务实施】

一、场地平整土方量计算步骤

场地平整的土方量计算通常采用方格网法，其计算步骤如下。

1. 确定场地设计标高

对小型场地平整时，若对场地标高无特殊要求（不考虑边坡、泄水坡等），一般可根据平整前后土方量相等的原则，确定场地设计标高，具体如下。

（1）将场地地形图根据要求的精度划分为长 10～40 m 的方格网，如图 2-8 所示。

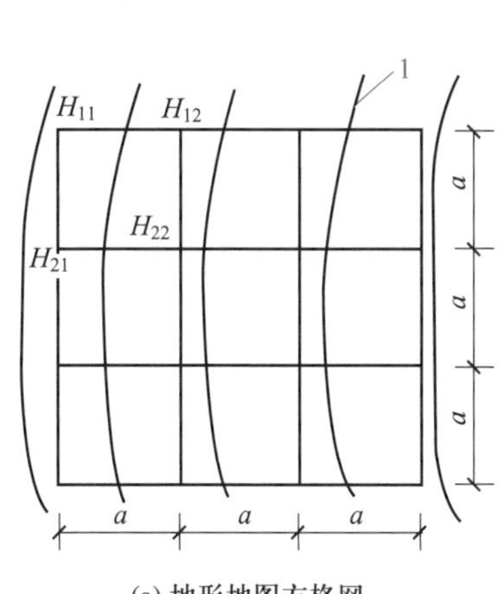

(a) 地形地图方格网

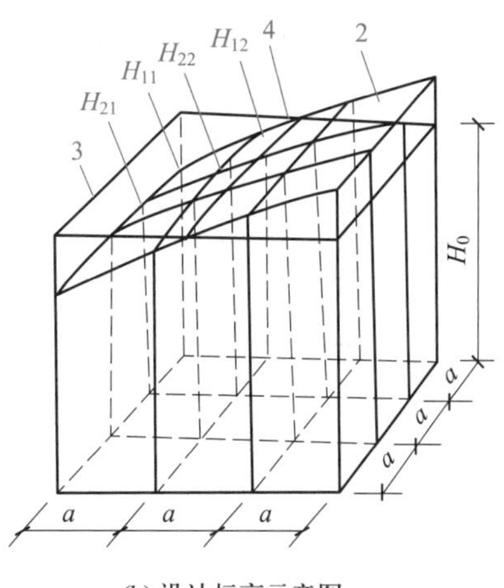

(b) 设计标高示意图

图 2-8　场地设计标高计算示意图

1—等高线；2—自然地面；3—设计地面

（2）求出各方格角点的地面标高。地形平坦时，可根据地形图相邻两等高线的标高，用插入法求得；地形不平坦时，用插入法有较大误差，可在地面上用木桩打好方格网，然后用仪器直接测出。

（3）根据挖填平衡的原则，初步确定场地设计标高 H_0，即

$$H_0=\frac{1}{4n}\left(\sum H_1+2\sum H_2+3\sum H_3+4\sum H_4\right) \tag{2-5}$$

式中：n——方格数；

H_1——1 个方格仅有的角点标高（m）；

H_2——2 个方格共有的角点标高（m）；

H_3——3 个方格共有的角点标高（m）；

H_4——4 个方格共有的角点标高（m）；

H_0——平整后的场地标高 (m)。

2. 场地设计标高的调整

在进行场地设计时，设计单位应综合各方面因素确定场地的设计标高，这个设计标高可以是一固定值，但实际上由于排水的要求，场地表面均应有一定的泄水坡度。因此，应根据场地泄水坡度的要求（单向泄水或双向泄水），计算出场地内各方格角点实际施工时所采用的设计标高。

（1）单向泄水时，场地各点设计标高的求法。场地单向泄水时，以设计给定的场地中心线（与排水方向垂直的中心线）标高 H_0 作为原始标高［图 2-9（a）］，场地内任意一点的设计标高为

$$H_{ij}=H_0\pm li \tag{2-6}$$

式中：H_{ij}——场地内设计确定的标高（m）；

l——该点至场地中心线的距离（m）；

i——场地泄水坡度（不小于 2%）。

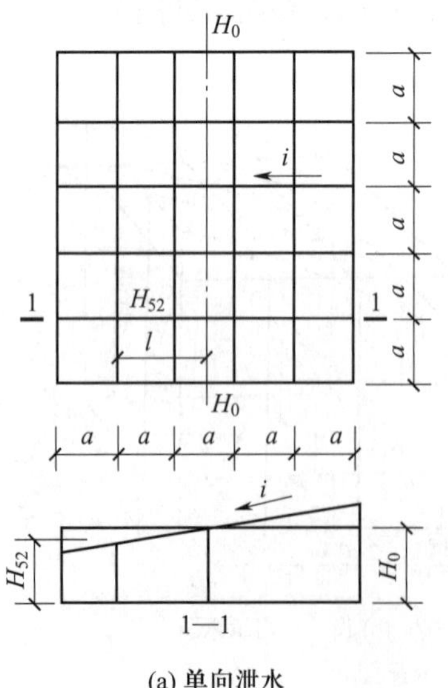

(a) 单向泄水

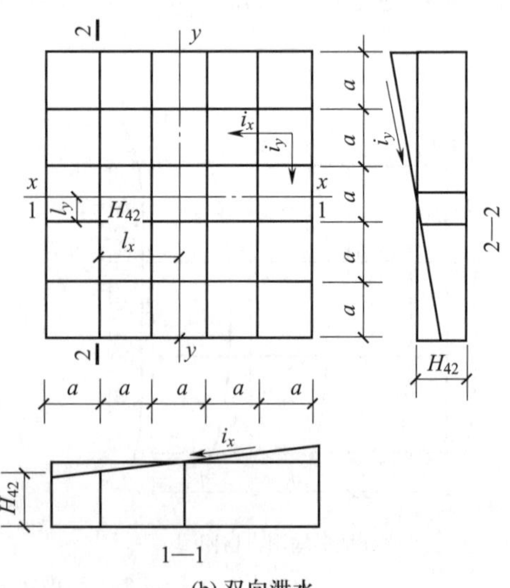

(b) 双向泄水

图 2-9　单 / 双向泄水坡度的场地

（2）双向泄水时，场地各点设计标高的求法。场地双向泄水时，以设计给定的场地中心点标高 H_0 作为原始标高［图 2–9（b）］，场地内任意一点的设计标高为

$$H_n=H_0+l_xi_x\pm l_yi_y \tag{2–7}$$

式中：l_x，l_y——该点距场地中心线 x 轴、y 轴的距离（m）；

i_x，i_y——场地在 x、y 方向的泄水坡度。

例如，图 2–9（b）中场地内 H_{42} 点的设计标高为

$$H_{42}=H_0\pm l_xi_x\pm l_yi_y=H_0-1.5ai_x-0.5ai_y$$

3. 场地填挖高度的标注

将设计标高和自然地面标高分别标注在方格点的右上角和右下角。设计地面标高与自然地面标高的差值，即各角点的填挖高度，填在方格网的左上角，挖方为（–），填方为（+）。

4. 计算零点，标出零线

当同一方格的 4 个角点的施工高度全为“+”或全为“–”时，说明该方格内的土方全部为填方或全部为挖方。当一个方格中一部分角点的施工高度为“+”，而另一部分为“–”时，说明此方格中的土方一部分为填方，而另一部分为挖方，这时必定存在不挖不填的点，这样的点称为零点。把一个方格中的所有零点都连接起来，形成的直线或曲线称为零线，即挖方与填方的分界线，如图 2–10 所示。

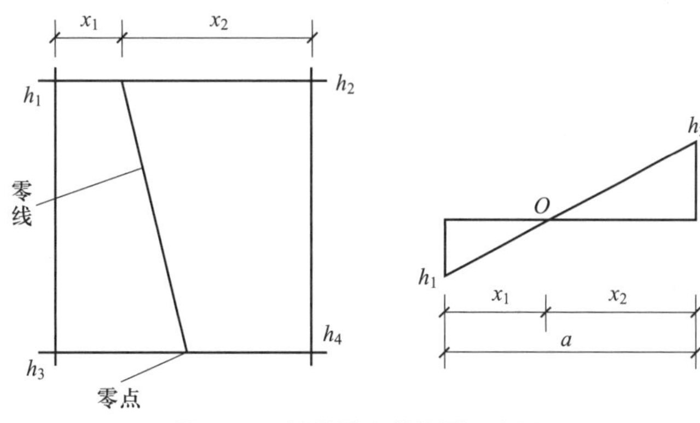

图 2–10　计算零点的位置示意图

零点的位置按下式计算：

$$x_1=\frac{h_1}{h_1+h_2}a \tag{2–8a}$$

$$x_2=\frac{h_2}{h_1+h_2}a \tag{2–8b}$$

式中：x_1、x_2——角点至零点的距离（m）；

h_1、h_2——相邻两角点的施工高度（m），均用绝对值；

a——方格网的边长（m）。

常用方格网计算公式

5. 计算方格网中各方格的土方量

按照常用方格网计算公式分别计算每个方格内的挖方或填方量。

6. 边坡土方量计算

为保证场地的挖方区和填方区土壁的稳定和施工安全，挖方区和填方区的边沿都需要做成边坡。如图 2-11 所示为场地边坡的平面示意图，从中可以看出，边坡的土方量可以划分为两种近似的几何形体进行计算，一种为三角形棱锥体，如图 2-11 中①、②、③；另一种为三角棱柱体，如图 2-11 中④。

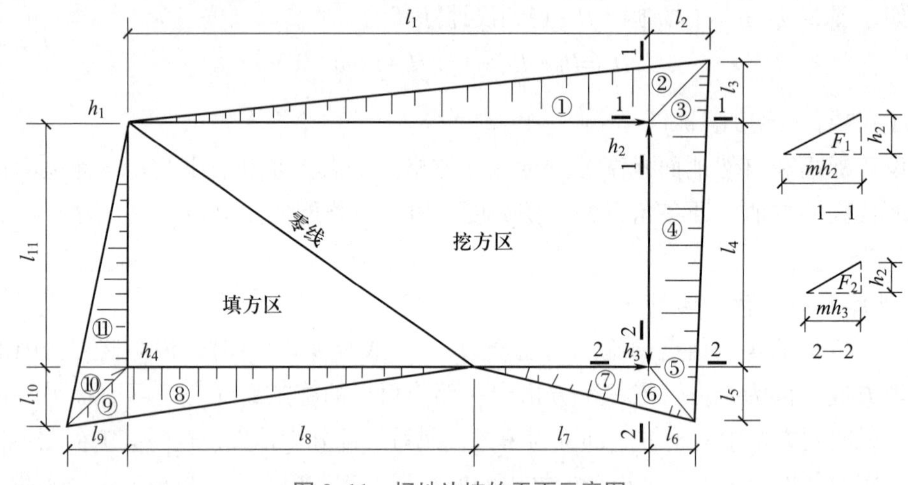

图 2-11　场地边坡的平面示意图

（1）三角形棱锥体边坡体积

例如，图 2-11 中①的体积为

$$V=\frac{1}{3}F_1l_1 \tag{2-9a}$$

$$F_1=\frac{1}{2}(mh_2)h_2=\frac{1}{2}mh_2^2 \tag{2-9b}$$

式中：l_1——边坡①的长度（m）；

F_1——边坡①的端面积（m^2）；

h_2——角点的挖土高度（m）；

m——边坡的坡度系数。

（2）三角棱柱体边坡体积

当两端横断面面积相差不大时，其体积为

$$V_4=\frac{F_3+F_5}{2}l_4 \tag{2-10}$$

当两端横断面面积相差很大时，其体积为

$$V_4=\frac{l_4}{6}(F_3+4F_0+F_5) \tag{2-11}$$

式中：　l_4——边坡④的长度（m）；

F_3、F_5、F_0——边坡④的两端及中部横断面面积（m^2）。

7. 计算土方总量

将挖方区（或填方区）的所有方格土方量和边坡土方量汇总后即可得场地平整挖

（填）方的工程量。

二、土方调配的步骤

土方调配的步骤：划分调配区（绘出零线）→计算调配区之间的平均运距→确定初始调配方案→判别、优化方案→绘制土方调配图表。

1. 划分调配区

调配区的划分应注意以下几点。

（1）调配区的划分应该与房屋和构筑物的平面位置相协调，并考虑它们的开工顺序、工程的分期施工顺序。

（2）调配区的大小应该满足土方施工主导机械的技术要求。

（3）调配区的范围应该和土方工程量计算用的方格网协调，通常可由若干个方格组成。

（4）当土方运距较大或场内土方不平衡时，可就近借土或弃土，借土区或弃土区可作为一个独立的调配区。

（5）调配区的划分尽可能与大型地下建筑物的施工相结合，避免土方重复开挖。

2. 计算调配区之间的平均运距

平均运距是指挖方区土方重心至填方区土方重心的距离。当填、挖方调配区之间的距离较远，采用汽车、自行式铲运机及其他运土工具沿工地道路或规定路线运土时，其运距应按实际情况进行计算。

先按下式求出各挖方或填方区土方重心坐标值 x_o、y_o。为简化计算，可用作图法近似求出调配区平面的形心位置以代替重心位置。取场地或方格网中的纵横两边为坐标轴，则

$$x_o=\frac{\sum(x_iV_i)}{\sum V_i} \tag{2-12}$$

$$y_o=\frac{\sum(y_iV_i)}{\sum V_i} \tag{2-13}$$

式中：x_i、y_i——i 块方格的重心坐标；

V_i——i 块方格的土方量（m^3）。

重心坐标求出后，标于相应的调配区图上，求出每对调配区的平均运距，则填、挖方区之间的平均运距 L_o 为

$$L_o=\sqrt{(x_{ot}-x_{ow})^2+(y_{ot}-y_{ow})^2} \tag{2-14}$$

式中：x_{ot}、y_{ot}——填方区的重心坐标；

x_{ow}、y_{ow}——挖方区的重心坐标。

3. 确定初始调配方案

最优调配方案常用“表上作业法”求解。

【操作指导】

手工计算土方量平衡不仅需要耗费大量时间、人力，精度难以保证，而且容易出错。采用电算技术可以有效提高计算的精度和效率，能够快速进行大量计算，降低了时间和人力成本，精度比手工计算高，减少了人为因素的干扰，还具有数据追踪和整合能力，有助于历史数据的记录和管理，为土方工程的设计和施工提供了可靠的数据支持。目前平整土方算量的软件有飞时达、CASS、Revit、Civil3D 等，利用 Revit 软件计算土方工程量见表 2–7。

表 2–7　利用 Revit 软件计算土方工程量

步骤	图示
如右图所示，建立一个地形表面。地形表面可以通过添加高程点的方式建立，也可以通过导入等高线图或记录高程点的文本等方式进行创建	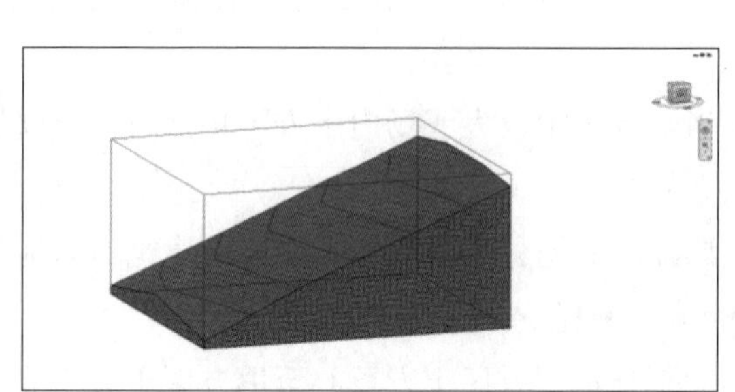
接着，选中这个地形表面，在属性栏中将其“阶段化”属性的“创建的阶段”值修改为“现有类型”，如右图所示	
将阶段修改为现有类型的目的是把地形表面设置为原始地貌。接着在“体量和场地”选项卡中找到“平整区域”命令，如右图所示	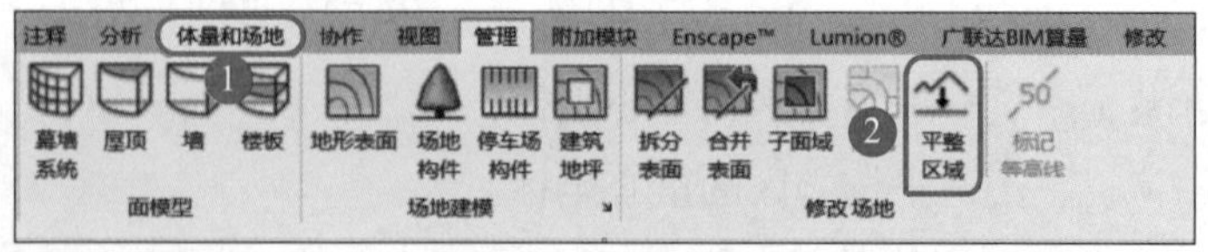

步骤	图示
接下来，在弹出的对话框中有两种平整区域的方式供我们选择，如右图所示。第1种是创建与现有地形表面完全相同的新地形表面后再平整区域；第2种是仅基于周界点新建地形表面后再平整区域。两种方式的区别在于：第1种方式会保留我们创建原始地形时放置的地形表面内部高程点，新的地形表面会受到我们平整区域所添加的点、原始地貌内部点和周界点的影响；第2种方式不会保留内部点，新的地形表面仅受我们平整区域所添加的点、原始地貌周界点的影响。这里可以根据自己的需求进行选择	编辑平整区域 请选择要平整的地形表面。您要如何编辑此地形表面? 现有地形表面被拆除，并在当前阶段创建一个匹配的地形表面。 编辑新地形表面以创建所需的平整表面。 → 创建与现有地形表面完全相同的新地形表面 将复制内部点和周界点。 → 仅基于周界点新建地形表面 对内部地形表面区域进行平滑处理。
例如，此处选择“仅基于周界点新建地形表面”，接着选择需要平整区域的地形表面。接下来的操作与新建地形表面类似，可以选择放置点、导入等高线图、导入高程点文件来新建地形，如右图所示为平整区域完成后的地形	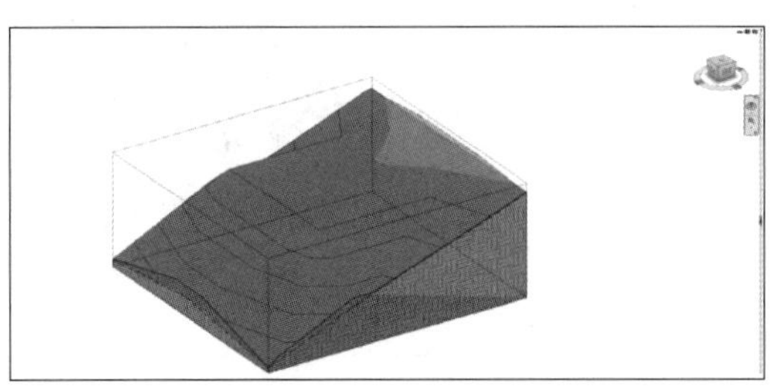
接着，选中平整完成后的地形表面，在属性栏中可以看到新的地形表面在原地貌的基础上净剪切/填充的土方量。如果数值为正，表明总的需要填充该数值的土方；如果数值为负，表明总的需要挖掉该数值的土方，如右图所示	

续表

步骤	图示
此外，还可以创建地形明细表来统计土方工程量，并且把明细表的阶段过滤器设置为完全显示，这样就不会统计原始地貌，如右图所示	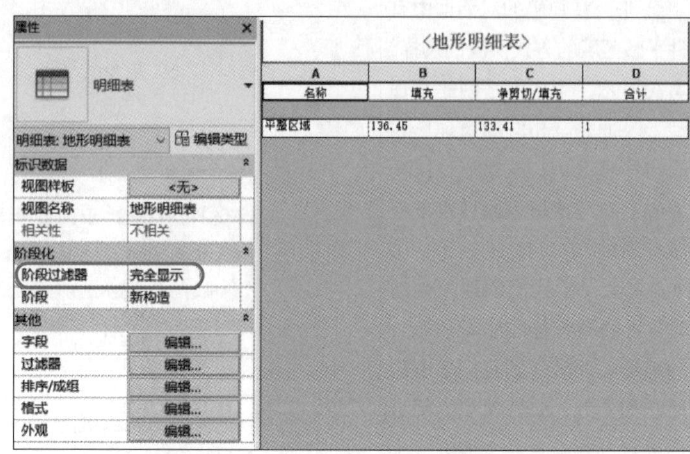
此时，如果给地形中添加建筑地坪，明细表也会对应统计到因为建筑地坪而填充或挖掉的土方，如右图所示	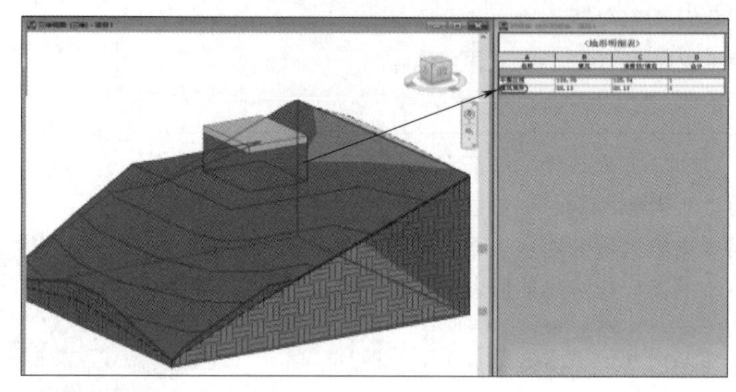

利用土的可松性系数求土方量案例

计算平整场地工程量案例

求土方调配最优方案案例

智能计算土方量方案案例

任务 2.3　地下降水

【任务引入】

施工降水是土方开挖施工中极其重要的一项工序。施工过程中为避免产生流砂、管涌、坑底突涌，防止坑壁土体坍塌，减少开挖对周边环境的影响，便于土方开挖和地下结构施工作业，当基坑开挖深度内存在饱和软土层和含水层，坑底以下存在承压含水层时，需选择合适的方法、合理的施工降水组织设计及适当的降水施工工艺以做好地下降水工作。

【知识准备】

一、地下降水方法

地下降水方法主要可分为集水井降水和井点降水两类，可根据土层情况、降水深度、周围环境、支护结构类型等条件综合考虑后优选。

（一）集水井降水

1. 集水井降水及其基本特点

集水井降水施工方法是在基坑或沟槽开挖时，在坑底设置集水井，沿坑底的周围或中央开挖排水沟，使水由排水沟流入集水井内，然后用水泵抽出坑外，其基本原理如图 2–12 所示。

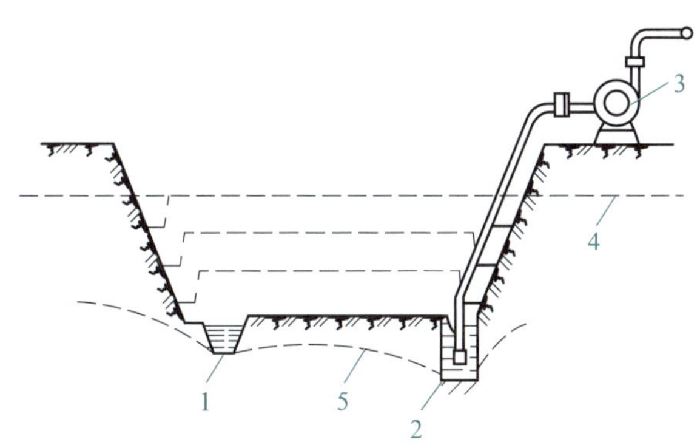

图 2–12　集水井降水基本原理

1—排水沟；2—集水井；3—水泵；4—原地下水位线；5—降低后地下水位线

2. 排水沟及集水井布置

（1）布置在距拟建建筑物基础边净距 0.4 m 以外，排水沟离开坡脚不小于 0.3 m，在基坑四角或每隔 30 ~ 40 m 设置 1 个集水井（坑）。

（2）集水井（坑）、排水沟底面应比挖土面低 0.3 ~ 0.4 m，比沟底低 0.5 m。

（3）沟、井截面根据排量确定。

（4）基础较深或地下水位较高时，应采用分层明排或导排法。

3. 排水设备的选用

排水所用机具主要为离心泵、潜水泵和泥浆泵。离心泵主要性能指标包括流量、总扬程、吸水扬程和功率等。潜水泵由立式水泵和电动机组合而成，水泵装在电动机上端，叶轮可制成离心式或螺旋桨式，电动机设有密封装置。潜水泵工作时全浸入水中，使用时为防止电动机烧坏，不得脱水运转或陷入泥中，也不得排灌含泥量较高的水或泥浆水，以免泵叶轮被杂物堵塞。

选用水泵类型时，一般取水泵排水量为基坑涌水量的 1.5 ~ 2.0 倍。排水所需水泵功率按下式计算，即

$$N=\frac{K_1QH}{75\eta_1\eta_2} \tag{2–15}$$

式中：K_1——为安全系数，一般取 2；

Q——基坑涌水量（m^3/d）；

H——包括扬水、吸水及各种阻力造成的水头损失在内的总高度（m）；

η_1——水泵功率，取 0.4 ~ 0.5；

η_2——动力机械效率，取 0.78 ~ 0.85。

（二）井点降水

1. 井点降水分类及基本特点

井点降水是在基坑开挖前，预先在基坑四周埋设一定数量的滤水管（井），在基坑开挖前和开挖过程中，利用真空原理，不断抽出地下水，使地下水位降低至坑底以下。井点类型主要包括轻型井点、喷射井点、管井井点和深井井点，一般根据土的渗透系数、降水深度、设备条件及经济性选用，见表 2–8。

表 2–8　井点降水适用范围

降水类型	适用范围	
	土的渗透系数 /（m/d）	可能降低的水位深度 /m
一级轻型井点	0.1 ~ 20	3 ~ 6
多级轻型井点	0.1 ~ 20	6 ~ 12
喷射井点	0.1 ~ 20	<20
管井井点	1.0 ~ 200	>5
深井井点	10 ~ 250	>15

2. 轻型井点的特点

轻型井点降水是沿基坑四周以一定间距埋入直径较小的井点管至地下蓄水层内，井点管上端通过弯联管与总管相连，利用抽水设备将地下水通过井点管不断抽出，使原有地下水位降至基底以下。施工过程中应不间断地抽水，直至基础工程施工结束回填土完成为止，其基本原理如图 2–13 所示。

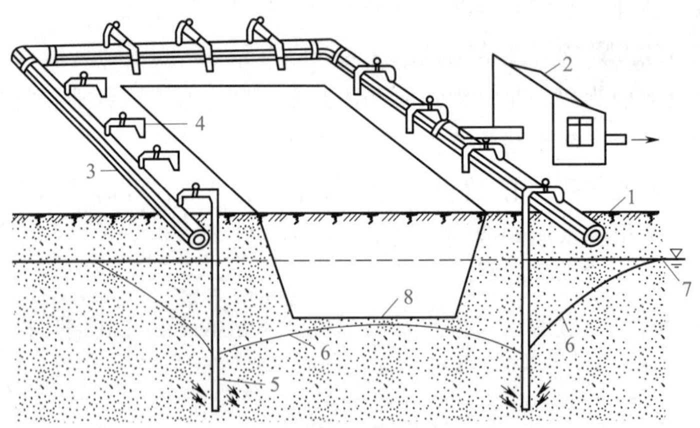

图 2–13　集水井降水基本原理

1—地面；2—水泵；3—总管；4—井点管；5—滤管；6—降落后的水位；7—原地下水水位；8—基坑底

地下降水的主要原则

轻型井点设备由管路系统和抽水设备等组成。管路系统由滤管、井点管、弯联管和总管组成，抽水设备常用的是真空泵设备和射流泵设备。滤管为进水设备，其构造是否合理对抽水设备影响很大。

二、轻型井点降水设计

根据基坑的尺寸、降水深度要求和土体渗透系数等确定井点降水的种类及井点系统的布置方式，完成井点降水系统的设计。要完成这一设计，应掌握井点系统涌水量的计算方法、井点管数量和间距的计算方法。

（一）降水井布置

轻型井点的布置要根据基坑平面形状及尺寸、基坑的深度、土质、地下水位高低及流向、降水深度要求等因素确定。其主要取决于基坑的平面形状和基坑开挖深度，应尽可能将要施工的建筑物基坑面积内各主要部分都包围在井点系统内。

1. 平面布置

根据基坑形状，轻型井点可采用单排布置、双排布置、环形布置及U形布置，如图2-14所示。

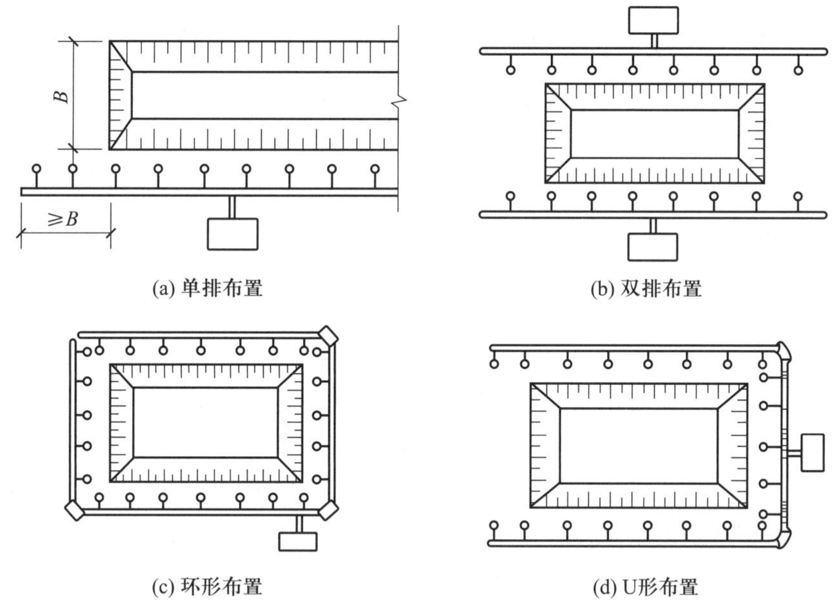

图2-14　轻型井点平面布置

当开挖窄而长的沟槽时可按单排布置，如沟槽宽度大于6 m且降水深度不超过6 m的情况；井点管应布置在地下水流的上游一侧，两端适当加以延伸，延伸宽度以不小于槽宽为宜。当因场地限制不具备延伸条件时可采取沟槽两端加密的方式，如开挖宽度大于6 m或土质不良，则可用双排线状井点。环形布置适用于大面积基坑，如采用U形布置则井点管不封闭的一段应在地下水的下游方向。当土方施工机械需进出基坑时也可采用U形布置。

环形井点布置注意事项

2. 高程布置

高程布置（图2-15）就是确定井点管埋深，即滤管上口至总管埋设面的距离，主要

考虑降低后的水位应控制在基坑底面标高以下，保证坑底干燥。井点管埋深（不包括滤管）按下式计算，即

$$H=H_1+h+iL \tag{2-16}$$

式中：H——井点管埋深（m）；

H_1——总管埋设面至基底的距离（m）；

h——基底至降低后的地下水水位线的距离（m），一般取 0.5 ~ 1.0 m；

i——水力坡度，对单排井点取 1/4，对环形井点取 1/10；

L——井点管至基坑中心的水平距离（m），当井点管为单排布置时，L 为井点管至对边坡角的水平距离（m）。

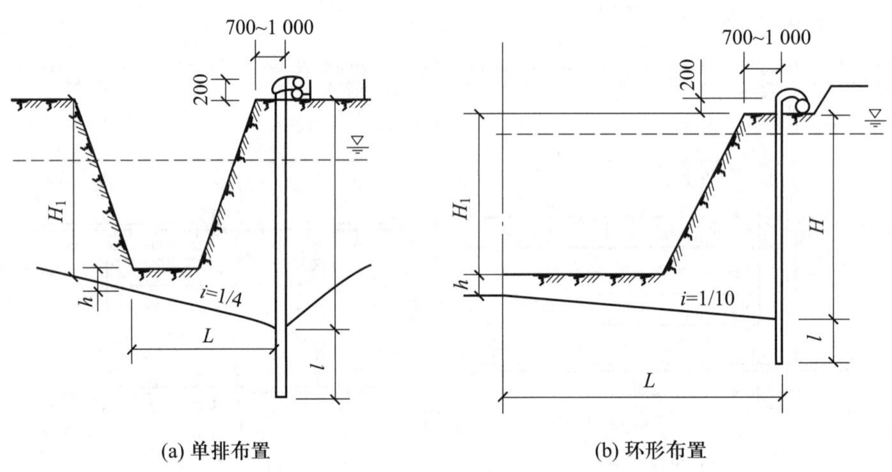

图 2–15　轻型井点高程布置

此外，确定井点埋深时，还要考虑到井点管一般要露出地面 0.2 m 左右。如果计算出的 H 值大于井点管长度，则应降低井点管的埋置面（以不低于地下水水位线为准），以适应降水深度的要求。在任何情况下，滤管必须埋在透水层内。为了充分利用抽吸能力，总管的布置标高宜接近地下水水位线（可事先挖槽），水泵轴心标高宜与总管平行或略低于总管。总管应具有 0.25% ~ 0.5% 坡度（坡向泵房）。各段总管与滤管最好分别设在同一水平面，不宜高低悬殊。当一级井点系统达不到降水深度要求时，可视其具体情况采用其他方法降水。如上层土的土质较好时，先用集水井排水法挖去一层土再布置井点系统；也可采用二级井点，即先挖去第一级井点所疏干的土，然后再在其底部装设第二级井点。

（二）涌水量计算

当基底为隔水层且层底作用有承压水时，应进行坑底突涌验算，必要时可采取水平封底或钻孔减压等措施，以保证坑底土层稳定。否则，一旦发生突涌，将会给施工带来极大难题。

1. 降水井的类型

根据水井理论，降水井的类型按照滤管与不透水层的关系分为完整井和非完整井。完整井即为井底到达含水层下面的不透水层顶面的井，否则称为非完整井。按照是否有承压

水层将降水井分为承压井和无压井。因此，水井分为无压完整井、无压非完整井、承压完整井、承压非完整井四大类，如图 2-16 所示。

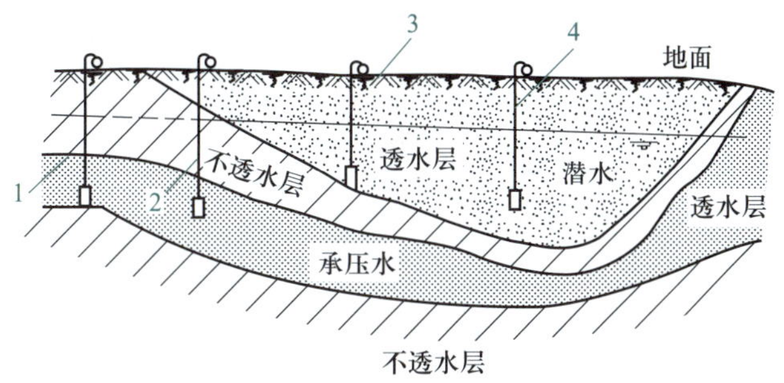

图 2-16　地下水垂直分布及水井分类

1—承压完整井；2—承压非完整井；3—无压完整井；4—无压非完整井

2. 潜水完整井基坑涌水量计算

根据《建筑基坑支护技术规程》（JGJ 120—2012）的规定，群井按大井简化时，均质含水层潜水完整井的基坑降水总涌水量可按下式计算，即

$$Q=\pi k\times\frac{(2H-s_{\mathrm{d}})s_0}{\ln\left(1+\frac{R}{r_0}\right)} \tag{2-17}$$

式中：Q——基坑降水的总涌水量（$\mathrm{m^3/d}$）；

k——渗透系数（m/d）；

s_{d}——基坑水位降深（m）；

R——降水影响半径（m），应按现场抽水试验确定；缺少试验时，也可按 $R=2S_{\mathrm{w}}\sqrt{kH_0}$ 计算，此处 S_{w} 为井水位降深，当井水位降深小于 10 m 时，取 S_{w}=10 m；

r_0——沿基坑周边均匀布置的降水井群所围面积等效圆的半径（m），$r_0=\sqrt{\frac{A}{\pi}}$，此处 A 为降水井群连线所围的面积。

均质含水层潜水完整井简化的基坑涌水量计算简图如图 2-17 所示。

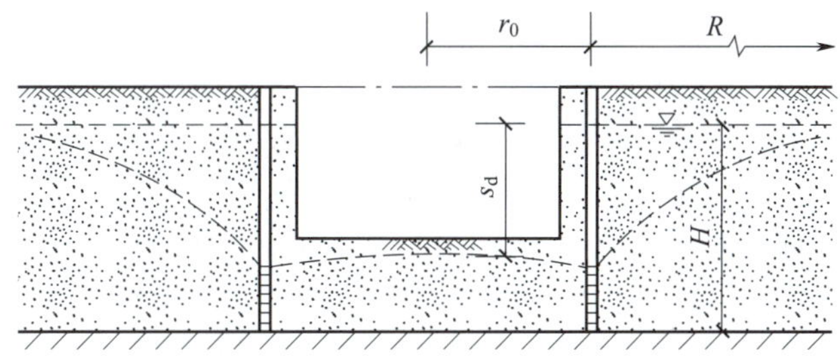

图 2-17　均质含水层潜水完整井简化的基坑涌水量计算简图

（三）井点管数量计算

井点管数量按下式计算，即

$$n=1.1\frac{Q}{q} \tag{2-18}$$

式中：Q——基坑总涌水量（m^3/d）；

q——设计单井出水量（m^3/d）。

轻型井点出水量可按 36 ~ 60（m^3/d）确定；当无经验数据时，设计单井出水量也可按经验公式确定，即

$$q = 120\pi \times r_s \times l \times \sqrt[3]{k} \tag{2-19}$$

式中：r_s——过滤半径（m）；

l——过滤器进水部分长度（m）；

k——含水层的渗透系数（m/d）。

（四）井点管间距计算

井点管间距根据布置的井点总管长度及井点管数量按下式计算，即

$$D = \frac{L}{n} \tag{2-20}$$

式中：L——总管长度（m）。

实际采用的井点管间距应大于 15 d，不能过小，以免彼此干扰，影响出水量，并且应与总管接头的间距（0.8 m、1.2 m、1.6 m）相吻合，最后依据实际采用的井点管间距确定井点管根数。

【任务实施】

一、轻型井点降水施工

轻型井点系统的施工主要包括施工准备、井点系统的安装、使用及拆除。井点系统的安装顺序：先埋设总管、冲孔、沉设井点管、灌填砂滤层，然后用弯联管将井点管与总管连接，最后安装抽水设备。

（一）施工准备

1. 技术准备

（1）编制降水施工组织设计或降水专项施工方案。其内容包括工程概况、编制依据（规范、标准、图纸）、施工计划（进度计划、设备计划、材料计划）、施工工艺技术（技术参数、工艺流程、施工方法、检查验收）、施工安全保证措施（组织保障、技术措施、应急预案、监测监控）、劳动力计划（项目组织、特种作业人员）、计算书及相关图纸。

（2）进行技术交底。降水施工作业前应进行技术质量和安全交底，交底要有交底人、被交底人的签字。

2. 施工机械

（1）井点降水设备。离心泵、真空泵按计划进场，应配置备用泵，最少 1 台。降水运行应独立配电。连续降水的工程项目还应配置双路以上独立供电电源或备有发电机。

（2）施工设备，包括冲孔机械、撬棍、手推车、钢丝绳、扳手、电缆、闸箱等。

3. 材料准备

（1）井点管及设备已购置，材料已备齐，并已加工和配套完成。

（2）填孔用的粗砂、碎石、封口黏土已准备。

4. 作业条件准备

（1）地质勘探资料齐全，根据地下水深度、土的渗透系数和土质分布已确定降水方案。

（2）基础施工图纸齐全，以便根据基层标高确定降水深度。

（3）已编制施工组织设计，确定井点布置、数量、观测井点位置、泵房位置等，并已测量放线定位。

（4）现场“三通一平”工作已完成，并设置排水沟。

（二）施工工艺流程

轻型井点降水施工工艺流程：井点系统布置→涌水量计算→确定井点数量及井点管间距→选择抽水设备。

轻型井点降水施工工艺流程

（三）操作要点

1. 排放总管

按设计要求挖设总管沟槽，安装总管。

2. 埋设井点管

井点管的埋设一般用水冲法进行，并分为冲孔与埋管两个过程，如图 2-18 所示。

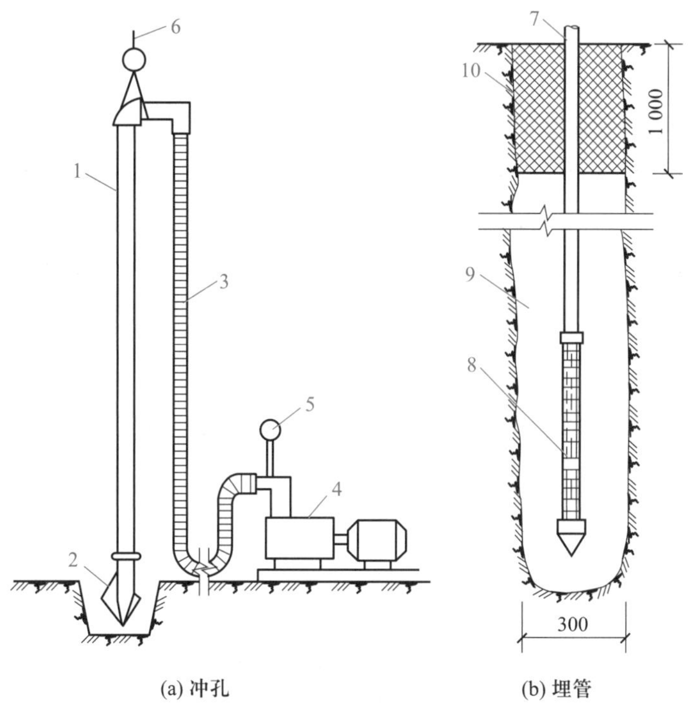

图 2-18 井点管埋设布置

1—冲管；2—冲嘴；3—胶管；4—高压水泵；5—压力表；6—起重机吊钩；7—井点管；8—滤管；9—填砂；10—黏土封口

1）冲孔

冲孔时，先用起重机设备将冲管吊起并插在井点的位置上，然后开动高压水泵，将土冲松，冲管则边冲边沉。冲孔直径一般为 300 mm，以保证井管四周有一定厚度的砂滤层，冲孔深度宜比滤管底深 0.5 ~ 1.0 m，以防冲管拔出时，部分土颗粒沉于底部而触及滤管底部。

2）插管填砂

井孔冲成后，立即拔出冲管，插入井点管。井点管下入后，立即倒入粒径 5 ~ 30 mm 石子，使管底有 50 cm 高，并在井点管与孔壁之间迅速填灌砂滤层，以防孔壁塌土。砂滤层的填灌质量是保证轻型井点顺利抽水的关键，一般宜选用干净粗砂，填灌均匀，并填至滤管顶部 1 ~ 1.5 m，以保证水流畅通。

3）黏土封口

井点填砂后，上部 1 ~ 1.5 m 深度内改用黏土封口，以防漏气。

3. 地面抽水系统安装

用弯联管将井点管与总管接通，将集水总管与抽水设备相连接，接通电源，即可进行试抽水，以检查有无漏气现象。

4. 试抽验收

井点系统安装完毕，应及时进行试抽水，核验水位降深、抽水量管路连接质量、井点出水和水泵真空度等情况。试抽后如无异常，即可组织现场验收。当发现出水浑浊时，应查明原因及时处理，严禁长期抽吸浑水，验收合格后应观测静止水位高程以作为起算水位降深的依据。

井点系统运行检查方法

5. 井点运行

井点运行后要求连续工作，应准备双电源以保证连续抽水，并检查井点系统运行情况。如通过检查发现井点管淤塞太多，严重影响降水效果时，应逐个用高压水反冲洗井点管或拔除重新埋设。

6. 井点拆除及保养

（1）井点拆除。地下结构物竣工并将基坑进行回填后，方可拆除井点系统。多借助于倒链、起重机等拔出井点，起拔时吊钩应保持在井管的延长线上顺势进行，以免将井管强行拉断。所留孔洞用砂或土填塞。

喷射井点降水工艺流程

（2）井点管保养。井点管在工地指定的场所冲洗、刷油漆保养，堆放整齐以备再用。

二、其他井点降水施工

（一）喷射井点降水施工

喷射井点降水施工要点

当基坑开挖所需降水深度超过 6 m 时，一级的轻型井点就难以达到预期的降水效果。这时如果场地允许，可以采用二级甚至多级轻型井点以增加降水深度，达到设计要求。但这样既会增加基坑土方施工工程量和降水设备用量从而延长工期，又扩大了井点降水的影响范围而对环境不利。因此，可考虑采用喷射井点。

（二）管井降水施工

对于渗透系数为 20 ~ 200 m/d 且地下水丰富的土层、砂层，用明排水会造成土颗粒大量流失，引起边坡塌方，用轻型井点难以满足降排水的要求，此时可采用管井井点。管井井点是沿基坑每隔一定距离设置一个管井，或在坑内降水时每隔一定距离设置一个管井，每个管井单独用一台水泵不断抽取管井内的水来降低地下水位。

管井降水施工视频

1. 现场施工工艺

管井降水施工工艺流程：准备工作、钻机进场→定位安装→开孔→下护口管钻进→成孔后冲孔换浆→下井管稀释泥浆→填砂→止水封孔→洗井→试抽→合理安排排水管路及电缆电路→试抽水、正式抽水→水位与流量记录。

2. 成孔工艺

成孔工艺即管井钻进工艺，指管井井身施工所采用的技术方法、措施和施工工艺过程。管井钻进方法分为冲击钻进、回转钻进、前孔锤钻进、反循环钻进、空气钻进等。选择降水管井钻进方法时，应根据钻进地层的岩性和钻进设备等因素进行选择，一般以卵石和漂石为主的地层宜采用冲击钻进或潜孔锤钻进，其他第四系地层宜采用回转钻进。

3. 成井工艺

井点系统布置

管井成井工艺包括安装井管、填砾、止水、洗井、试验抽水等工序。安装井管前应对井身和井径的质量进行检查，以保证井管顺利安装和滤料厚度均匀。应根据井管结构设计进行配管，井管焊接应确保完整无隙，避免井管脱落或渗漏。井管安装应准确到位、平稳入孔、自然落下，避免损坏过滤结构。为保证井管周围填砾厚度基本一致，应在滤水管上下部各加 1 组扶正器。过滤器应刷洗干净，过滤器缝隙应均匀。

涌水量计算

【操作指导】

某工程开挖一矩形基坑，基坑底宽为 12 m，长为 16 m，基坑深为 4.5 m，挖土边坡坡度为 1∶0.5。经地质勘探，天然地面以下为 1.0 m 厚的黏土层，其下有 8 m 厚的中砂，渗透系数 K=12 m/d。再向下，即为离天然地面 9 m 以下不透水的黏土层。地下水水位在地面以下 1.5 m。若采用轻型井点降低地下水水位，试进行井点系统设计。

确定井点管数量及井点管间距

【知识拓展】

1. 回灌井点法

轻型井点降水有许多优点，在基础施工中广泛应用，且影响范围较大，影响半径可达百米甚至数百米，同时会导致周围土壤固结而引起地面沉陷。因此，当基坑外地下水位降幅较大、基坑周围存在需要保护的建（构）筑物或地下管线时宜采用回灌井点法。回灌井点是在降水井点与要保护的已有建（构）筑物之间打一排井点，在井点降水的同时，向土层中灌入足够数量的水，形成一道隔水帷幕，使井点降水的影响半径不超过回灌井点的范围，从而阻止回灌井点外侧的建（构）筑物下的地下水流失。

选择抽水设备

为了防止降水和回灌两井相通，回灌井点与降水井点之间应保持一定的距离，一般不宜小于 6 m，否则基坑内水位无法下降，会失去降水的作用。回灌井点的深度一般应控制在长期降水曲线下 1 m，并应设置在渗透性较好的土层中。为了观测降水及回灌后四周建筑物、管线的沉降情况及地下水水位的变化情况，应设置沉降观测点及水位观测井，并定时测量记录，以便及时调节灌、抽量，使灌、抽基本达到平衡，确保周围建筑物和管线等的安全。

2. 地下水位监测

为了解地下降水对周围地下水位的影响范围和影响程度，防止基坑工程施工中坑外水土流失或重要工程或降水工地周围有较为重要的需要保护的建筑物和地下管线时，应该进行水位监测。当采用轻型井点、喷射井点降水时，水位监测点宜布置在基坑中央和周边拐角处，监测点数量视具体情况确定，水位监测管的埋置深度应在最低设计水位之下 3 ~ 5 m；当采用管井降水时，水位监测点宜布置在基坑中央和两相邻降水井的中间部位。对于需要降低承压水水位的基坑工程，水位监测管埋置深度应满足降水设计要求。

基坑外地下水位监测点应沿基坑周边、保护对象周边或在两者之间布置，监测点间距宜为 20 ~ 50 m。相邻建（构）筑物、重要地下管线或管线密集处应布置水位监测点；如有隔水帷幕，宜布置在其外侧约 2 m 处。回灌井点观测井应设置在回灌井点与被保护对象之间。

地下水位监测宜通过孔内设置水位管，采用水位计等方法进行测量，监测精度不宜低于 10 mm。检验降水效果的水位观测井宜布置在降水区内，采用轻型井点降水时可布置在总管的两侧，采用管井降水时应布置在两孔管井之间，水位孔深度宜在最低设计水位下 2 ~ 3 m。潜水水位管应在基坑施工前埋设，滤管长度应满足测量要求。水位管埋设后，应逐日连续观测水位并取得稳定初始值。

复习思考题

一、选择题

1. 从建筑施工的角度，其中根据（　　），可将土石分为 8 类。

A. 粒径大小　　B. 承载能力　　C. 坚硬程度　　D. 孔隙率

2. 根据土的可松性，下面正确的是（　　）。

A. $V_1>V_3>V_2$　　B. $V_1<V_3<V_2$　　C. $V_1>V_2>V_3$　　D. $V_1<V_2<V_3$

3. 场地平整前，应先确定（　　）。

A. 挖填方工程量　　B. 选择土方机械

C. 场地的设计标高　　D. 拟定施工方案

4. 场地平整是指将天然地面改造成所要求的设计平面时所进行的土石方施工全过程，厚度在（　　）mm 以内的挖填和找平工作。

A. 100　　B. 300　　C. 400　　D. 500

5. 基坑（槽）及管沟开挖。基坑（槽）及管沟开挖是指开挖宽度在 3 m 以内的基槽且长度大于（　　）倍宽度或开挖底面积在 20 m^2 且长为宽 3 倍以内的土石方工程。

A. 2　　B. 3　　C. 4　　D. 5

6. 土方边坡的大小主要与土质和（　　）有关。

A. 开挖深度　　B. 开挖方法

C. 边坡留置时间的长短　　D. 边坡附近的各种荷载状况及排水情况

二、简答题

1. 土方调配的原则是什么？

2. 影响填土压实质量的主要因素是什么？

3. 什么叫土方工程？内容有哪些？

4. 护坡桩施工工序有哪些？

5. 形成本工程土方工程施工组织设计，并以小组为单位进行汇报。

6. 基坑降水的方法有哪些？其适用范围如何？

7. 轻型井点设备由哪些组成？管路系统包括哪些？

8. 试述轻型井点的安装方法及施工要求。

9. 根据地下水有无压力，水井可以分为哪些类型？根据水井底部是否达到不透水层，水井可以分为哪些类型？

三、计算题

1. 一基坑深 5 m，基坑底长 50 m、宽 40 m，四边放坡，边坡坡度 1∶1，则挖土土方量为多少？若地坪以下混凝土基础的体积为 3 500 m^3，则回填土为多少？多余土外运，如用斗容量 6 m^3 的汽车运土，需运多少次？已知土的最初可松性系数 K_s=1.12，最终可松性系数 K'_s=1.05。

2. 根据本工程地形条件，试运用软件进行土方平衡与土方调配。

3. 某基础底部尺寸为 35 m × 16 m，底面标高为 −4.600 m，已知地下水位标高为 −1.500 m，不透水层标高为 −15.000 m，基坑边坡坡度 1∶0.5。拟采用轻型井点降水。

（1）试绘制井点系统平面和高程布置。

（2）计算基坑中心降水深度。

项目 3 基础工程

【学习目标】

知识目标

1. 了解地基常见的处理原理、方法及适用范围。
2. 了解柔性基础施工准备、质量要求、应注意的质量问题。
3. 了解桩基础施工准备、质量要求、应注意的质量问题。
4. 熟悉桩基础常见的形式以及施工步骤、方法。
5. 熟悉柔性基础常见的形式以及施工步骤、方法。

能力目标

1. 能够掌握施工工艺及操作要点。
2. 具备检验施工质量的操作能力。

素养目标

1. 培养注重实践的务实意识、理论结合实践的应用能力。
2. 提升相应的职业素养及工程管理能力。
3. 具备良好的思想品德、吃苦耐劳的职业素养和爱岗敬业的奉献精神。

【知识图谱】

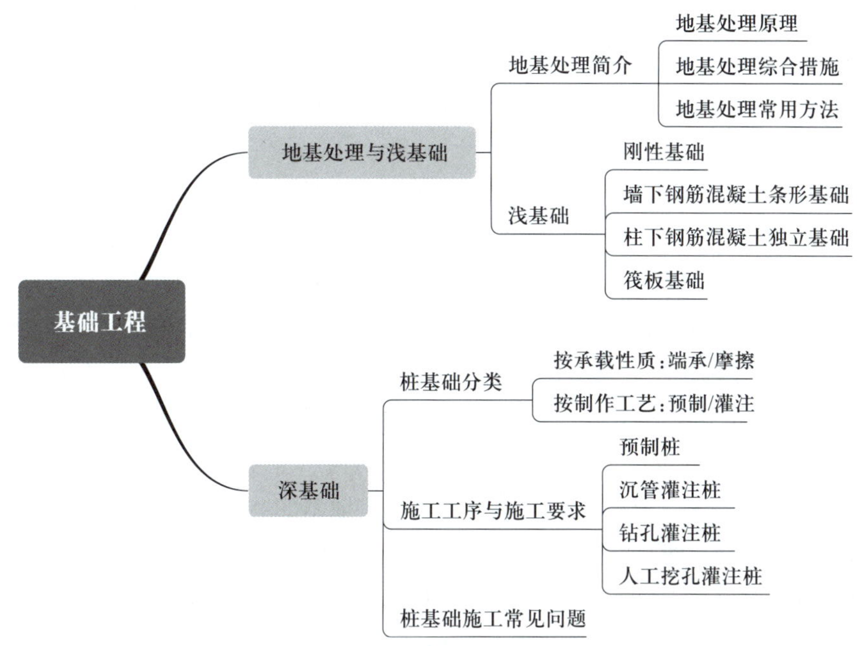

任务 3.1 地基处理与浅基础

【任务引入】

地基是指基础底面下的土层，即建筑物荷载作用下基底下方产生的变形不可忽略的那部分土层。

基础是指将建筑物荷载传递给地基的下部结构。

任何建筑物都必须有可靠的地基和基础。建筑物的全部重量（包括各种荷载）最终将通过基础传给地基，所以，对某些地基的处理及加固就成为基础工程施工中的一项重要内容。

【知识准备】

一、地基处理

1. 地基处理原理

任何建（构）筑物的荷载最终将传递给地基并由地基承担。地基是指承托建（构）筑物基础的有限面积内的土层。当地基的承载力不足、压缩性过大或渗透性不能满足要求时，就需要针对不同的土质情况，对地基进行处理以提高地基的承载力和稳定性，减小地基变形，防止渗透破坏，保证建筑物的正常使用。

2. 地基处理综合措施

地基处理的核心是处理方法的正确选择与实施。而对某一具体工程来讲，在选择处理方法时需要综合考虑各种影响因素，如建筑物的体型、刚度、结构受力体系、建筑材料和使用要求，荷载的大小、分布和种类，基础的类型、布置和埋深，基底压力、天然地基承载力、稳定安全系数、变形容许值，以及地基土的类别、加固深度、上部结构要求、周围环境条件、材料来源、施工工期、施工队伍技术素质与施工技术条件、设备状况和经济指标等。

对地基条件复杂、需要应用多种处理方法的重大项目，还要详细调查施工区内地形及地质成因、地基成层状况、软弱土层厚度、不均匀性和分布范围、持力层位置及状况、地下水情况及地基土的物理和力学性质；施工中需考虑对场地及邻近建筑物可能产生的影响、占地大小、工期及用料等。只有综合分析上述因素，坚持技术先进、经济合理、安全适用、确保质量的原则拟定处理方案，才能获得最佳的处理效果。

根据建（构）筑物的要求和天然地基条件确定地基是否需要处理。如果天然地基能满足建（构）筑物对地基的要求时，应该尽量采用天然地基。如果天然地基不能满足建（构）筑物对地基的要求，应结合上部结构、基础、地基的共同作用来考虑地基处理方案。在考虑加固地基的同时还需要考虑建筑物上部结构体型是否合理、整体刚度是否足够等。

拟定地基加固处理方案时，应考虑地基与上部结构共同工作的原则，从地基处理、建筑和结构设计、施工方案等方面均采取相应措施，绝不能单纯对地基进行处理。其处理措施有以下几点。

（1）改变建筑体形，简化建筑平面。

（2）调整荷载差异。

（3）合理设置沉降缝。

（4）采用轻型结构、柔性结构。

（5）加强房屋的整体刚度。

（6）偏心荷载较大时，对基础进行移轴处理。

（7）施工中正确安排施工顺序和施工进度。

3. 地基处理常用方法

根据基本原理的不同，地基处理方法可按表 3–1 分类。

表 3–1　地基处理方法的分类

物理处理				化学处理		热学处理	
置换	排水	挤密	加筋	搅拌	灌浆	热加固	冻结

地基处理的主要方法、适用范围和加固原理

上述的各类地基处理方法，均有各自的特点和作用机理，在不同的土类中会产生不同的加固效果，并也存在着局限性。地基的工程地质条件是千变万化的，工程对地基的要求也不尽相同，材料、施工机具和施工条件等亦存在显著差别，没有哪一种方法是万能的。因此，对于每一工程必须进行综合考虑，通过方案的比较，选择一种技术可靠、经济合理、施工可行的方案。该方案既可以是单一的地基处理方法，也可以是多种方法的综合处理。

二、浅基础

当地基较好时，一般低层建筑物和多层建筑物多采用天然浅基础。浅基础是指埋置深度小于基础宽度，或埋置深度小于 5 m，建造在自然地基上，且只需排水、挖槽等普通施工即可建造的基础。浅基础可分为刚性基础和柔性基础。刚性基础又称无筋扩展基础，是指受刚性角限制的基础，一般采用砖、石、灰土、素混凝土建造，抗压强度好，但抗拉、抗弯、抗剪强度却很低。柔性基础是指用抗拉、抗压、抗弯、抗剪均较好的钢筋混凝土材料做成的基础（不受刚性角的限制），用于地基承载力较差、上部荷载较大、设有地下室且基础埋深较大的建筑。柱下钢筋混凝土独立基础和墙下钢筋混凝土条形基础，统称为钢筋混凝土扩展基础或柔性基础。例如，有些建筑场地浅层土承载力较高，即表层具有一定厚度的所谓“硬壳层”，而在该硬壳层下土层的承载力较低，并拟利用该硬壳层作为持力层时，可考虑采用此类基础形式。

墙下钢筋混凝土条形基础和柱下钢筋混凝土独立基础由于钢筋混凝土的抗弯性能好，可放大基础底面尺寸，以减小地基应力，也可减小埋深，节省材料和土方开挖量。它适用于多层民用建筑和厂房的柱基和墙基。

筏板基础整体性好、抗弯刚度大，可调整上部结构的不均匀沉降，多用于高层建筑。它适用于土质软弱、不均匀而上部荷载又较大时。

【任务实施】

当地基适合柔性基础时，首先要掌握柔性基础构造要求。

一、墙下钢筋混凝土条形基础的构造要求

墙下钢筋混凝土条形基础是砌体承重结构墙体及挡土墙、涵管下常用的基础形式，其构造如图 3–1 所示。如果地基沉降不均匀或承受荷载有差异时，为了增强基础的整体性和抗弯能力，可以采用有肋的墙基础（图 3–1），肋部配置足够的纵向钢筋和箍筋。锥形基础的边缘高度不宜小于 200 mm，阶梯形基础的每阶高度宜为 300 ~ 500 mm，垫层的厚度不宜小于 70 mm，工程上常为 100 mm，垫层混凝土强度等级宜取 C10。墙下钢筋混凝土条形基础底板受力钢筋的最小直径不宜小于 10 mm，间距不宜大于 200 mm，也不宜小于 100 mm。

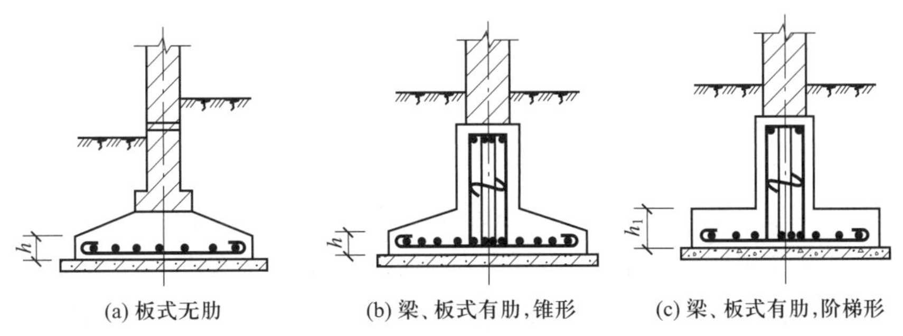

图 3–1　墙下钢筋混凝土条形基础

墙下钢筋混凝土条形基础纵向分布钢筋的直径不小于 8 mm，间距不大于 300 mm，每延长米分布钢筋的面积应不小于受力钢筋面积的 1/10，当有垫层时，钢筋保护层的厚度不小于 40 mm，无垫层时不小于 70 mm，混凝土强度等级不应低于 C20，且应满足耐久性要求。

柱下和墙下钢筋混凝土条形基础，在丁字形与十字形交接处的钢筋应沿一个主要受力方向通长放置。

二、柱下钢筋混凝土独立基础

柱下钢筋混凝土独立基础，当柱荷载的偏心距不大时，常用方形；偏心距大时，则用矩形。其构造要求如下。

工程中，柱下基础底面形状大多采用矩形，因此也称其为柱下钢筋混凝土独立基础。它是条形基础的一种特殊形式，有时也统称为条形基础、带形基础或条式基础。柱下钢筋混凝土独立基础可以做成阶梯形和锥形，如图 3–2 所示。独立基础下一般设有素混凝土垫层，其厚度一般为 100 mm，强度等级一般用 C10、C15；阶梯形基础的每阶高度宜为 300 ~ 500 mm，锥形基础边缘高度不宜小于 200 mm，底板受力钢筋的最小直径不宜小于 10 mm，间距不宜大于 200 mm，无垫层时钢筋保护层厚度不宜小于 70 mm，有垫层时钢筋保护层厚度不宜小于 40 mm。

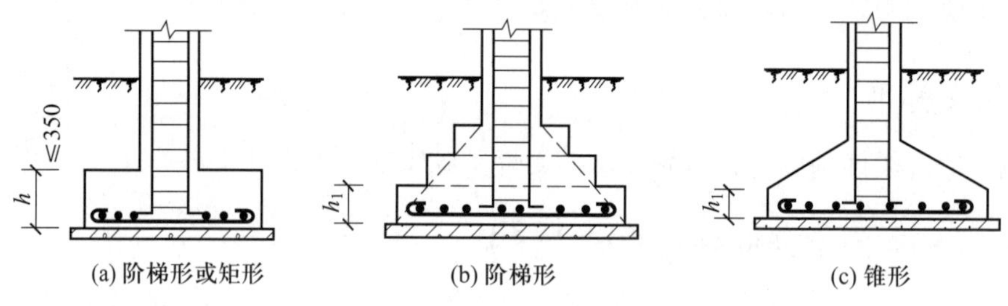

(a) 阶梯形或矩形　　(b) 阶梯形　　(c) 锥形

图 3–2　柱下钢筋混凝土独立基础

柱基础插筋的数目与直径应与柱内纵向受力钢筋相同。当基础高度在 900 mm 以内时，插筋应伸至基础底部的钢筋网，并在端部做成直弯钩；当基础高度较大时，位于柱子四角的插筋应伸至基础底部，其余的钢筋只需伸至锚固长度即可。插筋伸出基础部分的长度应按柱的受力情况及钢筋规格确定。柱插筋必须与柱纵向受力钢筋相吻合，其锚固、搭接等必须符合设计和规范要求。

三、筏板基础构造要求

筏板基础分为梁板式和平板式两类，如图 3–3、图 3–4，像倒置的肋形楼盖和无梁楼盖。其构造要求如下。

（1）混凝土强度等级不宜低于 C20，钢筋无特殊要求，钢筋保护层厚度不小于 35 mm。

（2）基础平面布置应尽量对称，以减小基础荷载的偏心距。底板厚度不宜小于 200 mm，梁截面和板厚按计算确定，梁顶高出底板顶面不小于 300 mm，梁宽不小于 250 mm。

（3）底板下宜设 100 mm 厚的 C10 混凝土垫层，每边伸出基础底板的长度不小于 100 mm。

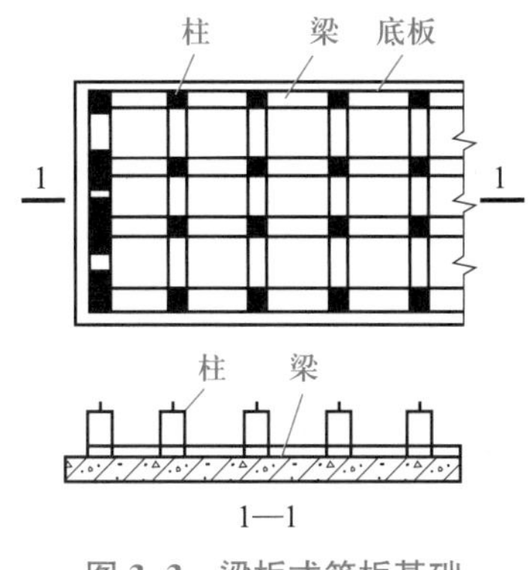

图 3-3　梁板式筏板基础

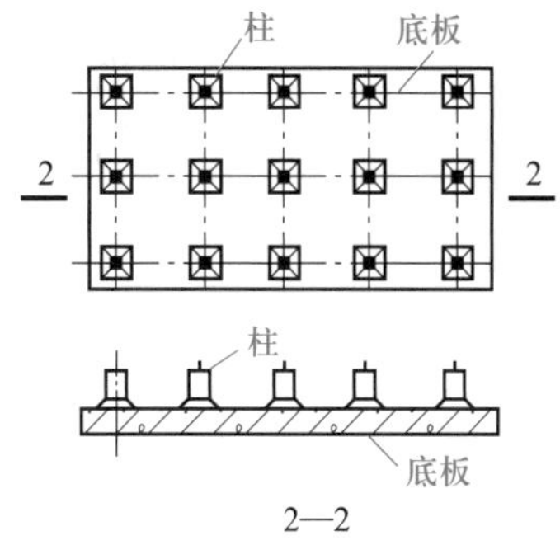

图 3-4　平板式筏板基础

【操作指导】

柔性基础施工工序和施工要点如下。

一、墙下钢筋混凝土条形基础的施工工序和施工要点

垫层混凝土在基坑验槽后应立即浇筑，以免地基土被扰动。垫层达到一定强度后，在其上画线、支模、铺放钢筋网片。

上、下部垂直钢筋应绑扎牢固，将钢筋弯钩朝上，连接柱插筋，下端用 90° 弯钩与基础钢筋扎牢。底部钢筋网应用垫块垫起，保证位置正确。

对阶梯形基础，每一台阶应整体分层浇筑，浇筑完一台阶应稍停 0.5 ~ 1.0 d，待其沉实后再浇筑上层。浇完每一台阶应用原浆将表面抹平。锥形基础应保持锥体斜面坡度正确，防止模板上浮。浇筑柱下基础时，应注意保证柱子插筋位置正确，防止位移。

条形基础应根据高度分段分层连续浇筑，不留施工缝，各段各层间相互衔接，做到逐段逐层呈阶梯状推进。基础上有插筋时，要保证插筋位置正确，防止浇筑混凝土时移位。

二、柱下独立基础的施工工序和施工要点

1. 基础钢筋和柱、墙钢筋安装

根据设计要求的规格、品种和间距安装基础钢筋。应使 HPB300 级钢筋的弯钩朝上。设有避雷带时，应与基础钢筋焊接完好。

柱、墙钢筋插入基础时，其位置应正确，并保证在混凝土浇筑时不偏斜。一般底部应与基础钢筋点焊固定（防雷接地处应增强焊接），上部则应绑扎一定的箍筋以增加骨架刚度，间隔一定距离用钢管支撑牢牢夹住。

雨后施工应保证钢筋表面不粘泥。涂刷模板隔离剂时不得污染钢筋。

2. 基础模板及支撑安装

独立基础的模板主要是侧模板。由于独立基础一般都有两阶或两阶以上的台阶，因此，模板安装中应解决每一阶的模板组成以及各阶模板之间的连接，以保证尺寸形状及相互位置的正确性。

独立基础的侧模板可以用木模或钢模进行拼装。上阶模板可以支撑在下阶模板上，相互之间位置关系可以统一用钢管支撑解决或各自设置支撑。当土质较好时，也可以利用土壁作最下阶模板，即所谓原槽浇筑。如图 3–5 所示是独立基础模板安装的一种形式。

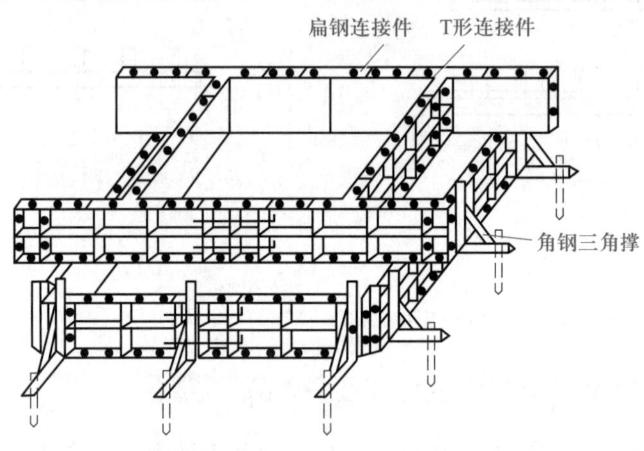

图 3–5　独立基础模板

模板安装完毕后，必须复核轴线、标高及尺寸等，各项偏差应在允许偏差范围内。自检合格后，再报专业监理工程师进行验收。

3. 混凝土浇筑

当基础台阶有多阶时，应将下阶混凝土浇筑满后再浇筑上阶混凝土，避免混凝土出现脱节现象。每阶台阶较高时，混凝土浇筑应分层进行。混凝土浇筑完毕应适时进行养护。

三、筏板基础施工工序和施工要点

（1）施工前，如地下水位较高，可采用人工降低地下水位至基坑底不小于 500 mm，以保证在无水情况下进行基坑开挖和基础施工。

（2）参照独立基础钢筋施工要点。当设有上下层钢筋时，钢筋支架的数量应足够，上层钢筋应支承牢固并保证其位置正确。筏板基础的构造钢筋安装应符合要求。垫块设置应规范，应有足够的强度，避免压碎。

（3）梁板式筏板基础施工时，可以将底板模板和梁模板同时支好，混凝土一次连续浇筑完成。梁模板的支承支架可以与钢筋支架一并考虑，应将其固定牢固，并保证有足够的数量。也可先浇筑底板混凝土，待达到 25% 设计强度后，再在底板上支梁模板，继续浇筑完梁混凝土。

（4）混凝土浇筑时一般不留施工缝，必须留设时，应按施工缝要求处理，并应设置止水带。

（5）基础浇筑完毕，应及时覆盖和洒水养护。

（6）大体积混凝土施工时，应严格执行经批准的施工技术方案。

（7）采用泵送混凝土施工时，管道的移动不应造成模板支承体系的变形、变位。

任务 3.2　深基础

【任务引入】

如果深部土层较弱，且建筑物的上部荷载较大或对沉降有严格要求的高层建筑、地下建筑和桥梁基础等，应采用深基础。什么是深基础？如何施工呢？

【知识准备】

桩基础是深基础应用最多的一种基础形式，它由若干个沉入土中的桩和连接桩顶的承台或承台梁组成。桩基础具有承载力高、沉降量小而均匀、沉降速率缓慢等特点。它能承受垂直荷载、水平荷载、上拔力及机器的振动或动力作用，已广泛用于房屋地基、桥梁、水利等工程。

工程中的桩基础，往往由数根桩组成，桩顶设置承台或承台梁，把各桩连成整体，并将上部结构的荷载均匀传递给桩。桩基础常用的分类方法如下。

1. 按承载性质分

按承载性质的不同，桩基础可分为端承型桩和摩擦型桩，如图 3-6 所示。

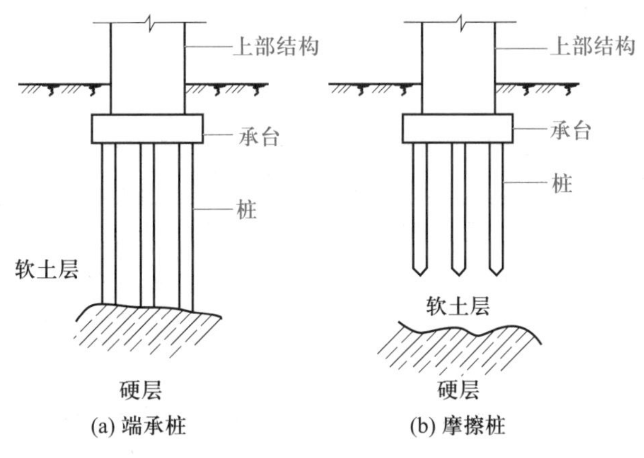

图 3-6　端承型桩与摩擦型桩

端承型桩是指穿过软弱土层并将建筑物的荷载通过桩传递到桩端坚硬土层或岩层上。桩侧较软弱土对桩身的摩擦作用较小甚至摩擦力可忽略不计。

摩擦型桩是指沉入软弱土层一定深度，并通过桩侧土的摩擦作用，将上部荷载传递扩散于桩周围土中，桩端土也起一定的支承作用，桩尖支承的土不甚密实，桩相对于土有一定的相对位移时，即具有摩擦桩的作用。

2. 按制作工艺分

按制作工艺的不同，桩基础可分为预制桩和浇筑桩。

预制桩是在工厂或施工现场预制的桩，用锤击打入、振动沉入等方法，使桩沉入地下。浇筑桩又称为现浇桩，即直接在设计桩位的地基上成孔，在孔内放置钢筋笼或不放钢筋，然后在孔内灌筑混凝土而成桩。与预制桩相比，浇筑桩可节省钢材，并且在持力层起伏不平时，桩长可根据实际情况设计。

灌注桩是指在工程现场通过机械钻孔、钢管挤土或人力挖掘等手段在地基土中形成桩孔，并在其内放置钢筋笼、灌注混凝土而做成的桩。按照成孔方法不同，灌注桩可分为沉管灌注桩、钻孔灌注桩和人工挖孔灌注桩等。

【任务实施】

一、预制桩施工

预制桩主要可分为钢筋混凝土实心方桩和管桩。

1. 钢筋混凝土实心方桩

钢筋混凝土实心方桩的断面一般呈方形，截面尺寸一般为 200 mm × 200 mm ~ 600 mm × 600 mm，桩身截面一般沿桩长不变。限于桩架高度，现场预制桩的长度一般在 25 ~ 30 m 以内；限于运输条件，工厂预制桩的桩长一般不超过 12 m，否则应分节预制，然后在打桩过程中予以接长，接头不宜超过 2 个。钢筋混凝土实心方桩的优点是长度和截面可在一定范围内根据需要选择，由于在地面上预制，制作质量容易保证，承载能力高，耐久性好。因此，钢筋混凝土实心方桩在工程上应用较广。钢筋混凝土实心方桩由桩尖、桩身和桩头组成，如图 3–7 所示。

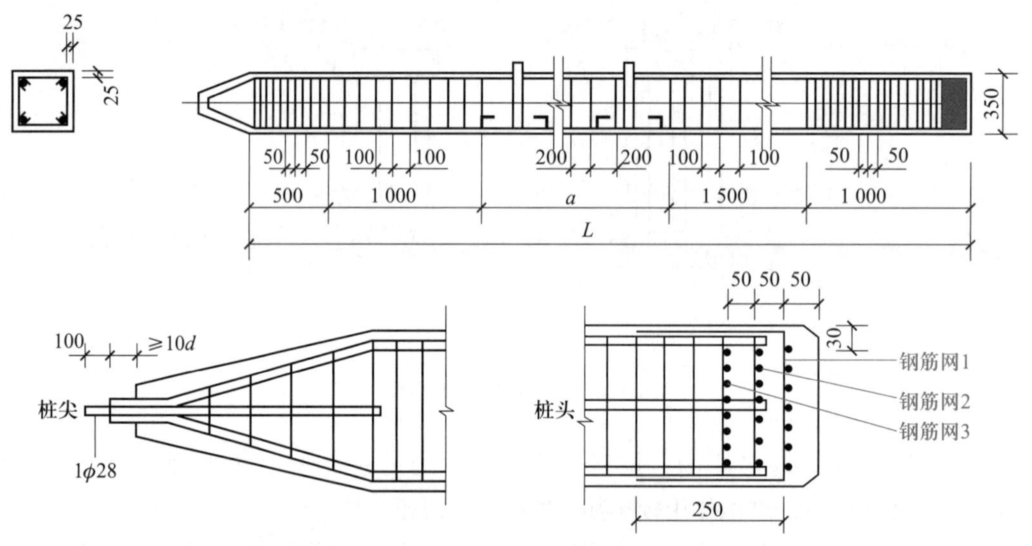

图 3–7　钢筋混凝土预制实心方桩

钢筋混凝土实心方桩所用混凝土的强度等级不宜低于 C30，采用静压法沉桩时混凝土强度等级可适当降低，但不宜低于 C20；预应力混凝土桩的混凝土强度等级不宜低于 C40。主筋根据桩断面大小及吊装验算确定，一般为 4 ~ 8 根，直径为 12 ~ 25 mm，不宜小于 14 mm，箍筋直径为 6 ~ 8 mm，间距不大于 200 mm，打入桩顶 $2d$ ~ $3d$ 长度范围内箍筋应加密，并设置钢筋网片。预制桩纵向钢筋的混凝土保护层厚度不宜小于 30 mm。桩尖处可将主筋合拢焊在桩尖辅助钢筋上，在密实砂和碎石类土中，可在桩尖处包以钢板，加强桩尖。

2. 钢筋混凝土管桩

钢筋混凝土管桩一般在预制厂用离心法生产。桩径有 300 mm、400 mm、500 mm 等，每节长度 8 m、10 m、12 m 不等。接桩时，接头数量不宜超过 4 个。管壁内设直径 12 ~ 22 mm 的主筋 10 ~ 20 根，外面绕以直径 6 mm 的螺旋箍筋，管桩多以 C30 混凝土制造。混凝土管桩各节段之间的连接可以用角钢焊接或法兰螺栓连接。由于用离心法成型，混凝土中多余的水分由于离心力而甩出，故混凝土致密、强度高，抵抗地下水和其他腐蚀的性能好。混凝土管桩应达到设计强度 100% 后方可运到现场打桩。管桩堆放层数不超过 3 层，底层管桩边缘应用楔形木块塞紧，以防滚动。

二、灌注桩施工

1. 沉管灌注桩

沉管灌注桩又称套管成孔灌注桩，是目前采用较为广泛的一种灌注桩。它是利用锤击打桩法或振动打桩法将带有钢筋混凝土桩（图 3–8）或活瓣桩尖（图 3–9）的钢管沉入土中，造成桩孔，然后放入钢筋笼、灌注混凝土，最后拔出钢管，形成所需的灌注桩，如图 3–9 所示。利用锤击打桩设备沉管、拔管的称为锤击沉管灌注桩，利用激振器沉管、拔管的称为振动沉管灌注桩。振动沉管灌注桩更适合于稍密及中密的砂土地基施工。沉管桩对周围环境有噪音、振动、挤压等影响。

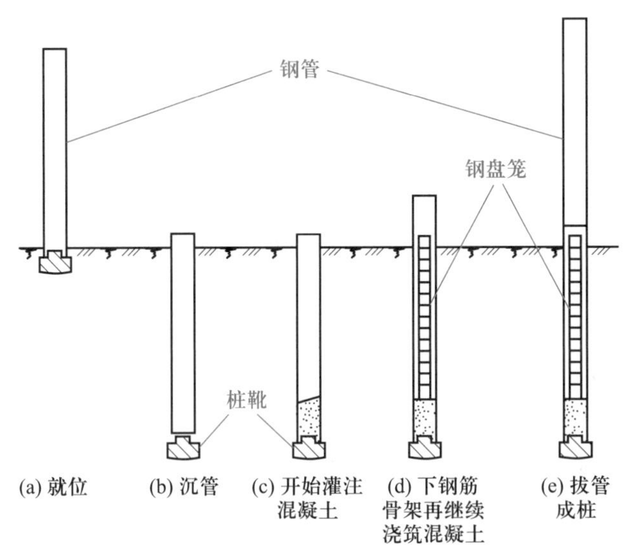

图 3–8　沉管灌注桩施工过程

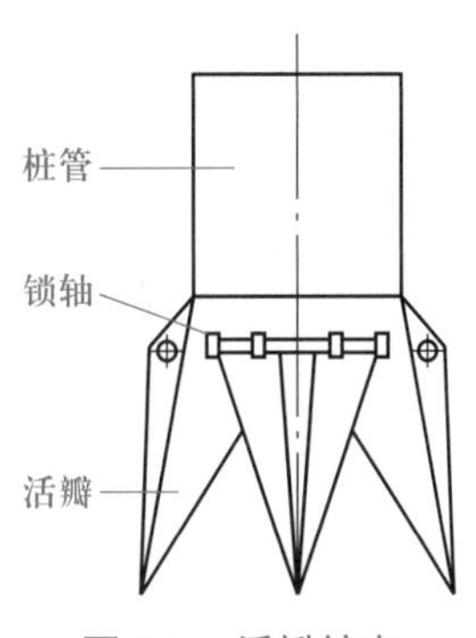
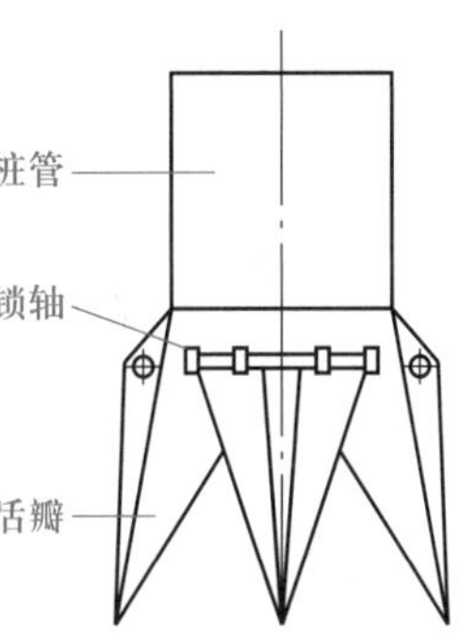

图 3–9　活瓣桩尖

桩基础—灌注桩施工

锤击沉管灌注桩的机械设备由桩管、桩锤、桩架、卷扬机滑轮组、行走机构组成。

锤击沉管桩适用于一般黏性土、淤泥质土、砂土和人工填土地基，但不能在密实的砂砾石、漂石层中使用。

2. 钻孔灌注桩施工

钻孔灌注桩是先成孔，然后吊放钢筋笼，再灌注混凝土而成的桩。依据地质条件不同，钻孔灌注桩施工可分为干作业成孔和泥浆护壁（湿作业）成孔两类。

成孔时若无地下水或地下水很少，基本上不影响工程施工时，称为干作业成孔。它主要适用于北方地区和地下水位低的土层。

泥浆护壁成孔灌注桩是利用泥浆护壁，钻孔时通过循环泥浆将钻头切削下的土渣排出孔外而成孔，而后吊放钢筋笼，水下灌注混凝土而成的桩。

3. 人工挖孔灌注桩施工

人工挖孔灌注桩是指桩孔采用人工挖掘方法进行成孔，然后安放钢筋笼，灌注混凝土而成的桩。人工挖孔灌注桩的特点是单桩的承载能力高，受力性能好，既能承受垂直荷载，又能承受水平荷载。人工挖孔灌注桩具有机具设备简单、施工操作方便、占用施工场地小、无噪音、无振动、不污染环境、对周围建筑物影响小、施工质量可靠、可全面展开施工、工期缩短、造价低等优点，因而得到了广泛的应用。

人工挖孔灌注桩适用于土质较好、地下水位较低的黏土、亚黏土及含少量砂卵石的黏土层等地质条件。它可用于高层建筑、公用建筑、水工结构（如泵站、桥墩）的桩基施工，起支承、抗滑、挡土之用；对软土、流砂及地下水位较高、涌水量大的土层不宜采用。

【操作指导】

要想完成桩基础施工，必须掌握预制桩与灌注桩基础的施工工序和施工要求。

一、预制桩施工工序和施工要求

预制桩施工工序：桩的制作→桩的起吊→桩的运输→桩的堆放。

1. 桩的制作

预制较短的桩一般在预制厂制作，较长的桩一般在施工现场附近露天预制。预制场地的地面要平整、夯实，并防止浸水沉陷。对于两个吊点以上的桩，现场预制时，要根据打桩顺序来确定桩尖的朝向，因为桩吊升就位时，桩架上的滑轮组有左右之分，若桩尖的朝向不恰当，则临时调头是很困难的。

预制桩叠浇预制时，桩与桩之间要做隔离层（可涂皂脚、废机油或黏土石膏等），以保证起吊时各层不互相黏结。叠浇层数，应由地面允许荷载和施工要求而定，一般不超过4层，桩必须在下层桩的混凝土达到设计强度等级的30%以后，方可进行浇筑。

桩的主筋上端以伸至最上一层钢筋网之下为宜，这样能更好地接受和传递桩锤的冲击力。主筋位置必须正确，桩身混凝土保护层要均匀，不可过厚，否则打桩时容易剥落，桩身保护层厚度不宜小于30 mm。

钢筋混凝土预制桩的钢筋骨架的主筋连接宜采用对焊。主筋接头配置在同一截内的数量，当采用闪光对焊和电弧焊时，不得超过50%；同一根钢筋两个接头的距离应大于$30d$，且不小于500 mm。预制桩的混凝土浇筑工作应由桩顶向桩尖连续浇筑，严禁中断，制作完成后，应洒水养护不少于7天。

制作完成的预制桩应在每根桩上标明编号及制作日期，如设计不埋设吊环，则应标明绑扎点位置。

2. 桩的起吊、运输和堆放

钢筋混凝土预制桩应在混凝土达到设计强度的 70% 后方可起吊，达到设计强度的 100% 才能运输和打桩。如果提前吊运，必须采取措施并经过验算合格后才能进行。

起吊时，必须合理选择吊点，防止在起吊过程中过弯而损坏，吊点位置如图 3-10 所示。当吊点少于或等于 3 个时，其位置按正负弯矩相等的原则计算确定；当吊点多于 3 个时，其位置按反力相等的原则计算确定。长 20 ~ 30 m 的桩，一般采用 3 个吊点。吊、运应平稳，避免损坏。预制桩堆放高度不超过 4 层，且堆放场地应地面坚实、平整，垫长枕木，支承点在吊点位置，垫木应上下对齐。不同规格的桩应分别堆放，如图 3-11 所示。

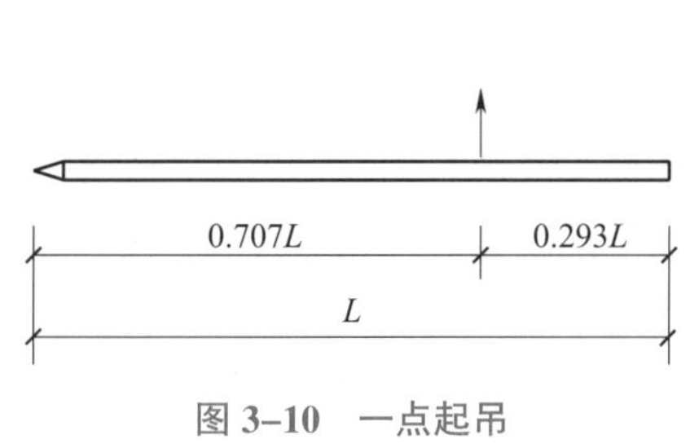

图 3-10 一点起吊

图 3-11 预制桩的堆放

二、灌注桩施工工序和施工要求

（一）沉管灌注桩施工工序和施工要求

1. 锤击沉管灌注桩施工工序和施工要求

锤击沉管灌注桩施工工序：定位埋设混凝土预制桩尖→桩机就位→锤击沉管→灌注混凝土→边拔管、边锤击、边继续灌注混凝土（中间插入吊放钢筋笼）→成桩。

施工时，用桩架吊起钢桩管，对准埋好的预制钢筋混凝土桩尖。桩管与桩尖连接处要垫以麻袋、草绳，以防地下水渗入管内。然后，缓缓放下桩管，套入桩尖压进土中，桩管上端扣上桩帽，检查桩管与桩锤是否在同一垂直线上，桩管垂直度偏差小于 0.5% 时即可锤击沉管。

锤击时，先用低锤轻击，观察无偏移后再正常施打，直至符合设计要求的沉桩标高；检查管内无泥浆或进水后，即可灌注混凝土。管内混凝土应尽量灌满后，再开始拔管。凡灌注配有不到孔底的钢筋笼的桩身混凝土时，第一次混凝土应先灌至笼底标高，然后放置钢筋笼，再灌混凝土至桩顶标高。第一次拔管高度应控制在能容纳第二次所需灌入的混凝土量为限，不宜拔得过高。在拔管过程中应用专用测锤或浮标检查混凝土面的下降情况。

拔管时的速度要均匀，对一般土层以 1 m/min 为宜，在软弱土层及软硬土层交界处宜控制在 0.3 ~ 0.8 m/min。采用倒打拔管时，桩锤的冲击频率为：单动汽锤不得少于 50 次 /min，自由落锤轻击不得少于 40 次 /min。在管底未拔至桩顶设计标高之前，倒打和轻击不得中断。

当桩较稀疏时（中心距大于 3.5 倍桩径或 2 m），可采用连打方法；当桩较密集时（中心距小于或等于 3.5 倍桩径或 2 m），为防止断桩现象，应采用跳跃施打方法，中间空出的桩应待邻桩混凝土达到设计强度的 50% 以上方可施打；当土质是较差的饱和淤泥质土时，可采用控制时间的连打方法，即应在邻桩混凝土终凝前，将影响范围内（中心距小于或等于 3.5 倍桩径或 2 m）的桩全部施工完毕。

上述的锤击沉管灌注桩的施工方法一般称为单打法。而为了提高桩的质量和承载能力，常采用复打扩大灌注桩，即复打法。

复打法是在第一次单打将混凝土灌注到桩顶设计标高后，清除桩管外壁上的污泥和孔周围地面上的浮土，立即在原桩位上再次安放桩尖，进行第 2 次沉管，使第 1 次未凝固的混凝土向四周挤压密实，将桩径扩大，然后第 2 次灌注混凝土成桩。复打一般在下列情况下应用。

（1）设计要求扩大桩的直径，增加桩的承载力，减少桩的数量，减少承台面积等。

（2）施工中处理工程问题和质量事故。例如，怀疑或发现有缩径、吊脚、夹泥等缺陷或持力层起伏不平，个别桩由于桩管长度所限达不到设计规定的进入持力层深度，以致使贯入度不符合要求时，作为补救措施而采用复打法。

复打法有全复打、半复打和局部复打之分。如果缺陷在下半段，则第一次混凝土灌注到半桩长，另加 1 m，开始复打。如果缺陷在上半段，则第一次灌注混凝土到顶后，将桩管打入 1/2 桩长，再第二次灌注混凝土。对于饱和淤泥或淤泥质软土则采用全桩长复打法。

复打施工时，需注意以下几点。

（1）桩管中心线应与初打（单打）中心线重合。

（2）第 1 次灌注的混凝土应接近自然地面标高。

（3）复打前应清除桩管外壁的污泥。

（4）必须在第 1 次（单打）灌注混凝土初凝前，完成复打工作。

（5）复打以一次复打为宜。

（6）钢筋笼在第 2 次沉管后吊放。

2. 振动沉管灌注桩施工工序和施工要求

振动沉管设备如图 3-12 所示。施工时，先安装好桩机，将桩管下端活瓣桩尖合起来，或埋好预制桩尖，对准桩位，徐徐放下桩管，压入土中。然后校正桩管垂直度，符合要求后开动振动器，同时在桩管上加压，桩管便开始沉入土中。当桩管沉到设计标高，且最后 30 s 的电流值、电压值符合设计要求后，停止振动，安放钢筋笼，并用吊斗将混凝土灌入桩管内，然后再开动振动器和卷扬机，拔出钢管，边振边拔，从而使桩的混凝土被振实。

振动灌注桩可采用单打法、反插法或复打法施工。

单打法是一般正常的沉管方法，它是将桩管沉入到设计要求的深度后，边灌混凝土边拔管，最后成桩。它适用于含水量较小的土层，且宜采用预制桩尖。桩内灌满混凝土后，应先振动 5 ~ 10 s，再开始拔管，边振边拔，每拔 0.5 ~ 1.0 m 停拔振动 5 ~ 10 s，如此反复进行，直至桩管全部拔出。拔管速度在一般土层内宜为 1.2 ~ 1.5 m/min，用活瓣桩尖时宜慢，预制桩尖可适当加快，在软弱土层中拔管速度宜为 0.6 ~ 0.8 m/min。

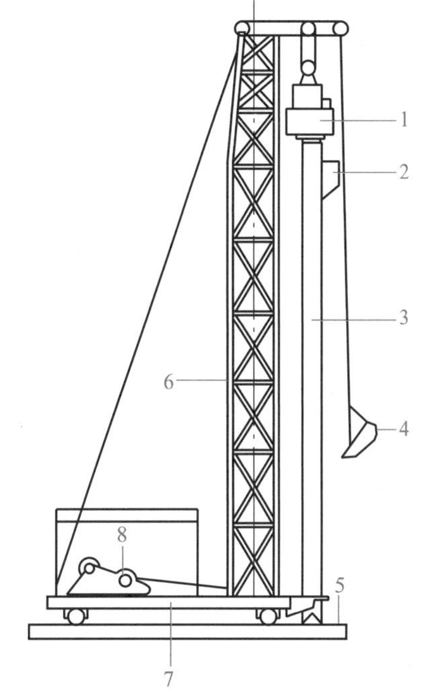

图 3-12　振动沉管设备示意图

1—振动器；2—漏斗；3—桩管；4—混凝土吊斗；5—枕木；6—机架；7—架底；8—卷扬机

反插法是在拔管过程中边振边拔，每次拔管 0.5 ~ 1.0 m，再向下反插 0.3 ~ 0.5 m，如此反复并保持振动，直至桩管全部拔出。在桩尖处 1.5 m 范围内，宜多次反插以扩大桩的局部断面。穿过淤泥夹层时，应放慢拔管速度，并减少拔管高度和反插深度。在流动性淤泥中不宜使用反插法。

复打法是在单打法施工完拔出桩管后，立即在原桩位再放置第 2 个桩尖，再第 2 次下沉桩管，将原桩位未凝结的混凝土向四周土中挤压，扩大桩径，然后再第 2 次灌混凝土和拔管。采用全长复打的目的是提高桩的承载力。局部复打主要是为了处理沉桩过程中所出现的质量缺陷，如发现或怀疑出现缩颈、断桩等缺陷，局部复打深度应超过断桩或缩颈区 1 m 以上。复打必须在第 1 次灌注的混凝土初凝之前完成。

（二）钻孔灌注桩施工工序和施工要求

1. 干作业成孔灌注桩施工和施工要求

干作业成孔灌注桩施工工艺流程：场地清理→测量放线定桩位→桩机就位→钻孔取土成孔→清除孔底沉渣→成孔质量检查验收→吊放钢筋笼→灌注孔内混凝土。

干作业成孔多采用螺旋钻机成孔。螺旋钻机是利用动力旋转钻杆，使钻头的螺旋叶片旋转削土，土块沿螺旋叶片上升排出孔外，如图 3-13 所示。它主要用于地下水位以上的黏土、粉土、中密以上的砂土或人工填土土层的成孔。全叶螺旋钻机成孔孔径一般为 300 ~ 800 mm，钻孔深度为 8 ~ 12 m。

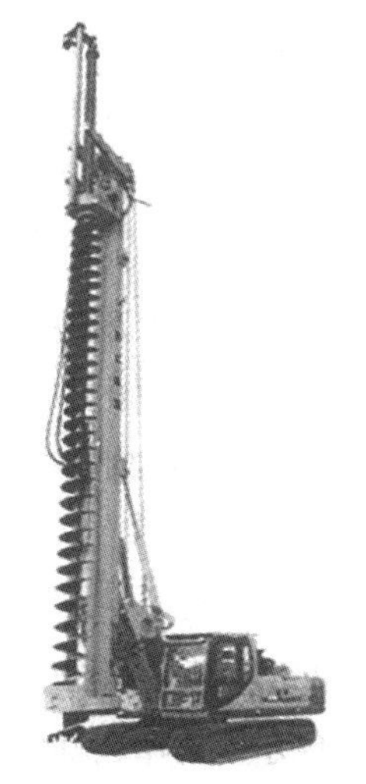
图 3-13　步履式螺旋钻机

为了确保成桩后的质量，施工中应注意以下几点。

（1）开始钻孔时，应保持钻杆垂直、位置正确，防止因钻杆晃动引起孔径扩大及增多孔底虚土。

（2）发现钻杆摇晃、移动、偏斜或难以钻进时，应提钻检查，排除地下障碍物，避免桩孔偏斜和钻具损坏。

（3）钻进过程中，应随时清理孔口黏土，遇到地下水、塌孔、缩孔等异常情况，应停止钻孔，同有关单位研究处理。

（4）钻头进入硬土层时，易造成钻孔偏斜，可提起钻头上下反复扫钻几次，以便削去硬土。若纠正无效，可在孔中局部回填黏土至偏孔处 0.5 m 以上，再重新钻进。

（5）成孔达到设计深度后，应保护好孔口，按规定验收，并做好施工记录。

（6）孔底虚土应尽可能清除干净，可采用夯锤夯击孔底虚土或进行压力注水泥浆处理，然后快速吊放钢筋笼，并灌注混凝土。混凝土应分层灌注，每层高度不大于 1.5 m。

2. 泥浆护壁成孔灌注桩施工工序和施工要求

泥浆护壁成孔灌注桩施工工艺要点如下。

（1）测定桩位

平整清理好施工场地后，设置桩基轴线定位点和水准点，根据桩位平面布置施工图，定出每根桩的位置，并做好标志。施工前，桩位要检查复核，以防被外界因素影响而造成偏移。

（2）埋设护筒

护筒的作用是固定桩孔位置，防止地面水流入，保护孔口，增高桩孔内水压力，防止塌孔，成孔时引导钻头方向。护筒用 4 ~ 8 mm 厚钢板制成，内径比钻头直径大 100 ~ 200 mm，顶面高出地面 0.4 ~ 0.6 m，上部开 1 ~ 2 个溢浆孔。埋设护筒时，先挖去桩孔处表土，将护筒埋入土中，其埋设深度，在黏土中不宜小于 1 m，在砂土中不宜小于 1 m。其高度要满足孔内泥浆液面高度的要求，孔内泥浆面应保持高出地下水位 1 m 以上。采用挖坑埋设时，坑的直径应比护筒外径大 0.8 ~ 1.0 m。护筒中心与桩位中心线偏差不应大于 50 mm，对位后应在护筒外侧填入黏土并分层夯实。

（3）泥浆制备

泥浆的作用是护壁、携砂排土、切土润滑、冷却钻头等，其中以护壁为主。

泥浆制备方法应根据土质条件确定：在黏土和粉质黏土中成孔时，可注入清水，以原土造浆，排渣泥浆的密度应控制在 1.1 ~ 1.3 g/cm^3；在其他土层中成孔，泥浆可选用高塑性的黏土或膨润土制备；在砂土和较厚夹砂层中成孔时，泥浆密度应控制在 1.1 ~ 1.3 g/cm^3；在穿过砂夹卵石层或容易塌孔的土层中成孔时，泥浆密度应控制在 1.3 ~ 1.5 g/cm^3。

施工中应经常测定泥浆密度，并定期测定黏度、含砂率和胶体率。泥浆的控制指标为黏度 18 ~ 22 s、含砂率不大于 8%、胶体率不小于 90%，为了提高泥浆质量可加入外掺料，如增重剂、增黏剂、分散剂等。施工中废弃的泥浆、泥渣应按环保的有关规定处理。

（4）成孔

国内灌注桩施工中最常用的成孔方法是回转钻机成孔。回转钻孔机由机械动力传动，配以笼头式钻头，可以多档调速或液压无级调速，在泥浆护壁条件下，慢速钻进排渣成孔，灌注混凝土成桩。其设备性能可靠、噪声振动小、钻进效率高、钻孔质量好。回转钻孔机的最大钻孔直径可达 2.5 m，钻进深度可达 50 ~ 100 m，适用于碎石类土、砂土、黏性土、粉土、强风化岩、软质与硬质岩层等多种地质条件。

回转钻机成孔按排渣方式不同，可分为正循环回转钻机成孔和反循环回转钻机成孔两种。

正循环回转钻机成孔由钻机回转装置带动钻杆和钻头回转切削破碎岩土，由泥浆泵往钻杆输送泥浆，泥浆沿孔壁上升，从溢浆孔孔口溢出流入泥浆池，经沉淀处理返回循环池，如图 3–14（a）所示。正循环成孔泥浆的上返速度慢，携带土粒直径小，排渣能力差，岩土重复破碎现象严重，适用于填土、淤泥、黏土、粉土、砂土等地层；对于卵砾石含量不大于 15%、粒径小于 10 mm 的部分砂卵砾石层、软质基岩及较硬基岩也可使用。

反循环回转钻机成孔由钻机回转装置带动钻杆和钻头回转切削破碎岩土，利用泵吸、气举、喷射等措施抽吸循环护壁泥浆，挟带钻渣从钻杆内腔抽吸出孔外的成孔方法，如图 3–14（b）所示。反循环回转钻成孔泥浆上返速度较快，能携带较大的土渣。

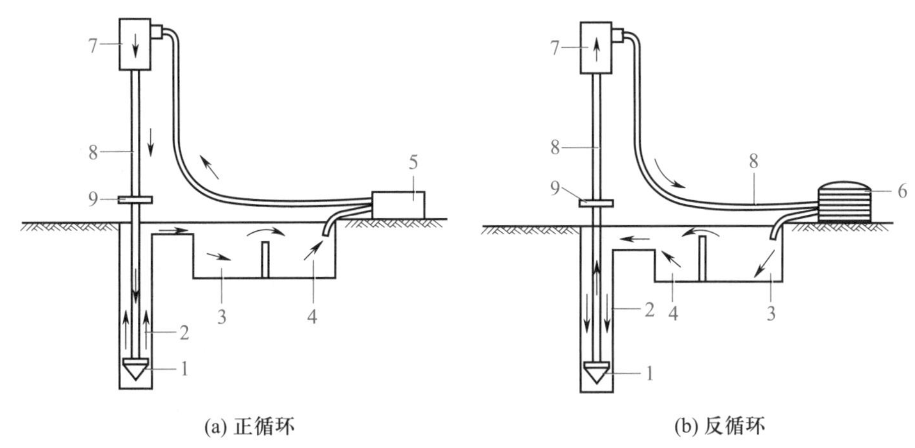

图 3–14　回转钻机成孔工艺原理图

1—钻头；2—泥浆循环方向；3—沉淀池；4—泥浆池；5—泥浆泵；
6—砂石泵；7—水龙头；8—钻杆；9—钻机回转装置

除回转钻机成孔外，常用的成孔方法还有潜水钻机成孔和冲击钻机成孔等。

潜水钻机是一种旋转式钻孔机械，其动力、变速机构和钻头连在一起，加以密封，可以下放至孔中的地下水以下进行切削土层成孔，如图 3–15 所示。潜水钻机同样使用泥浆护壁成孔，其他施工过程均与回转钻机成孔相似。

冲击钻机成孔是将冲锤式钻头提升到一定高度后，以自由落下的冲击力来击碎岩层，然后用掏渣筒排出碎渣成孔的方法，冲击钻机如图 3–16 所示。

（5）清孔

当钻孔达到设计要求深度并经检查合格后，应立即进行清孔，目的是清除孔底沉渣以减少桩基的沉降量，提高承载能力，确保桩基质量。清孔方法有真空吸泥渣法、射水抽渣法、换浆法和掏渣法。清孔应达到如下标准。

① 对孔内排出或抽出的泥浆，用手摸捻应无粗粒感觉，孔底 500 mm 以内的泥浆密度小于 1.25 g/cm^3（原土造浆的孔泥浆密度则应小于 1.1 g/cm^3）。

② 在灌注混凝土前，孔底沉渣厚度应符合标准规定，即端承桩不大于 50 mm，摩擦端承桩、端承摩擦桩不大于 100 mm，摩擦桩不大于 300 mm。

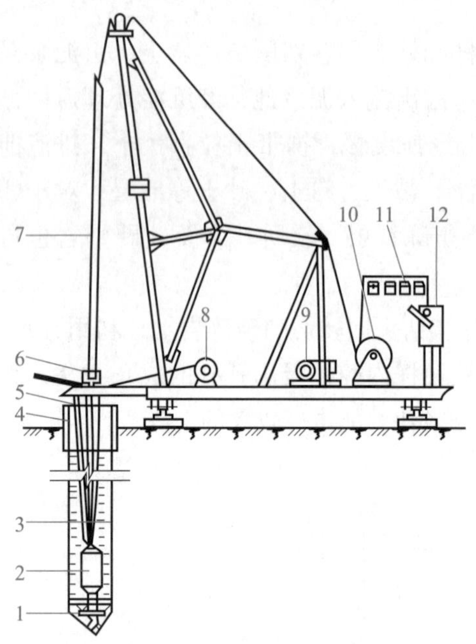

图 3-15　潜水钻机

1—钻头；2—潜水钻机；3—电缆；4—护筒；5—水管；6—滚轮（支点）；7—钻杆；8—电缆盘；9—0.5t 卷扬机；10—1.0t 卷扬机；11—电流电压表；12—启动开关

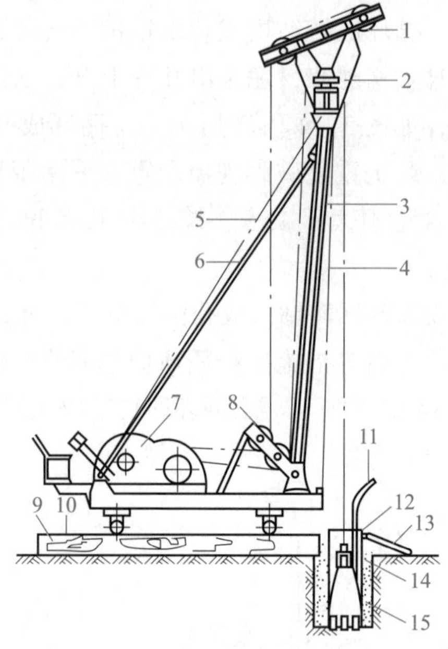

图 3-16　冲击钻机

1—副滑轮；2—主滑轮；3—主杆；4—前拉索；5—后拉索；6—斜撑；7—双滚筒卷扬机；8—导向轮；9—枕木；10—钢管；11—供浆管；12—溢流口；13—泥浆流槽；14—护筒回填土；15—钻头

（6）吊放钢筋笼

清孔后应立即安放钢筋笼、浇混凝土。钢筋笼一般都在工地制作，制作时要求主筋环向均匀布置，箍筋直径及间距、主筋保护层厚度、加强箍的间距等均应符合设计要求。分段制作的钢筋笼，其接头采用焊接且应符合施工及验收规范的规定。钢筋笼主筋净距必须大于 3 倍的骨料粒径，加强箍宜设在主筋外侧，钢筋保护层厚度不应小于 35 mm（水下混凝土不得小于 50 mm）。为此，可在主筋外侧安设钢筋定位器，以确保保护层厚度。

为了防止钢筋笼变形，可在钢筋笼上每隔 2 m 设置一道加强箍，并在钢筋笼内每隔 3 ~ 4 m 装一个可拆卸的十字形临时加劲架，在吊放入孔后拆除。吊放钢筋笼时应保持垂直、缓缓放入，防止碰撞孔壁。若造成塌孔或安放钢筋笼时间太长，应进行二次清孔后再灌注混凝土。

（三）人工挖孔灌注桩施工工序和施工要求

人工挖孔桩的直径 d 一般为 800 ~ 2 000 mm，最大直径可达 3 500 mm；桩埋置深度一般在 20 m 左右，最大可达 40 m；底部可采取不扩底和扩底两种方式，扩底直径为 $1.3d$ ~ $3.0d$，最大扩底直径可为 4 500 mm。

人工挖孔桩的护壁常采用现浇混凝土护壁，也可采用钢护筒或沉井护壁等。人工挖孔灌注桩施工工艺过程如下。

（1）测定桩位、放线。

（2）开挖土方。采用分段开挖，每段高度取决于土壁的直立能力，一般为 0.5 ~ 1.0 m。

（3）开挖直径为设计桩径加上两倍护壁厚度。挖土顺序是自上而下、先中间、后孔边。

（4）支撑护壁模板。模板高度取决于开挖土方每段的高度，一般为 1 m，由 4 ~ 8 块活动模板组合而成。护壁厚度不宜小于 100 mm，一般取（D/10+5）cm（D 为桩径），且第 1 段井圈的护壁厚度应比以下各段增加 100 ~ 150 mm，上、下节护壁可用长为 1 m 左右、直径为 6 ~ 8 mm 的钢筋进行拉结。

（5）在模板顶放置操作平台。平台可用角钢和钢板制成半圆形，两个合起来即为一个整圆，用来临时放置混凝土和灌注混凝土用。

（6）灌注护壁混凝土。护壁混凝土的强度等级不得低于桩身混凝土强度等级，且应浇捣密实。根据土层渗水情况，可考虑使用速凝剂。不得在桩孔水淹没模板的情况下浇护壁混凝土。每节护壁均应在当日连续施工完毕，且上、下节护壁搭接长度不小于 50 mm。

（7）拆除模板继续下一段的施工。一般在灌注混凝土 24 h 之后便可拆模。若发现护壁有蜂窝、孔洞、漏水等现象时，应及时补强、堵塞，防止孔外水通过护壁流入桩孔内。当护壁符合质量要求后，便可开挖下一段的土方，再支模灌注护壁混凝土，如此循环，直至挖到设计要求的深度并按设计进行扩底。

（8）安放钢筋笼、灌注混凝土。孔底有积水时应先排除积水再浇混凝土，当混凝土浇至钢筋的底面设计标高时再安放钢筋笼，然后继续灌注桩身混凝土。

三、桩基数字化监测

桩基础在工程结构中应用十分广泛，但在实际施工过程中，由于场地限制、人力不足等各种原因，往往导致桩基础施工出现一系列问题，如精度不够、效率低下等。桩基数字化监测的引入可以有效地解决这些问题，提高施工的质量和效率，如图 3–17 所示。

桩基数字化监测

桩基数字化监测系统，采集施工过程中的各项原始数据，综合处理后得到“厘米级精度的桩位信息”“垂直度偏差值”“钻进深度值”“提钻速率”“钻进电流值”“灌浆量”等关键数据，实时显示在工业级车载终端上，辅助机手精准施工，提高成桩合格率

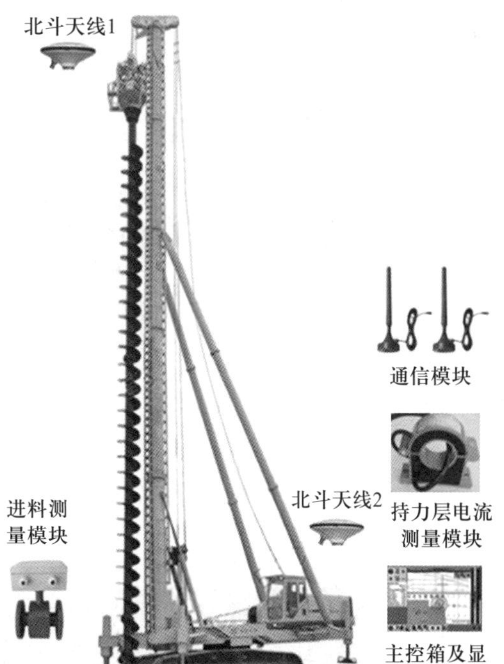

图 3–17　桩基数字化监测

桩基数字化监测的原理是通过传感器将桩基础施工过程中的各项数据进行采集，并通过数字化处理和分析，实现对施工过程的全面监测与控制。其具体的工作流程包括数据采集、数据处理、数据分析和数据应用等环节，见表 3–2。

表 3–2　桩基数字化监测过程

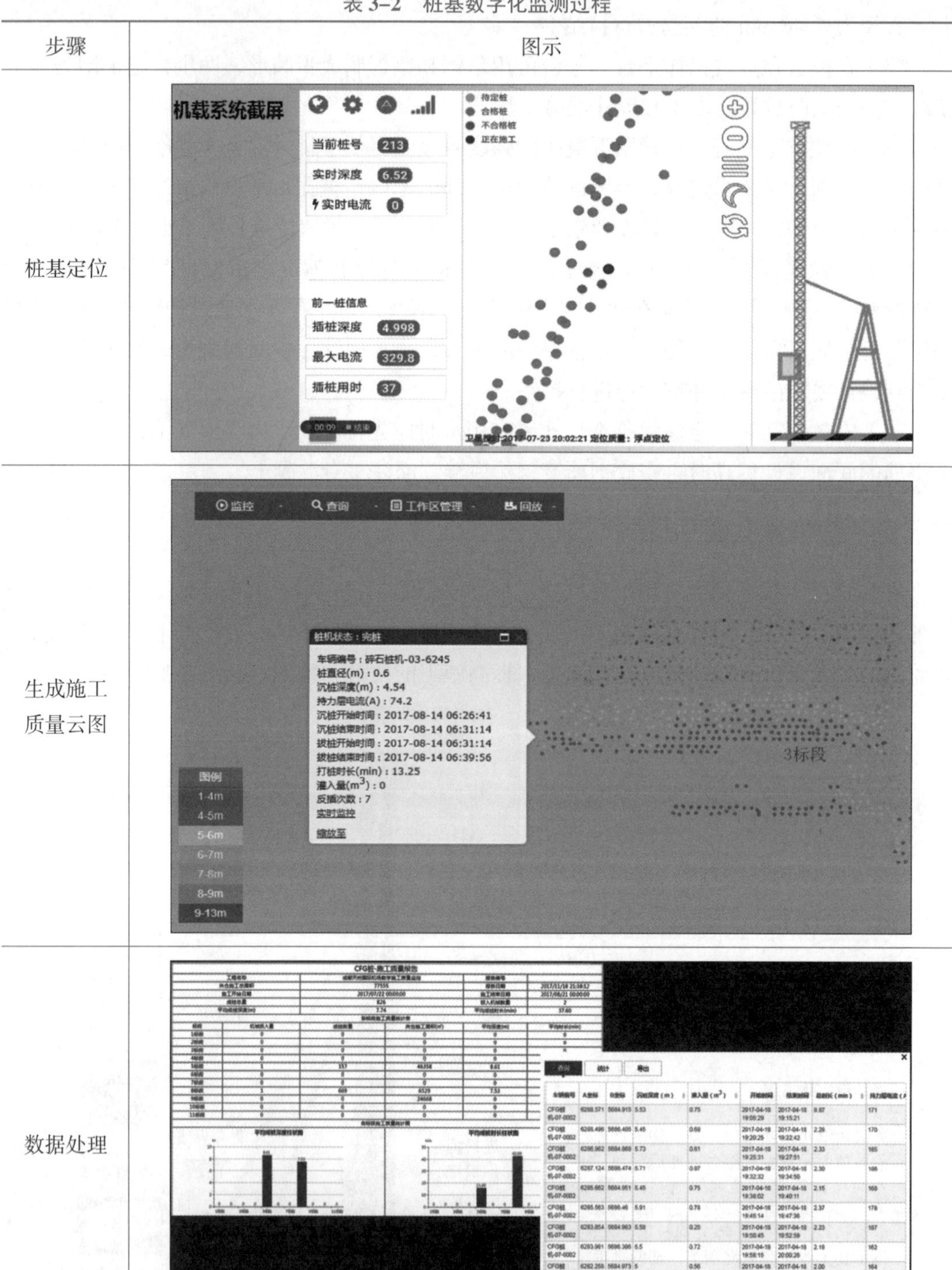

步骤	图示
桩基定位	
生成施工质量云图	
数据处理	

续表

步骤	图示
平台数据集成决策	（1）设备名称； （2）实时电流； （3）实时桩深； （4）左右、上下倾斜； （5）成桩总量

桩基施工中常见问题的分析与处理

复习思考题

一、单选题

1. 地基处理的方法不包括（　　）。

A. 物理处理　　B. 化学处理　　C. 冷学处理　　D. 热学处理

2. 在预制桩打桩过程中，如发现贯入度一直骤减，说明（　　）。

A. 桩尖破坏　　B. 桩身破坏　　C. 桩下有障碍物　　D. 遇软土层

CFG 桩复合地基

3. 静力压桩施工适用的土层是（　　）。

A. 软弱土层　　B. 厚度大于 2 m 的砂夹层

C. 碎石土层　　D. 风化岩

4. 正式打桩时宜采用（　　）的方式，可取得良好的效果。

A. “重锤低击，低提重打”　　B. “轻锤高击，高提重打”

C. “轻锤低击，低提轻打”　　D. “重锤高击，高提重打”

5. 干作业成孔灌注桩采用的钻孔机具是（　　）。

A. 螺旋钻　　B. 潜水钻　　C. 回转钻　　D. 冲击钻

6. 地基处理方法的分类有（　　）。

A. 物理分类　　B. 化学分类　　C. 热学处理　　D. 冷学处理

7. 以下不属于地基处理中振密挤密法的是（　　）。

A. 强夯法　　B. 振冲密实法

C. 挤密碎（砂）石桩法　　D. 锚固法

8. 混凝土强度等级不宜低于（　　），钢筋无特殊要求，钢筋保护层厚度不小于 35 mm。

A. C25　　B. C20　　C. C30　　D. C40

二、问答题

1. 打桩前，为什么要进行打桩试验？
2. 打桩时，为什么采用“重锤低击”而不采用“轻锤高击”？
3. 预制桩施工中常见的质量问题有哪些？
4. 钢筋混凝土预制桩的打桩顺序一般有哪几种？
5. 简述深基坑支护的方式。
6. 以小组为单位形成地基基础施工组织设计，进行汇报。

模块三

主体结构工程施工

中核集团 2023 年 1 月 30 日晚间在微博喊话《流浪地球》制作团队，并表示“你们尽管想象，我们负责实现。”中国建筑集团表示：“我们有 3D 打印建造技术、空中造楼机、智能建筑机器人、装配式建造技术、正在地下 2 400 米深处建设中国锦屏地下实验室……，天上地下，随叫随到。”

中国石化接力称：“我们有能吊起太空电梯的钢索哦！”

中国石油表示：“来了来了，建地下城需要勘探技术支持吗？我们还有震源车、航天煤油、特种润滑油、化工新材料……郭导考虑考虑！”

中国航天科工也“出列”：“机械动力外骨骼系统，嫦娥五号返回时搜索回收分队队员穿的就是这套装备。脑控外骨骼、康复外骨骼、消防外骨骼等一系列航天技术赋能的外骨骼系统，目前已应用到实际生活中，并列装线。”

从“太空电梯”到“地下城”，“未来的月球基地”都离不开建筑主体结构的探索与发展。主体结构工程未来的施工，将朝着多专业、多学科高度集成的方向发展。而与之伴生的施工技术，也需要同学们去推动和发展。“坐着电梯去登月”，希望在同学们手中从科幻走向现实。

项目4 砌筑工程施工

【学习目标】

知识目标

1. 了解砌体的应用范围、强度等级和影响强度的因素。
2. 了解砌筑工程工艺流程、成品保护要求。
3. 熟悉砌筑质量的分级，人、材、机的准备和选用。
4. 熟悉图纸会审、砌筑工程施工质量标准。
5. 掌握砌体一般构造要求、常用配筋要求和砌筑高度的限制。
6. 掌握砌筑工程安全施工措施。

能力目标

1. 能够做好砌筑施工前的人、材、机施工准备。
2. 能够按图纸和规范要求合理布置任务。
3. 能够用BIM技术指导砌筑工程施工过程。
4. 能进行砌体工程质量验收。
5. 能进行成品保护和砌筑现场安全管理。

素养目标

1. 培养理论结合实践的应用能力。
2. 提升相应的职业技能技术及工程管理能力。
3. 提升动手检验成品质量和施工管理沟通能力。
4. 培养注重安全和绿色环保的工作意识。

【知识图谱】

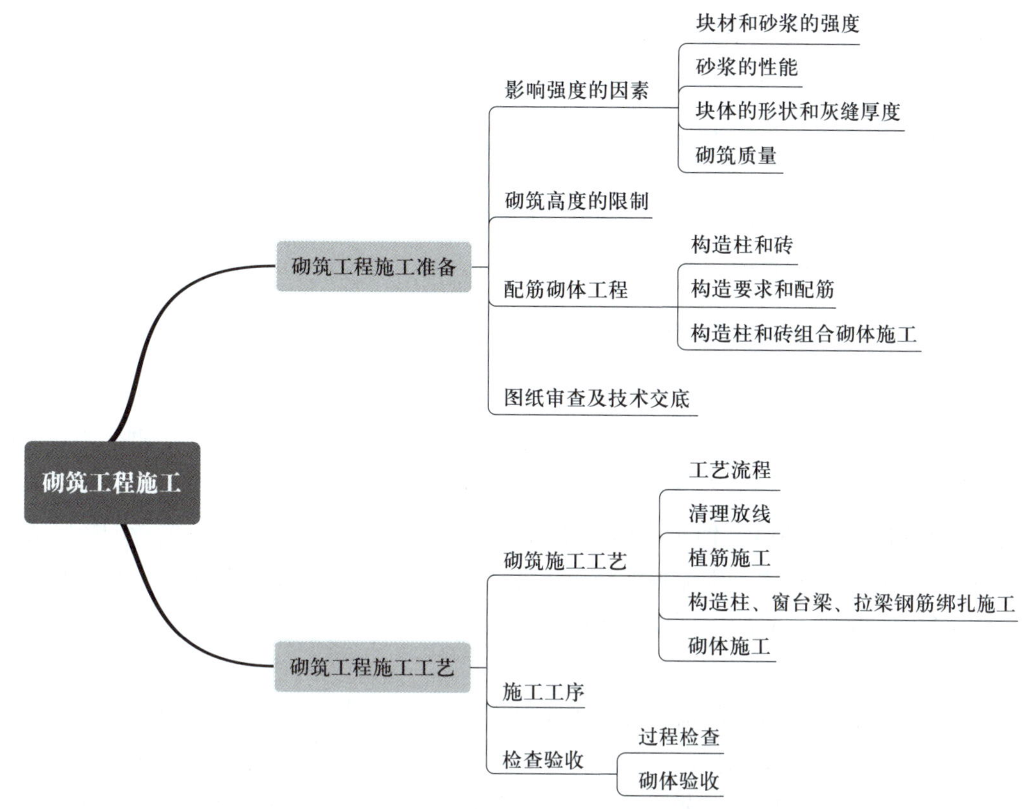

任务 4.1　砌筑工程施工准备

【任务引入】

作为一名工地的技术管理人员，当施工进度进行到砌体施工时，应做好哪些知识储备？做好哪些准备工作？

【知识准备】

一、砌体材料的强度等级

砌体材料的主要强度等级按各类块体和砂浆分类，块体的强度等级用符号“MU”、砂浆的强度等级用符号“M”表示主要强度指标。

砖和砂浆的强度等级划分

烧结普通砖和烧结多孔砖砌体砂浆强度的最低等级为 M2.5，蒸压灰砂砖、蒸压粉煤灰砖砌体砂浆强度的最低等级为 M5。

确定蒸压粉煤灰砖块体和掺有粉煤灰 15% 以上的混凝土砌块强度等级时，块体抗压强度应乘以自然碳化系数，当无自然碳化系数时，应取人工碳化系数的 1.15 倍。

专用砌筑砂浆强度等级用“Mb”表示，砌块灌孔混凝土的强度等级用“Cb”表示。

二、砌体结构的应用范围

砌体结构适用于以受压为主的结构，以及便于就地取材的结构，综合归纳如下。

（1）民用建筑物中的墙体、柱、基础、过梁、地沟等。

（2）中小型工业建筑物中的墙体、柱、基础，工业构筑物中的烟囱、水池、水塔、中小型储仓等。

（3）交通工程中的拱桥、隧道、涵洞、挡土墙等。

（4）水利工程中的石坝、渡槽、围堰等。

三、影响砌体结构强度的主要因素

1. 块材和砂浆的强度

块材和砂浆的强度是决定砌体抗压强度的最主要因素。试验表明，以砖砌体为例，砖强度等级提高 1 倍时，可使砌体抗压强度提高 50% 左右；砂浆强度等级提高 1 倍时，砌体抗压强度约可提高 20%，但水泥用量要增加 50% 左右。一般来说，砖本身的抗压强度总是高于砌体的抗压强度，砌体强度随块体和砂浆强度等级的提高而增大，但提高块体和砂浆强度等级不能按相同的比例提高砌体的强度。

2. 砂浆的性能

砂浆的变形性能和砂浆的流动性、保水性对砌体抗压强度也有影响，砂浆强度等级越低，变形越大，砌体强度也越低。砂浆的流动性（即和易性）和保水性好，易使之铺砌成厚度和密实性都较均匀的水平灰缝，从而提高砌体强度。但是，如果流动性过大（采用过多塑化剂），砂浆在硬化后的变形率也越大，反而会降低砌体的强度。所以，性能较好的砂浆应具有良好的流动性和较高的密实性。

3. 块体的形状和灰缝厚度

块体的外形对砌体强度也有明显的影响，块体的外形比较规则、平整，则砌体强度相对较高。如细料石砌体的抗压强度比毛料石砌体抗压强度可提高 50% 左右；灰砂砖具有比塑压黏土砖更为整齐的外形，砖的强度等级相同时，灰砂砖砌体的强度要高于塑压黏土砖砌体的强度。

砂浆灰缝的厚度对砌体强度有影响，越厚则越难保证均匀与密实，越影响砌体强度，所以当块体表面平整时，应尽量减薄灰缝厚度。一般情况下，对砖和小型砌块砌体，灰缝厚度应控制在 8 ~ 12 mm，对料石砌体不宜大于 20 mm。

4. 砌筑质量

砌筑质量包括砌体的砌筑方式、灰缝砂浆的饱满度、砂浆层的铺砌厚度及均匀程度等，其中砂浆水平灰缝的饱满度对砌体抗压强度的影响较大。

《砌体结构工程施工质量验收规范》（GB 50203—2011）规定，水平灰缝的砂浆饱满度不得低于 80%，同时根据施工现场的质量管理水平、砂浆混凝土的强度及拌合方式、砌筑工人技术等级等因素的综合水平划分施工质量控制等级。

砌体施工质量控制等级分为三级。工程设计图中应明确设计采用的施工质量控制等级，施工设计交底时应予以强调。一般情况下按 B 级质量控制水平进行施工，但对于配筋砌体剪力墙高层建筑宜按 A 级质量控制水平进行施工，配筋砌体不允许采用 C 级质量控制水平。另外，块体在砌筑时的含水率、砌体龄期、搭缝方式和竖向灰缝的饱满程度等也对砌体的抗压强度有影响。

施工质量控制等级分类

四、砌筑高度的限制

不同厚度墙体允许自由高度的划分

砌体施工过程中，墙体工作段通常设在伸缩缝、沉降缝、防震缝、构造柱等部位，相邻工作段的高度差不得超过一个楼层，也不宜大于 4 m。砌体临时间断处的高度差不得超过一步脚手架的高度。

为了减少墙体因灰缝变形而引起的沉降，一般以每日砌筑高度不超过 1.8 m 为宜。雨天施工时，每日砌筑高度不宜超过 1.2 m，砖柱每日砌筑高度不宜超过 1.8 m，独立砖柱不得采用先砌四周后填心的包心法砌筑。

一般构造要求

施工阶段尚未施工的楼板或屋面的墙或柱，当可能遇到大风时，其允许自由高度不得超过规定，如超过其中限值时，必须采用临时支撑等有效措施。

五、配筋砌体工程

1. 构造柱和砖

钢筋混凝土构造柱尺寸不宜小于 240 mm × 240 mm，其厚度不应小于墙厚，边柱、角柱的截面宽度宜适当加大构造柱内竖向受力钢筋，对于中柱不宜少于 4 ϕ 12；对于边柱、角柱，不宜少于 4 ϕ 14；构造柱的竖向受力钢筋的直径也不宜大于 16 mm。其箍筋，一般部位宜采用 ϕ 6、间距 200 mm；楼层上下 500 mm 范围内宜采用 ϕ 6、间距 100 mm。构造柱的竖向受力钢筋应在基础梁和楼层圈梁中锚固，并应符合受拉钢筋的锚固要求。构造柱的混凝土强度等级不宜低于 C20。

对于烧结普通砖墙，所用砖的强度等级不应低于 MU10，砌筑砂浆的强度等级不应低于 M5。砖墙与构造柱的连接处应砌成马牙槎（图 4–1），每个马牙槎的高度不宜超过 300 mm，并应沿墙高每隔 500 mm 设置 2 ϕ 6 拉结钢筋，拉结钢筋每边伸入墙内不宜小于 600 mm。

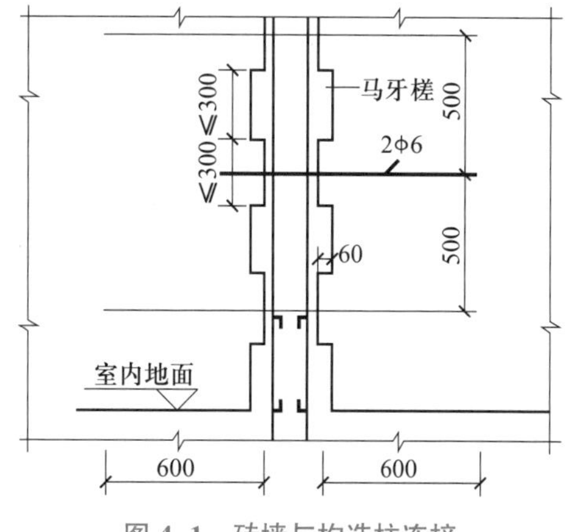

图 4–1 砖墙与构造柱连接

构造柱和砖组合墙的房屋，应在纵横墙交接处、墙端部和较大洞口的洞边设置构造柱，其间距不宜大于 4 m，各层洞口宜设置在对应位置，并宜上下对齐。

构造柱和砖组合墙的房屋，应在基础顶面、有组合墙的楼层处设置现浇钢筋混凝土圈梁，圈梁的截面高度不宜小于 240 mm。

2. 构造柱和砖组合砌体施工

构造柱和砖组合墙的施工程序应为先砌墙后浇筑混凝土构造柱。构造柱施工程序为绑扎钢筋→砌砖墙→支模板→浇混凝土→拆模。

构造柱的模板可用木模板或组合钢模板，在每层砖墙及其马牙槎砌好后，应立即支设模板，模板必须与所在墙的两侧严密贴紧，支撑牢靠，防止模板缝漏浆。

构造柱的底部（圈梁面上）应留出 2 皮砖高的孔洞，以便清除模板内的杂物，清除后封闭。

构造柱浇筑混凝土前，应将马牙槎部位和模板浇水湿润，将模板内的落地灰、砖渣等杂物清理干净，并在结合面处注入适量的且与构造柱混凝土相同的去石水泥砂浆。

构造柱的混凝土坍落度宜为 50 ~ 70 mm，石子粒径不宜大于 20 mm，混凝土随拌随用，拌和好的混凝土应在 1.5 h 内浇灌完。

构造柱的混凝土浇筑可以分段进行，每段高度不宜大于 2.0 m，在施工条件较好并能确保混凝土浇筑密实时，亦可每层一次浇筑。

捣实构造柱混凝土时，宜用插入式混凝土振动器，应分层振捣，振动棒随振随拔，每次振捣层的厚度不应超过振捣棒长度的 1.25 倍，振捣棒应避免直接碰触砖墙，严禁通过砖墙传振，钢筋的混凝土保护层厚度宜为 20 ~ 30 mm。

构造柱与砖墙连接的马牙槎内的混凝土必须密实饱满。

构造柱从基础到顶层应垂直，且对准轴线。在逐层安装模板前，应根据构造柱轴线随时校正竖向钢筋的位置和垂直度。

【任务实施】

组织砌筑施工时应该做好哪些施工准备？

组织砌筑施工时应该做的施工准备

【操作指导】

图纸审查及技术交底准备要求如下。

（1）砌筑前认真熟悉图纸，核实门窗洞口位置及尺寸，确定窗台、过梁标高，熟悉设计图纸及规范中相关的材料、构造等各项要求。

（2）准备好施工需用的测量设备，并确保其在检验有效期内且各项使用功能正常。

（3）施工前，由技术负责人向劳务带班管理人员及劳务队作业人员针对本工程实际特点进行施工方案技术交底和安全交底工作，使每个操作人员在施工前能够清楚施工方法、技术要点、质量标准、安全要求等，以及清楚施工薄弱环节应加强处理的部位。

（4）组织施工员提前放出楼层标高线、后砌墙位置线、门洞口线、植筋位置线、构造柱位置线，经复核，办理预检手续预检合格后方可进行下一步的施工。

【知识拓展】

搜集、了解、整理现行砌体规范。

任务 4.2　砌筑工程施工工艺

【任务引入】

掌握施工工序的操作过程，以及对成品进行检验的方法，过程中应该如何管理并注意哪些工作。

【知识准备】

一、工艺流程（见二维码）

工艺流程图

二、质量标准

1. 砖砌体的质量一般规定

以下规定适用于烧结普通砖、烧结多孔砖、混凝土多孔砖、混凝土实心砖、蒸压灰砂砖、蒸压粉煤灰砖等砌体工程。

（1）用于清水墙、柱表面的砖，应边角整齐，色泽均匀。

（2）砌体砌筑时，混凝土多孔砖、混凝土实心砖、蒸压灰砂砖、蒸压粉煤灰砖等块体的产品龄期不应小于 28 d。

（3）有冻胀环境和条件的地区，地面以下或防潮层以下的砌体，不应采用多孔砖。

（4）不同品种的砖不得在同一楼层混砌。

（5）砌体采用砌筑烧结普通砖、烧结多孔砖、蒸压灰砂砖、蒸压粉煤灰砖时，砖应提前 1d ~ 2d 适度湿润，严禁采用干砖或处于吸水饱和状态的砖砌筑，块体湿润程度宜符合下列规定：① 烧结类块体的相对含水率为 60% ~ 70%；② 混凝土多孔砖及混凝土实心砖不需浇水湿润，但在气候干燥炎热的情况下，宜在砌筑前对其喷水湿润，其他非烧结类块体的相对含水率为 40% ~ 50%。

（6）采用铺浆法砌筑砌体，铺浆长度不得超过 750 mm；当施工期间气温超过 30℃时，铺浆长度不得超过 500 mm。

（7）240 mm 厚承重墙的每层墙的最上一皮砖，砖砌体的阶台水平面上及挑出层的外皮砖，应整砖丁砌。

（8）弧拱式及平拱式过梁的灰缝应砌成楔形缝，拱底灰缝宽度不宜小于 5 mm，拱顶灰缝宽度不应大于 15 mm，拱体的纵向及横向灰缝应填实砂浆；平拱式过梁拱脚下面应伸入墙内不小于 20 mm；砖砌平拱过梁底应有 1% 的起拱。

（9）砖过梁底部的模板及其支架拆除时，灰缝砂浆强度不应低于设计强度的 75%。

（10）多孔砖的孔洞应垂直于受压面砌筑，半盲孔多孔砖的封底面应朝上砌筑。

（11）竖向灰缝不应出现瞎缝、透明缝和假缝。

（12）砖砌体施工临时间断处补砌时，应将接槎处表面清理干净，洒水湿润，并填实砂浆，保持灰缝平直。

（13）夹心复合墙的砌筑应符合下列规定：① 墙体砌筑时，应采取措施防止空腔内掉落砂浆和杂物；② 拉结件设置应符合设计要求，拉结件在夹心复合墙上的搁置长度不应小于夹心复合墙厚度的 2/3，并不应小于 60 mm；③ 保温材料品种及性能应符合设计要求，保温材料的浇注压力不应对砌体强度、变形及外观质量产生不良影响。

2. 砖砌体的质量主控项目

（1）砌体灰缝砂浆应密实饱满，砖墙水平灰缝的砂浆饱满度不得低于 80%；砖柱水平灰缝和竖向灰缝饱满度不得低于 90%。

抽检数量：每检验批抽查不应少于 5 处。

检验方法：用百格网检查砖底面与砂浆的黏结痕迹面积，每处检测 3 块砖，取其平均值。

（2）非抗震设防及抗震设防烈度为 6 度、7 度地区的临时间断处，当不能留斜槎时，除转角处外，可留直槎，但直槎必须做成凸槎，且应加设拉结钢筋，拉结钢筋应符合下列规定：① 每 120 mm 墙厚放置 1ϕ6 拉结钢筋（120 mm 厚墙应放置 2ϕ6 拉结钢筋）；② 间距沿墙高不应超过 500 mm，且竖向间距偏差不应超过 100 mm；③ 埋入长度从留槎处算起每边均不应小于 500 mm，对抗震设防烈度 6 度、7 度的地区，不应小于 1 000 mm；④ 末端应有 90° 弯钩（图 4–2）。

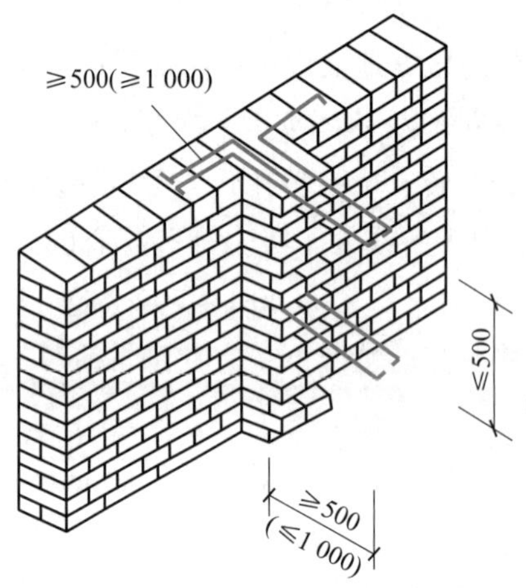

图 4–2　拉结钢筋构造图

抽检数量：每检验批抽查不应少于 5 处。

检验方法：观察和尺量检查。

3. 砖砌体的质量一般项目

（1）砖砌体组砌方法应正确，内外搭砌，上、下错缝，清水墙、窗间墙无通缝；混水墙中不得有长度大于 300 mm 的通缝，长度 200 ~ 300 mm 的通缝每面不超过 3 处，且不得位于同一面墙体上，砖柱不得采用包心砌法。

抽检数量：每检验批抽查不应少于 5 处。

检验方法：观察检查砌体组砌方法，抽检每处应为 3 ~ 5 m。

（2）砖砌体的灰缝应横平竖直，厚薄均匀，水平灰缝厚度及竖向灰缝宽度宜为 10 mm，但不应小于 8 mm，也不应大于 12 mm。

砖砌体尺寸、位置的允许偏差及检验

抽检数量：每检验批抽查不应少于 5 处。

检验方法：水平灰缝厚度用尺量 10 皮砖砌体高度折算；竖向灰缝宽度用尺量 2 m 砌体长度折算。

（3）砖砌体尺寸、位置的允许偏差及检验应符合相关规定。

砌体安全技术要求

【任务实施】

一、施工工艺流程

基层清理→墙体放线→验线→植筋施工→构造柱、窗台梁、拉梁钢筋绑扎→砌体施工→构造柱、窗台梁、拉梁模板支设→浇筑混凝土构造柱→过梁墙顶斜砌施工→墙面清理→养护。

二、清理放线

砌筑填充墙部位的楼地面、灰渣杂物及高出部分应消除干净，并在基层上弹好轴线、边线、门窗洞口位置线、墙体控制线、标高控制线和其他尺寸线，同时弹出构造柱控制线和墙拉筋位置。线放好，同时办理裁线签字手续。

三、植筋施工（见二维码）

植筋施工

四、构造柱、窗台梁、拉梁钢筋绑扎施工

（1）工程要按设计和规范要求留设构造柱。

（2）构造柱钢筋与植筋甩出钢筋绑扎搭接，搭接长度为 600 mm。

五、砌体施工

1. 砌块排列

（1）砌块排列前，在砌块墙底部砌好实心砖或现浇混凝土基础带，砌块提前 2 d 进行浇水湿润，浇水时把砌块上的浮尘冲洗干净，以保证砌体良好黏结。

（2）应根据工程设计施工图纸，结合砌块的品种规格，绘制砌体砌块的排列图，经审核无误后，按现场实际进行排列。

（3）排列应从基础顶面或楼层面进行，排列时应尽量采用主规格的砌块，砌体中主规格砌块应占总量的 75%～80%。

（4）砌块砌筑应采用满铺满挤法砌筑，揉挤密实，上下皮错缝搭砌，搭砌长度一般为砌块长度的 1/2，且不得小于 1/3，也不应小于 90 mm。

（5）砌体水平灰缝厚度一般为 8～12 mm，在拉结筋位置灰缝可适当放大，垂宜灰缝的厚度为 15 mm。

（6）砌块砌体与结构构件位置有矛盾时，应先满足构件要求。

（7）若梁（板）底与最后一皮砌块之间的距离不满足斜砌要求时或浇筑砂浆带（或过梁）后，水平灰缝与周边砌体灰缝不一致时，将该层砌块切掉一部分，使标高找平。

2. 立皮数杆

按砌块每皮高度制作皮数杆，在两相对皮数杆之间拉准线。

3. 铺砂浆

将搅拌好的砂浆通过手推车运至砌筑地点，在砌块就位前用大铁锹、灰勺进行分块卸灰，较小的砌块虽大，铺灰长度不得超过 1 200 mm，搅拌好的砂浆不要存放太长时间，一般在 3 h 内要使用完毕，不得使用隔夜砂浆。

4. 砌块就位与校正

（1）砌块砌筑前应把表面浮尘和杂物清理干净，砌块就位应先远后近，先下后上，先外后内。每层开始时，应从转角处或定位砌块处开始，砌一皮、校正一皮，每层拉线控制砌体标高和墙面平整度。

（2）砌块就位与起吊应避免偏心，使砌块底面水平下落，就位时由人手扶控制对准位置，缓慢的下落，经小撬棍微撬，拉线控制砌体标高和墙面平整度，用托线板挂直，校正为止。

（3）需要移动已砌好的砌块或砌块被撞动时，应重新铺砌。

（4）填充墙上不得留置脚手眼。

（5）严禁使用断裂或壁肋有裂纹的砌块砌筑墙体，不得与其他不同材料在墙体中混砌。

5. 构造柱、窗台梁、拉梁等二次构件施工

（1）二次构件施工模板采用多层板，中间采用 4ф12 对拉螺栓拉结，竖向间距 500 mm（起步距地面 200 mm）支模时要沿模板边贴海绵条，支撑体系采用钢管支撑，上下间距 600 mm，现浇带模板采用钢筋（ф25）焊制，U 型卡子间距 400 mm，宽度同墙厚，卡子长 400 mm。

（2）在逐层安装模板之前，应根据轴线校正钢筋位置和垂直度，箍筋间距要准确，与主筋垂直并绑扎牢固，主筋保护层厚度取 20 mm。

（3）浇筑二次构件的混凝土坍落度为 180 mm（±20 mm）；浇筑时采用插入式振捣器分层振捣，随振随拔，每层振捣 500 mm 左右；浇筑时应避免与钢筋直接接触，严禁通过填充墙传振，以免砌体灰缝开裂。

（4）在新老混凝土接槎处，应先用水冲洗湿润，再铺 20 mm 水泥砂浆后继续浇筑。

6. 墙顶斜砌施工

填充墙砌至接近梁、板底时，应留一定空隙，待填充墙砌筑完并应至少间隔 14 d 后，再将其补砌挤紧，如图 4–3 所示。

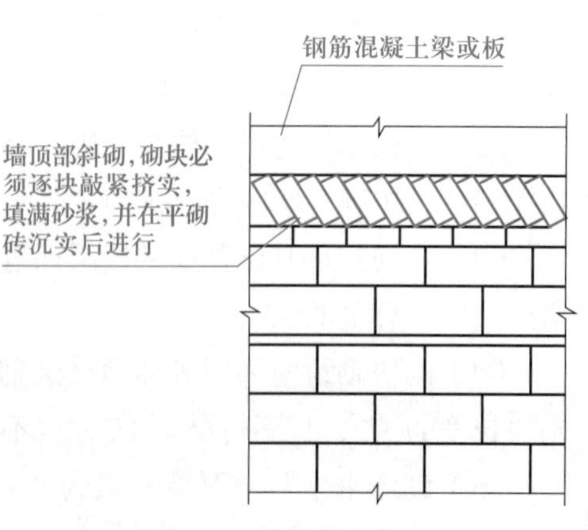

图 4–3　墙顶斜砌施工

7. 墙面清理与养护

砌筑完成后应及时将墙面的浮渣清理干净，天气干燥时或外墙向阳面的墙体应进行定期的喷水养护，待灰缝砂浆达到强度后方可停止养护。

【操作指导】

一、检查与验收

1. 过程检查

针对各工序进行界面交接检查，发现问题应及时整改。砌筑过程中，要求经常用靠尺和线锤检查墙体的垂直平整度，发现有不垂直、平整的问题应在砂浆初凝前用木锤或橡皮锤轻轻修正。

砌体砂浆应密实饱满，采用百格网检查块材底面砂浆的黏结痕迹面积，水平、垂直灰缝的砂浆饱满度应不小于 80%；填充墙砌体留置的墙拉筋的位置与块体皮数应与设计要求相符，竖向偏差不应超过一皮砌块高度；对于已经松动的砌体砌块墙体，应认真拆除并进行配筋砌筑。

2. 砌体验收

砌体工程施工完成后报请监理等相关单位进行隐蔽工程验收。砌体工程质量应符合《建筑工程施工质量验收统一标准》（GB 50300—2013）、《砌体结构工程施工质量验收规范》（GB 50203—2011）和《蒸压加气混凝土制品应用技术标准》（JGJ/T 17—2020）等的有关规定。

空心连锁砌块砌筑视频

加气混凝土砌块视频

轻质隔墙视频

二、成品保护（见二维码）

成品保护

三、安全施工措施（见二维码）

安全施工措施

四、质量记录（见二维码）

质量记录

砌体结构尺寸和位置的允许偏差

【知识拓展】

凡有吊顶的房间（卫生间等多水房间除外），如内墙可以不砌至梁板底，砌至吊顶标高以上 150 mm 即可，墙顶部应设置 120 mm × 墙厚，4ϕ8/ϕ6@150 钢筋混凝土压顶，混凝土标号为 C25，如图 4-4 所示。

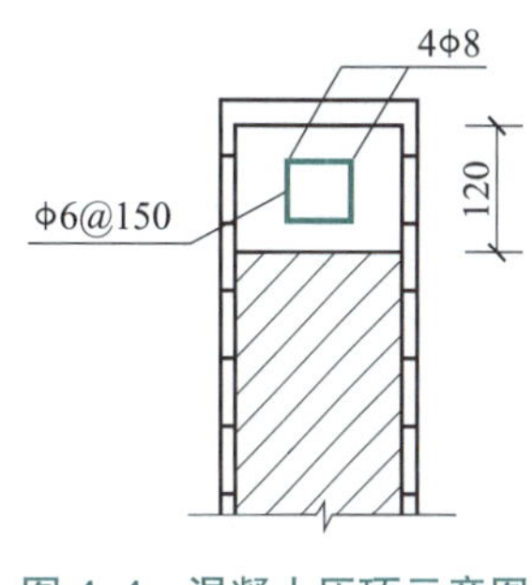

图 4-4　混凝土压顶示意图

复习思考题

一、单选题

1. 构造柱混凝土浇筑一般应在（　　）内浇筑完成。

A. 1 h　　B. 1.5 h　　C. 2 h　　D. 4 h

2. 砖砌体灰缝厚度宜为（　　）。

A. 8 ~ 10 mm　　B. 10 ~ 12 mm　　C. 8 ~ 12 mm　　D. 8 ~ 14 mm

3. 钢筋混凝土构造柱尺寸不宜小于（ ）。

A. 200 mm × 200 mm　　B. 200 mm × 240 mm

C. 240 mm × 240 mm　　D. 300 mm × 300 mm

4. 对烧结普通砖和烧结多孔砖砌体砂浆强度的最低等级为（ ）。

A. M2.0　　B. M2.5　　C. M3.0　　D. M3.5

5. 砖过梁底部的模板及其支架拆除时，灰缝砂浆强度不应低于设计强度的（ ）。

A. 65%　　B. 70%　　C. 75%　　D. 85%

二、问答题

1. 试述砌筑砂浆的类型。

2. 试述砖砌体的砌筑工艺。

3. 砖砌体的质量要求有哪些？

项目 5
钢筋混凝土工程

【学习目标】

知识目标

1. 了解混凝土的季节性施工工艺、大体积混凝土施工工艺，掌握普通混凝土的施工工艺、构造要求和质量安全措施。

2. 掌握钢筋的下料加工、连接方式、构造要求、安装标准和质量安全措施。

3. 掌握常用构件钢筋的施工翻样和代换原理。

4. 掌握常见模板的类型、应用条件、设计方法和质量安全措施。

5. 掌握脚手架的构造要求、设计方法和质量安全措施。

能力目标

1. 能识读和分析钢筋混凝土工程的施工图纸，能编制钢筋混凝土工程的施工方案，能组织钢筋混凝土施工质量验收。

2. 能进行常规的钢筋施工翻样和代换计算。

3. 能编制模板工程施工方案，能组织模板工程施工质量验收。

4. 能编制脚手架工程施工方案，能组织脚手架工程施工质量验收。

素养目标

1. 培养学生具有良好的质量安全意识、职业规范素养和工程终身责任制意识。

2. 培养学生养成团结协作的合作意识和遵守规则的良好习惯。

3. 培养学生质量安全意识、职业道德素养和工程终身负责制意识。

4. 培养学生感受大国工匠精神，以及建筑人的严谨、认真和精益求精的态度。

【知识图谱】

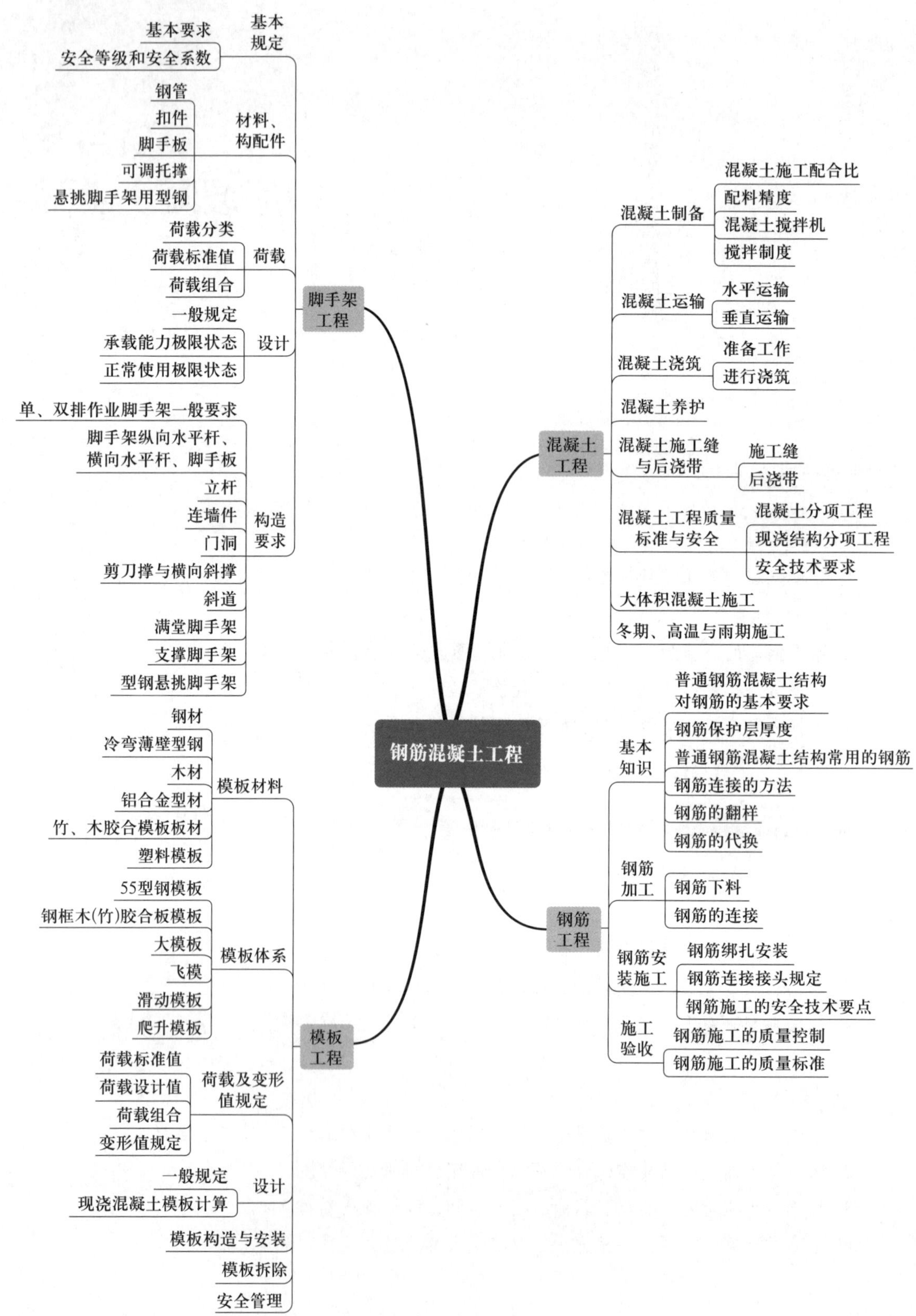
钢筋混凝土工程
脚手架工程
基本规定
基本要求
安全等级和安全系数
材料、构配件
钢管
扣件
脚手板
可调托撑
悬挑脚手架用型钢
荷载
荷载分类
荷载标准值
荷载组合
设计
一般规定
承载能力极限状态
正常使用极限状态
构造要求
单、双排作业脚手架一般要求
脚手架纵向水平杆、横向水平杆、脚手板
立杆
连墙件
门洞
剪刀撑与横向斜撑
斜道
满堂脚手架
支撑脚手架
型钢悬挑脚手架
模板工程
模板材料
钢材
冷弯薄壁型钢
木材
铝合金型材
竹、木胶合模板板材
塑料模板
模板体系
55型钢模板
钢框木(竹)胶合板模板
大模板
飞模
滑动模板
爬升模板
荷载及变形值规定
荷载标准值
荷载设计值
荷载组合
变形值规定
设计
一般规定
现浇混凝土模板计算
模板构造与安装
模板拆除
安全管理
混凝土工程
混凝土制备
混凝土施工配合比
配料精度
混凝土搅拌机
搅拌制度
混凝土运输
水平运输
垂直运输
混凝土浇筑
准备工作
进行浇筑
混凝土养护
混凝土施工缝与后浇带
施工缝
后浇带
混凝土工程质量标准与安全
混凝土分项工程
现浇结构分项工程
安全技术要求
大体积混凝土施工
冬期、高温与雨期施工
钢筋工程
基本知识
普通钢筋混凝土结构对钢筋的基本要求
钢筋保护层厚度
普通钢筋混凝土结构常用的钢筋
钢筋连接的方法
钢筋的翻样
钢筋的代换
钢筋加工
钢筋下料
钢筋的连接
钢筋安装施工
钢筋绑扎安装
钢筋连接接头规定
钢筋施工的安全技术要点
施工验收
钢筋施工的质量控制
钢筋施工的质量标准

任务 5.1　混凝土工程

【任务引入】

混凝土工程在土木工程施工中占有十分重要的地位。混凝土结构工程按施工方法分为现浇混凝土结构施工和预制装配混凝土结构施工。本任务重点介绍现浇混凝土结构施工，主要包括混凝土的配料、搅拌、运输、浇筑养护、施工缝与后浇带等施工过程。现浇混凝土结构施工是按工程部位就地浇筑混凝土，作业以现场为主。这种施工方法存在劳动强度大、模板消耗多、工期相对较长等缺点，但结构的整体性和抗震性能好、构件布置灵活、不需要大型起重机械，随着商品混凝土的快速发展、新型模板体系的应用和泵送混凝土技术、钢筋连接技术的进步，现浇混凝土结构施工得到了广泛应用。

目前我国普通混凝土的定义是按表观密度范围确定的，即干表观密度为 2 000 kg/m^3 ~ 2 800 kg/m^3 的抗渗混凝土、抗冻混凝土、高强混凝土、泵送混凝土和大体积混凝土等均属于普通混凝土范畴。

【知识准备】

一、混凝土制备

（一）混凝土施工配合比

混凝土的配料即按一定的配合比制备混凝土，应保证混凝土强度等级及施工对混凝土和易性的要求，并应合理使用材料，必要时还应符合与使用环境相适应的耐久性，如抗冻性、抗渗性等方面的要求。但混凝土的实验室配合比中的砂、石是干燥状态的，而施工现场砂、石均含有一定的水，其含水率随季节、天气而变化。为保证混凝土配合比正确，要根据现场砂、石的含水率，对投料进行调整。

设原实验室配合比为水泥：砂：石子 =1：x：y，水灰比为 $=W/C$，每立方米混凝土水泥用量为 C。现场测得砂含水率为 W_x，石子含水率为 W_y。则施工配合比为水泥：砂：石子 =1：x（$1+W_x$）：y（$1+W_y$）。

有特殊要求的混凝土还要加入外加剂，用以提高混凝土的某些性能。高强混凝土宜采用高性能减水剂；有抗冻要求的混凝土宜采用引气剂或引气减水剂；大体积混凝土宜采用缓凝剂或缓凝减水剂；混凝土冬期施工可采用防冻剂。

（二）配料精度

混凝土强度对配合比变化十分敏感，因此对计量设备精度有严格要求。计量设备的精度应满足现行国家标准《建筑施工机械与设备　混凝土搅拌站（楼）》（GB/T 10171—2016）的有关规定，应具有法定计量部门签发的有效检定证书，并应定期校验。混凝土生产单位每月应自检一次；每一工作班开始前，应对计量设备进行零点校准。每盘混凝土原材料计量的允许偏差应符合表 5–1 的规定，原材料计量偏差应每班检查 1 次。

表 5-1　各种原材料计量的允许偏差

原材料种类	计量允许偏差（按质量计）
胶凝材料	± 2%
粗、细骨料	± 3%
拌合用水	± 1%
外加剂	± 1%

（三）混凝土搅拌机

1. 自落式混凝土搅拌机

自落式混凝土搅拌机是将物料提升到一定高度后，利用重力的作用，自由落下，由于各物料颗粒下落的高度、时间、速度、落点和滚动距离不同，从而使物料颗粒相互穿插、渗透、扩散，最后达到分散均匀的目的，由于物料的分散过程主要是利用重力作用，故又称重力扩散机理。自落式混凝土搅拌机就是根据这种机理设计的，常用的有锥形反转出料式和锥形倾翻出料式。目前已逐渐被强制式搅拌机取代。

2. 强制式混凝土搅拌机

强制式混凝土搅拌机是利用运动着的叶片强迫物料颗粒分别从各个方向（环向、径向和竖向）产生运动，使各物料颗粒运动的方向、速度不同，相互之间产生剪切滑移以致相互穿插、扩散，从而使各物料均匀混合。由于物料的扩散过程主要是利用物料颗粒相互间的剪切滑移作用，故又称剪切扩散机理。常用的强制式混凝土搅拌机有涡桨式、行星式、单卧轴式和双卧轴式。

3. 常用搅拌机技术性能

搅拌机的主要工艺参数为工作容量。工作容量可以用进料容量或出料容量表示。

进料容量又称为干料容量，是指该型号搅拌机可装入的各种材料体积之总和。搅拌机每次搅拌出混凝土的体积，称为出料容量。出料容量与进料容量之比称为出料系数，即出料系数 = 出料容量 / 进料容量。出料系数一般取 0.625。

（四）搅拌制度

1. 搅拌时间

混凝土搅拌时间的长短，也决定着混凝土的强度与和易性。搅拌时间过短，混凝土均匀性差，强度与和易性都会降低，适当延长搅拌时间，混凝土强度会有增长，但搅拌时间超过某一限度后，混凝土的匀质性便无明显改善了。搅拌时间过长，不但会影响搅拌机的生产效率，而且对混凝土的强度提高也无益处，甚至由于水分的蒸发和较软骨料颗粒被长时间的研磨而破碎变细，还会引起混凝土工作性能的降低，影响混凝土的质量。

混凝土搅拌的最短时间可按表 5-2 的规定；当搅拌高强混凝土，如强度等级 C60 及以上的混凝土，搅拌时间应适当延长；采用自落式搅拌机时，搅拌时间宜延长 30 s。对于双卧轴强制式搅拌机，可在保证搅拌均匀的情况下适当缩短搅拌时间。

表 5–2　混凝土搅拌的最短时间　　单位：s

<table>
<tr><th rowspan="2">混凝土坍落度 /mm</th><th rowspan="2">搅拌机机型</th><th colspan="3">搅拌机出料量 /L</th></tr>
<tr><th><250</th><th>250 ~ 500</th><th>>500</th></tr>
<tr><td>≤ 40</td><td rowspan="3">强制式</td><td>60</td><td>90</td><td>120</td></tr>
<tr><td>>40 且 <100</td><td>60</td><td>60</td><td>90</td></tr>
<tr><td>≥ 100</td><td colspan="3">60</td></tr>
</table>

2. 投料顺序

常用投料方法有一次投料法和二次投料法。采用分次投料搅拌方法时，应通过试验确定投料顺序、数量及分段搅拌的时间等工艺参数。掺合料宜与水泥同步投料，液体外加剂宜滞后于水和水泥投料；粉状外加剂宜溶解后再投料。

（1）一次投料法

一次投料法是目前最普遍采用的方法。它是将砂、石、水泥和水同时加入搅拌筒中进行搅拌。为了减少水泥的飞扬和粘罐现象，对自落式搅拌机，常采用的投料顺序是先倒砂子（或石子），再倒水泥，然后倒入石子（或砂子），将水泥夹在砂、石之间，最后加水搅拌。

（2）二次投料法

二次投料法又分为预拌水泥砂浆法和预拌水泥净浆法。预拌水泥砂浆法是先将水泥、砂和水加入混凝土搅拌机内进行充分搅拌，成为均匀的水泥砂浆后，再加入石子，搅拌成均匀的混凝土。一般是用强制式搅拌机拌制水泥砂浆 1 ~ 1.5 min，然后加入石子再搅拌 1 ~ 1.5 min。预拌水泥净浆法是先将水泥和水充分搅拌成均匀的水泥净浆后，再加入砂和石子搅拌成混凝土。国内外的试验表明，二次投料法搅拌的混凝土与一次投料法相比，混凝土的强度可提高 15%，在强度相同的情况下，可节约水泥 15% ~ 20%。

（3）水泥裹砂法（SEC 法）

水泥裹砂法是先加一定量的水使砂表面的含水量调节到某一规定的数值后（一般为 15% ~ 25%），再将石子加入与湿砂拌匀，然后将全部水泥投入与砂石一同拌合使水泥在砂石表面构成一层低水灰比的水泥浆壳，最终将剩下的水和外加剂投入搅拌成商品混凝土。选用 SEC 法制备的混凝土与一次投料法相比，强度可增大 20% ~ 30%，且混凝土不易发生离析和泌水表象，工作性能好。

二、混凝土运输

混凝土从拌制地点运往浇筑地点有多种运输方法，选用时应根据建筑物的结构特点、混凝土的总运输量与每日所需的运输量、水平及垂直运输的距离、现有设备情况以及气候、地形、道路条件等因素综合考虑。

混凝土在运输过程中的要求：① 混凝土应保持原有的均匀性，不发生离析现象；② 混凝土运至浇筑地点，其坍落度应符合浇筑时所要求的塌落度值；③ 混凝土从搅拌机中卸出后，应及早运至浇筑地点，不得因运输时间过长而影响混凝土在初凝前浇筑完毕，混凝土从搅拌机中卸出到入模的延续时间不宜超过表 5–3 的规定，且不应超过表 5–4 的时间限值。

表 5–3　运输到输送入模的延续时间　　单位：min

条件	气温	
	≤ 25℃	>25℃
不掺外加剂	90	60
掺外加剂	150	120

表 5–4　运输、输送入模及其间歇总的时间限值　　单位：min

条件	气温	
	≤ 25℃	>25℃
不掺外加剂	180	150
掺外加剂	240	210

（一）水平运输

为了避免混凝土在运输过程中发生离析，混凝土的运输路线应尽量缩短，道路应平坦，车辆行驶应平稳。当混凝土从高处倾落时，其自由倾落高度不应超过 2.5 m；否则，应使其沿串筒、溜槽或震动溜槽等下落，并应保持混凝土出口时的下落方向垂直。混凝土经运输后，如有离析现象，应在浇筑前进行二次搅拌。在运输过程中，应控制混凝土不离析、不分层和组成成分不发生变化，并应控制混凝土拌合物性能满足施工要求。

1. 手推车及翻斗车

手推车主要用于工地内水平运输，运输距离和容量一般很小，手推车容积一般在 0.07 ~ 0.1 m^3。

翻斗车具有轻便灵活、速度快、自动卸料、操作简单等特点，适用于短距离水平运输混凝土，一般载重量在 1 t 以下。翻斗车只能应用于运送坍落度小于 80 mm 的混凝土拌合物，同时运输时间不应大于 45 min。

2. 搅拌运输车

由于商品混凝土的大量使用，混凝土搅拌运输车得到广泛的应用。当采用搅拌运输车运输混凝土时，要满足下列要求。

（1）混凝土搅拌运输车在运输时应能保证混凝土拌合物均匀并不产生分层、离析。对于寒冷、严寒或炎热的天气情况，搅拌运输车的搅拌罐应有保温或隔热措施。

（2）混凝土搅拌运输车在装料前应将搅拌罐内积水排尽，装料后严禁向搅拌罐内的混凝土拌合物中加水。

（3）要在混凝土拌合物中加入外加剂时，应在外加剂加入后采用快挡旋转搅拌罐进行搅拌；外加剂掺量和搅拌时间应有经试验确定的预案。

（4）预拌混凝土从搅拌机入运输车至卸料时的运输时间不宜大于 90 min，如需延长运送时间，则应采取相应的有效技术措施，并应通过试验验证。

采用搅拌运输车运输混凝土，当坍落度损失较大不能满足施工要求时，可在运输车罐内加入适量的与原配合比相同成分的减水剂。减水剂加入量应事先由试验确定，并应做记录。加入减水剂后，混凝土罐车应快速旋转搅拌均匀，并应达到要求的工作性能后再泵送或浇筑。卸料前，搅拌运输车罐体宜快速旋转搅拌 20 s 以上后再卸料。

（二）垂直运输

1. 吊斗混凝土垂直输送

塔式起重机（或吊车）配备吊斗输送混凝土，可以在工作范围内将混凝土直接送入模板内，施工时应符合下列规定。

（1）应根据不同结构类型以及混凝土浇筑方法选择不同的斗容器。

（2）斗容器的容量应根据起重机吊运能力确定。

（3）运输至施工现场的混凝土宜直接装入斗容器进行输送。

（4）斗容器宜在浇筑点直接布料。

（5）输送过程中散落的混凝土严禁用于结构浇筑。

2. 推车混凝土垂直输送

（1）升降设备

升降设备包括用于运载人或物料的升降电梯、用于运载物料的升降井架以及混凝土提升机。采用升降设备配合小车输送混凝土在工程中时有发生，为了保证混凝土浇筑质量要求，应编制具有针对性的施工方案。运输后的混凝土若采用先卸料，后进行小车装运的输送方式，装料点应采用硬地坪或铺设钢板形式与地基土隔离，硬地坪或钢板面应湿润并不得有积水。为了减少混凝土拌合物转运次数，通常情况下不宜采用多台小车相互转载的方式输送混凝土。升降设备配备小车输送混凝土时应符合下列规定。

① 升降设备和小车的配备数量、小车行走路线及卸料点位置应能满足混凝土浇筑需要。

② 运输至施工现场的混凝土宜直接装入小车进行输送，小车宜在靠近升降设备的位置进行装料。

（2）施工电梯配合推车

按施工电梯的驱动形式，可分为钢索牵引、齿轮齿条拽引和星轮滚道拽引 3 种形式，目前国内外大部分采用的是齿轮齿条拽引的形式，星轮滚道拽引是最新发展起来的，传动形式先进，但目前其载重能力较小。

按施工电梯的动力装置又可分为电动和电动－液压两种。电力驱动的施工电梯，工作速度约 40 m/min，而电动－液压驱动的施工电梯其工作速度可达 96 m/min。施工电梯的主要部件由基础、立柱导轨井架、带有底笼的平面主框架、梯笼和附墙支撑组成。

施工电梯的主要特点是用途广泛，适应性强，安全可靠，运输速度高，提升高度最高可达 400 m 以上。

（3）井架配合推车

井架配合推车是主要用于高层建筑混凝土灌注时的垂直运输机械，由井架、抬灵扒杆、卷扬机、吊盘、自动倾泻吊斗及钢丝缆风绳等组成，具有一机多用、构造简单、装拆方便等优点。其起重高度一般为 25 ~ 40 m。

（4）混凝土提升机配合推车

混凝土提升机是供快速输送大量混凝土的提升设备。它是由钢井架、混凝土提升斗、高速卷扬机等组成，其提升速度可达 50 ~ 100 m/min。当混凝土提升到施工楼层后，卸入楼面受料斗，再采用其他楼面运输工具（如手推车等）运送到施工部位浇筑。一般每台容量为 0.5 $m^3\times 2$ 的双斗提升机，当其提升速度为 75 m/min，最高高度可达 120 m，混凝土输送能力可达 20 m^3/h。因此对于混凝土浇筑量较大的工程，特别是高层建筑，混凝土提升机是很经济适用的混凝土垂直运输机具。

3. 泵送混凝土

泵送混凝土是在混凝土泵的压力推动下沿输送管道进行运输，并在管道出口处直接浇筑的混凝土。混凝土的泵送施工已经成为高层建筑和大体积混凝土施工过程中的重要方法，泵送施工不仅可以改善混凝土施工性能、提高混凝土质量，而且可以改善劳动条件、降低工程成本。随着商品混凝土应用的普及，各种性能要求不同的混凝土均可泵送。

混凝土泵能一次连续地完成水平运输和垂直运输，效率高、劳动力省、费用低，尤其对于一些工地狭窄和有障碍物的施工现场，用其他运输工具难以直接靠近施工工程，混凝土泵则能有效地发挥作用。混凝土泵运输距离长，单位时间内的输送量大，三四百米高的高层建筑可一泵到顶，上万立方米的大型基础亦能在短时间内浇筑完毕，非其他运输工具所能比拟，优越性非常显著，因而在建筑行业已推广应用多年，尤其是预拌混凝土生产与泵送施工相结合，彻底改变了施工现场混凝土工程的面貌。

（1）混凝土泵

常用的混凝土泵有汽车泵、拖泵（固定泵）、车载泵 3 种类型。按驱动方式，混凝土泵分为两大类，即活塞（亦称柱塞式）泵和挤压式泵。目前我国主要应用活塞式混凝土泵，它结构紧凑、传动平稳，又易于安装在汽车底盘上组成混凝土泵车。

根据其能否移动和移动的方式，分为固定式、拖式和汽车式。汽车式泵移动方便，灵活机动，到新的工作地点不需进行准备作业即可进行浇筑，因而是目前大力发展的机种。汽车式泵又分为带布料杆和不带布料杆的两种，大多数是带布料杆的。这种泵车使用方便，适用范围广，它既可以利用在工地配置装接的管道输送到较远、较高的混凝土浇筑部位，也可以发挥随车附带的布料杆作用，把混凝土直接输送到需要浇筑的地点。混凝土泵最大理论泵送量达到 200 m^3/h，目前国内最大泵车臂长达 101 m；拖泵（固定泵）能达到的最大理论输送距离，水平方向超过 1 500 m，垂直方向超过 400 m。混凝土泵适用的混凝土坍落度范围大多在 100 ~ 230 mm 之间。对于超高层建筑物，可以在适当的高度设立中继泵站，将混凝土继续向上泵送。

对于泵送混凝土，混凝土入泵的坍落度会与出泵的坍落度之间存在一个差值，产生坍落度损失，使得混凝土和易性变差，造成混凝土入模后成型困难，其形成原因较复杂。工程实践中，可以通过增大入泵坍落度来抵消坍落度损失。

（2）输送管

在泵送混凝土施工中，输送管的布置除水平管外，还可能有向上垂直管和弯管、锥形管、软管等。与直管相比，弯管、锥形管、软管的流动阻力大，引起的压力损失也大，还需加上管内混凝土拌合物的重量，因而引起的压力损失比水平直管大得多。在进行混凝土泵选型、验算其运输距离时，可把向上垂直管、弯管、锥形管、软管等按表 5-5 换算成水平长度。

泵管布置视频

表 5-5　混凝土输送管的水平换算长度

管类别或布置状态	换算单位	管规格		水平换算长度
向上垂直管	每米	管径 /mm	100	3
			125	4
			150	5
倾斜向上管（输送管倾角为 α）	每米	管径 /mm	100	$\cos\alpha+3\sin\alpha$
			125	$\cos\alpha+4\sin\alpha$
			150	$\cos\alpha+5\sin\alpha$
垂直向下及倾斜向下管	每米	—		1
锥形管	每根	锥径变化 /mm	175 ~ 150	4
			150 ~ 125	8
			125 ~ 100	16
弯管（弯头张角为 β，$\beta\leqslant 90°$）	每只	弯曲半径 /mm	500	$12\beta/90$
			1 000	$9\beta/90$
胶管	每根	长 3 ~ 5 m		20

（3）布料杆

布料杆直接与混凝土泵管相连，将混凝土浇筑入模板或摊铺均匀。目前我国布料杆的类型主要有楼面式布料杆、井式布料杆、壁挂式布料杆及塔式布料杆。布料杆主要由臂架、转台和回转机构、爬升装置、立柱、液压系统及电控系统组成。多数采用油缸顶升式及油缸自升式两种方式提升布料杆。

（4）混凝土泵送技术要求

① 泵送混凝土时应要求混凝土连续供应，以保证混凝土泵连续工作。

② 混凝土泵送时要求管线宜直、转弯宜缓、接头严密。

③ 泵送前，应先用适量与混凝土配合比相同的水泥砂浆润湿管线内壁。

④ 如混凝土供应脱节不能连续泵送时，泵机应每隔 4 ~ 5 min 交替进行正转和反转两个行程，以防混凝土泌水和离析；当泵送间歇时间超过 45 min 或当混凝土出现离析现象时，应排空管道内的混凝土，待混凝土连续供应后，重新开始浇筑。

⑤ 泵送过程中，料斗内应具有足够的混凝土，以防吸入空气产生阻塞，泵送结束后应及时把残留在缸体内及输送管道内的混凝土清洗干净。

⑥ 为防止堵泵，料斗上方应设置一金属网以隔离大石块，并及时捡出。

⑦ 夏季或冬季施工时，应注意对输送管采取隔热降温或保温措施。

⑧ 泵送混凝土拌合物的坍落度经时损失不宜大于 30 mm/h。

三、混凝土浇筑

混凝土浇筑是结构施工中最重要的环节，浇筑质量的好坏直接影响结构质量、外观和耐久性。混凝土的浇筑，应预先根据工程结构特点、平面形状和几何尺寸、混凝土制备设备和运输设备的供应能力、泵送设备的泵送能力、劳动力和管理能力，以及周围场地大小、运输道路情况等条件，合理地制订浇筑方案。同时，明确设备和人员的分工，以保证结构浇筑的整体性和按计划进行浇筑。

（一）准备工作

1. 制订施工方案

现浇混凝土结构的施工方案应包括下列内容。

（1）混凝土输送、浇筑、振捣、养护的方式和机具设备的选择。

（2）混凝土浇筑、振捣技术措施。

（3）施工缝、后浇带的留设。

（4）混凝土养护技术措施。

2. 施工条件

（1）机具准备及检查

搅拌机、运输车、料斗、串筒、振动器等机具设备按需要准备充足，并考虑发生故障时的修理时间。重要工程，应有备用的搅拌机和振动器。特别是采用泵送混凝土，要有备用泵。所用的机具均应在浇筑前进行检查和试运转，同时配有专职技工，随时检修。浇筑前，应核实工程材料，以免停工待料。

（2）保证水电及原材料的供应

在混凝土浇筑期间，要保证水、电、照明不中断。防备临时停水停电，以防出现意外的施工停歇缝。

（3）掌握天气季节变化情况

加强气象预测预报的联系工作。在混凝土施工阶段应掌握天气的变化情况，特别在雷雨台风季节和寒流突然袭击之际，更应注意，以保证混凝土连续浇筑顺利进行，确保混凝土质量。根据工程需要和季节施工特点，应准备好在浇筑过程中所必需的抽水设备和防雨、防暑、防寒等物资。

当夏季天气炎热时，混凝土拌合物入模温度不应高于 35℃，宜选择晚间或夜间浇筑混凝土；现场温度高于 35℃时，宜对金属模板进行浇水降温，但不得留有积水。当冬期施工时，混凝土拌合物入模温度不应低于 5℃，并应有保温措施。

（4）隐蔽工程验收，技术复核与交底

模板和隐蔽工程项目应分别进行预检和隐蔽验收，符合要求后，方可进行浇筑。检查时应注意：① 模板的标高、位置与构件的截面尺寸是否与设计相符，构件的预留拱度是否正确。② 所安装的支架是否稳定，支柱的支撑和模板的固定是否可靠。③ 模板的紧密程度。④ 钢筋与预埋件的规格、数量、安装位置，以及构件连接点焊缝是否与设计相符。

（5）其他

在浇筑混凝土前，模板内的垃圾、木片、刨花、锯屑、泥土和钢筋上的油污、鳞落的铁皮等杂物，应清除干净。木模板应浇水加以润湿，但不允许留有积水。湿润后，木模板中尚未胀密的缝隙应贴严，以防漏浆。金属模板中的缝隙和孔洞也应予以封闭。

（二）进行浇筑

1. 基本要求

（1）在浇筑过程中，应有效控制混凝土的均匀性、密实性和整体性。

（2）混凝土浇筑的布料点宜接近浇筑位置，应采取减少混凝土下料冲击的措施，并应符合下列规定：① 宜先浇筑竖向结构构件，后浇筑水平结构构件；② 浇筑区域结构平面有高差时，宜先浇筑低区部分再浇筑高区部分。

（3）当混凝土自由倾落高度大于 2.5 m 时，应采用串筒、溜管或振动溜管等辅助设备。柱、墙模板内的混凝土浇筑倾落高度限值应符合表 5–6 的规定；当不能满足表 5–6 的要求时，应加设串筒、溜管、溜槽等装置。

表 5–6　柱、墙模板内混凝土浇筑倾落高度限值

条件	粗骨料粒径 >25 mm	粗骨料粒径≤ 25 mm
浇筑倾落高度限值 /m	≤ 3	≤ 6

（4）现场浇筑的竖向结构物应分层浇筑，每层浇筑厚度宜控制在 300 ~ 350 mm；大体积混凝土宜采用分层浇筑方法，可利用自然流淌形成斜坡沿高度均匀上升，分层厚度不应大于 500 mm。

（5）混凝土浇筑后，在混凝土初凝前和终凝前宜分别对混凝土裸露表面进行抹面

处理。

（6）混凝土构件成型后，在强度达到 1.2 MPa 以前，不得在构件上面踩踏行走，混凝土在自然保湿养护下强度达到 1.2 MPa 的时间可按表 5–7 估计。

表 5–7 混凝土强度达到 1.2 MPa 的时间估计 单位：h

水泥品种	外界温度 /℃			
	1 ~ 5	5 ~ 10	10 ~ 15	15 以上
硅酸盐水泥、普通硅酸盐水泥	46	36	26	20
矿渣硅酸盐水泥、火山灰硅酸盐水泥、粉煤灰硅酸盐水泥	60	38	28	22

（7）柱、墙混凝土设计强度等级高于梁、板混凝土设计强度等级时，混凝土浇筑应符合下列规定：① 柱、墙混凝土设计强度比梁、板混凝土设计强度高一个等级时，柱、墙位置梁、板高度范围内的混凝土经设计单位同意，可采用与梁、板混凝土设计强度等级相同的混凝土进行浇筑；② 柱、墙混凝土设计强度比梁、板混凝土设计强度高两个等级及以上时，应在交界区域采取分隔措施。分隔位置应在低强度等级的构件中，且距高强度等级构件边缘不应小于 500 mm，柱梁板结构分隔方法参考图 5–1，墙梁板结构分隔方法参考图 5–2；③ 宜先浇筑高强度等级混凝土，后浇筑低强度等级混凝土。

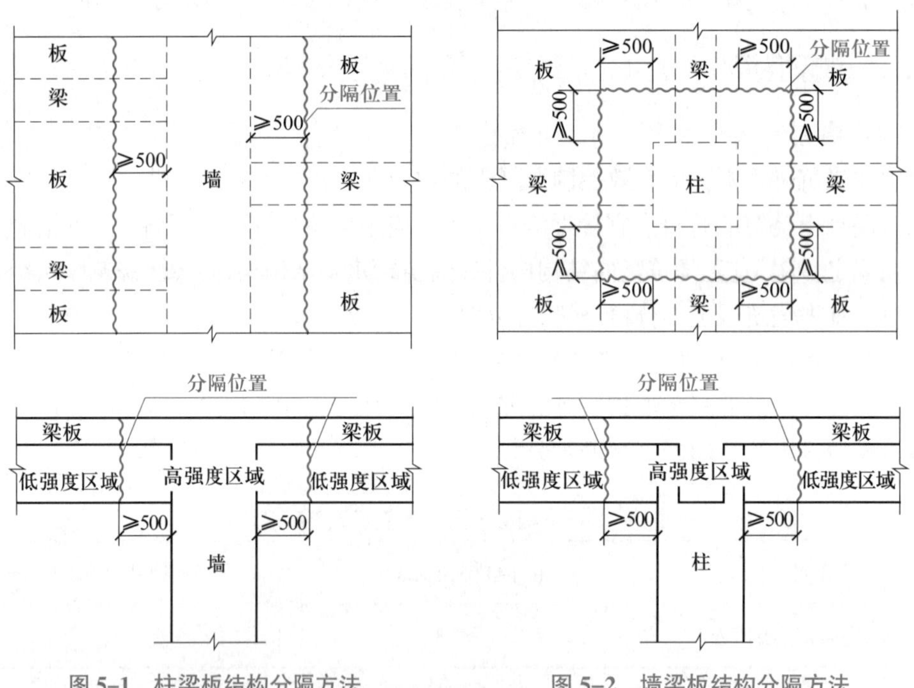

图 5–1 柱梁板结构分隔方法 图 5–2 墙梁板结构分隔方法

（8）柱、剪力墙混凝土浇筑应符合的规定：① 浇筑墙体混凝土应连续进行，间隔时间不应超过混凝土初凝时间；② 墙体混凝土浇筑高度应高出板底 20 ~ 30 mm，柱混凝土墙体浇筑完毕后，将上口甩出的钢筋加以整理，用木抹子按标高线对墙体上表面混凝土找平；③ 柱墙浇筑前底部应先填 5 ~ 10 cm 厚与混凝土配合比相同的减石子砂浆，混凝土应分层浇筑振捣，使用插入式振捣器时每层厚度不大于 50 cm，振捣棒不得触动钢筋和预埋件；④ 柱墙混凝土应一次浇筑完毕，如需留施工缝时应留在主梁下面，无梁楼板应留在柱帽下面，在墙柱与梁板整体浇筑时，应在柱浇筑完毕后停歇 2 h，使其初步沉实，再继续浇筑；⑤ 浇筑一排柱的顺序应从两端同时开始，向中间推进，以免因浇筑混凝土后由于模板吸水膨胀，断面增大而产生横向推力，最后使柱发生弯曲变形；⑥ 剪力墙浇筑应采取长条流水作业，分段浇筑，均匀上升，墙体混凝土的施工缝一般宜设在门窗洞口上，接槎处混凝土应加强振捣，保证接槎严密。

2. 混凝土振捣

混凝土振捣应能使模板内各个部位混凝土密实、均匀，不应漏振、欠振、过振。

（1）振捣设备分类

常用的混凝土振捣设备有插入式振动棒、平板式振动器和附着式振动器，特点和使用要求见表 5–8，特殊情况可采用人工捣实。

表 5–8　振动设备分类

分类	说明
内部振动器（插入式振动棒）	其形式有硬管的、软管的。振动部分有锤式、棒式、片式等，振动频率有高有低。其主要适用于大体积混凝土、基础、柱、梁、墙、厚度较大的板，以及预制构件的捣实工作。当钢筋十分稠密或结构厚度很薄时，其使用就会受到一定的限制
表面振动器（平板式振动器）	其工作部分是一钢制或木制平板，板上装一个带偏心块的电动振动器。振动力通过平板传递给混凝土，由于其振动作用深度较小，仅使用于表面积大而平整的结构物，如平板、地面、屋面等构件
外部振动器（附着式振动器）	这种振动器通常是利用螺栓或钳形夹具固定在模板外侧，不与混凝土直接接触，借助模板或其他物体将振动力传递到混凝土。由于振动作用不能深远，仅适用于振捣钢筋较密、厚度较小以及不宜使用插入式振动棒的结构构件

（2）震动棒振捣混凝土

① 应按分层浇筑厚度分别进行振捣，振动棒的前端应插入前一层混凝土中，插入深度不应小于 50 mm。

② 振动棒应垂直于混凝土表面并快插慢拔均匀振捣；当混凝土表面无明显塌陷、有水泥浆出现、不再冒气泡时，可结束该部位振捣。

③ 振动棒与模板的距离不应大于振动棒作用半径的一半；振捣插入点间距不应大于振动棒作用半径的 1.4 倍。

④ 振捣时间宜按拌合物稠度和振捣部位等不同情况，控制在 10 ~ 30 s 内，当混凝土拌合物表面出现泛浆，可视为已捣实。

⑤ 振动棒振捣混凝土应避免碰撞模板、钢筋、钢结构件、预埋件等。

（3）表面振动器振捣混凝土

表面振动器振捣混凝土应符合下列规定。

① 表面振动器振捣应覆盖振捣平面边角。

② 表面振动器移动间距应覆盖已振实部分混凝土边缘。

③ 倾斜表面振捣时，应由低处向高处进行振捣。

（4）附着振动器振捣混凝土

附着振动器振捣混凝土应符合下列规定。

① 附着振动器应与模板紧密连接，设置间距应通过试验确定。

② 附着振动器应根据混凝土浇筑高度和浇筑速度，依次从下往上振捣。

③ 模板上同时使用多台附着振动器时应使各振动器的频率一致，并应交错设置在相对面的模板上。

（5）混凝土分层振捣的最大厚度（表 5–9）

表 5–9　混凝土分层振捣的最大厚度

振捣方法	混凝土分层振捣最大厚度
振动棒	振动棒作用部分长度的 1.25 倍
表面振动器	200 mm
附着振动器	根据设置方式，通过试验确定

（6）特殊部位的混凝土应采取的加强振捣措施

① 宽度大于 0.3 m 的预留洞底部区域应在洞口两侧进行振捣，并应适当延长振捣时间；宽度大于 0.8 m 的洞口底部，应采取特殊的技术措施。

② 后浇带及施工缝边角处应加密振捣点，并应适当延长振捣时间。

③ 钢筋密集区域或型钢与钢筋结合区域应选择小型振动棒辅助振捣、加密振捣点，并应适当延长振捣时间。

④ 基础大体积混凝土浇筑流淌形成的坡顶和坡脚应适时振捣，不得漏振。

四、混凝土养护

（一）基本要求

（1）混凝土浇筑后应及时进行保湿养护，可采用洒水、覆盖、喷涂养护剂等方式。选择养护方式应考虑现场条件、环境温湿度、构件特点、技术要求、施工操作等因素。

（2）混凝土的养护时间应符合的规定：① 采用硅酸盐水泥、普通硅酸盐水泥或矿渣硅酸盐水泥配制的混凝土，不应少于 7 d，采用其他品种水泥时养护时间应根据水泥性能确定；② 采用缓凝型外加剂、大掺量矿物掺合料配制的混凝土，不应少于 14 d；③ 抗渗混凝土、强度等级为 C60 及以上的混凝土，不应少于 14 d；④ 后浇带混凝土的养护时间不应少于 14 d；⑤ 地下室底层墙、柱和上部结构首层墙、柱宜适当增加养护时间；⑥ 基础大体积混凝土养护时间应根据施工方案确定。

（3）混凝土强度达到 1.2N/mm^2 前，不得在其上踩踏、堆放物品、安装模板及支架。

（4）同条件养护试件的养护条件应与实体结构部位养护条件相同，并应采取措施妥善保管。

（二）混凝土洒水养护

（1）洒水养护宜在混凝土裸露表面覆盖麻袋或草帘后进行，也可采用直接洒水、蓄水等养护方式；洒水养护应保证混凝土处于湿润状态。

（2）洒水养护用水应符合《混凝土用水标准》（JGJ 63—2006）的规定。

（3）当日最低温度低于 5℃时，不应采用洒水养护。

（4）应在浇筑完毕后 12 h 内进行覆盖浇水养护。

（三）混凝土覆盖养护

（1）覆盖养护应在混凝土终凝后及时进行。

（2）覆盖应严密，覆盖物相互搭接不宜小于 100 mm，确保混凝土处于保温保湿状态。

（3）宜在混凝土裸露表面覆盖塑料薄膜、塑料薄膜加麻袋、塑料薄膜加草帘进行养护。

（4）塑料薄膜应紧贴混凝土裸露表面，塑料薄膜内应保持有凝结水。

（5）覆盖物应严密，覆盖物的层数应按施工方案确定。

（四）混凝土喷涂养护

喷涂养护是将可成膜的溶液喷洒在混凝土表面上，溶液挥发后在混凝土表面凝结成一层薄膜，使混凝土表面与空气隔绝，封闭混凝土中的水分不再被蒸发，而完成水化作用。喷涂养护应符合下列规定。

（1）应在混凝土裸露表面喷涂覆盖致密的养护剂进行养护。

（2）养护剂应均匀喷涂在结构构件表面，不得漏喷；养护剂应具有可靠的保湿效果，保湿效果可通过试验检验。

（3）养护剂使用方法应符合产品说明书的有关要求。

五、混凝土施工缝与后浇带

随着钢筋混凝土结构的普遍运用，在现浇混凝土施工过程中由于技术或施工组织上的原因不能连续浇筑，且停留时间超过混凝土的初凝时间，前后浇筑混凝土之间的接缝处便形成了混凝土施工缝。施工缝是结构受力薄弱部位，一旦设置和处理不当就会影响整个结构的性能与安全。因此，施工缝不能随意设置，必须严格按照规定预先选定合适的部位设置施工缝。混凝土施工缝的设置一般分两种：水平施工缝和竖直施工缝。水平施工缝设置在竖向结构中，一般设置在墙、柱或厚大基础等结构。垂直施工缝设置在平面结构中，一般设置在梁、板等构件中。

高层建筑、公共建筑及超长结构的现浇整体钢筋混凝土结构中通常设置后浇带，使大体积混凝土可以分块施工，加快施工进度及缩短工期。混凝土后浇带的设置一般分两种：沉降后浇带和伸缩后浇带。沉降后浇带有效地解决了沉降差的问题，使高层建筑和裙房的结构及基础设计为整体。伸缩后浇带可减少温度、收缩的影响，从而避免有害裂缝的产生。

施工缝和后浇带的留设位置应在混凝土浇筑之前确定。施工缝和后浇带宜留设在结构受剪力较小且便于施工的位置。受力复杂的结构构件或有防水抗渗要求的结构构件，施工缝留设位置应经设计单位认可。

（一）施工缝

（1）柱、墙施工缝可留设在基础、楼层结构顶面，柱施工缝宜距结构上表面 0 ~ 100 mm，墙施工缝宜距结构上表面 0 ~ 300 mm，如图 5-3 所示。

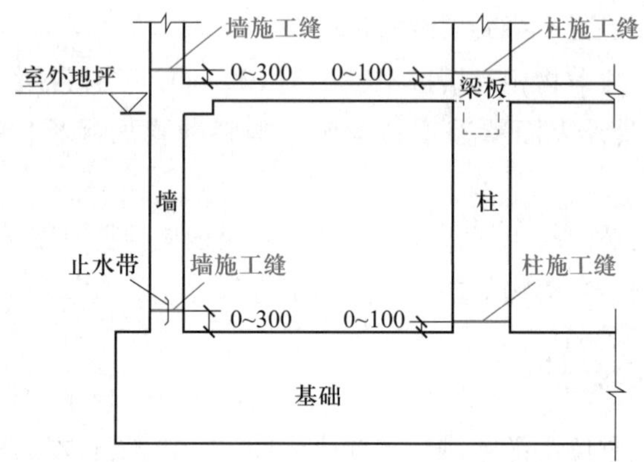

图 5-3　基础、楼层结构顶面的水平施工缝示例

（2）柱、墙施工缝也可留设在楼层结构底面，施工缝与结构下表面的距离宜为 0 ~ 50 mm，如图 5-4、图 5-5 所示；当板下有梁托时，可留设在梁托下 0 ~ 20 mm，如图 5-6 所示。

（3）高度较大的柱、墙、梁以及厚度较大的基础，可根据施工需要在其中部留设水平施工缝；必要时，可对配筋进行调整，并应征得设计单位认可。

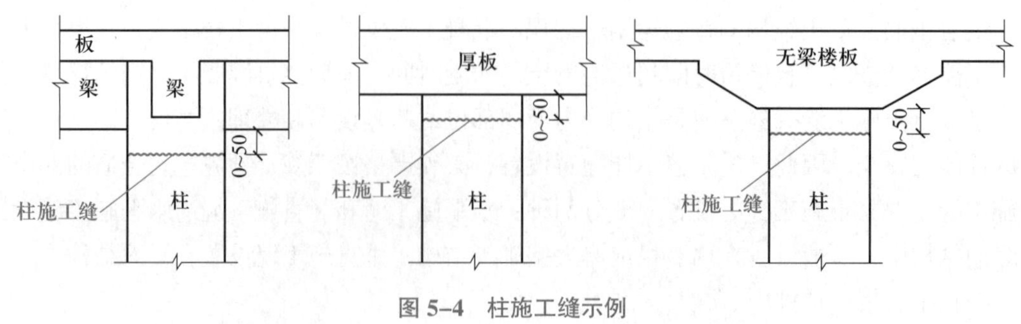

图 5-4　柱施工缝示例

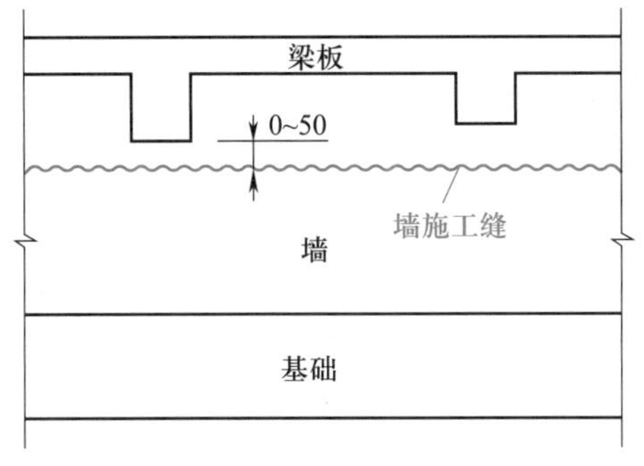

图 5–5　墙施工缝示例

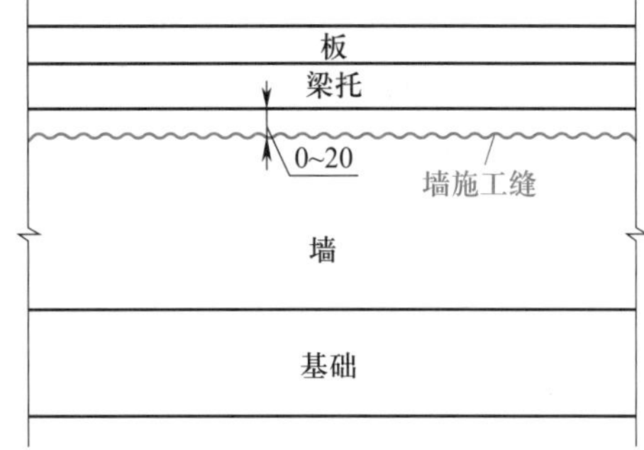

图 5–6　墙（板下有托梁）施工缝示例

（4）有主次梁的楼板施工缝应留设在次梁跨度中间的 1/3 范围内，如图 5–7 所示。

（5）单向板施工缝应留设在平行于板短边的任何位置。

（6）楼梯梯段施工缝宜设置在梯段板跨度端部的 1/3 范围内，如图 5–8 所示。

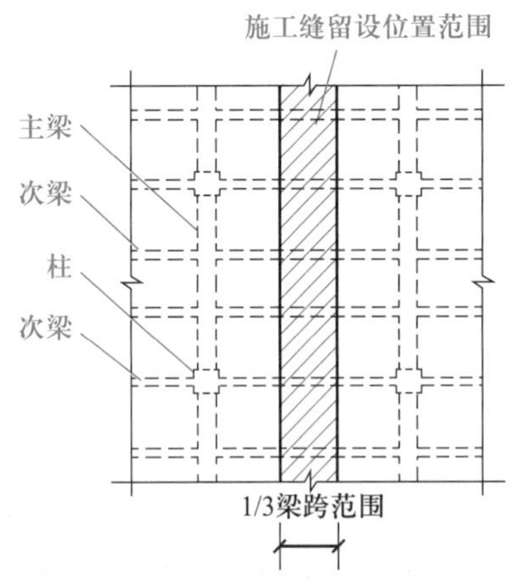

图 5–7　主次梁结构施工缝示例

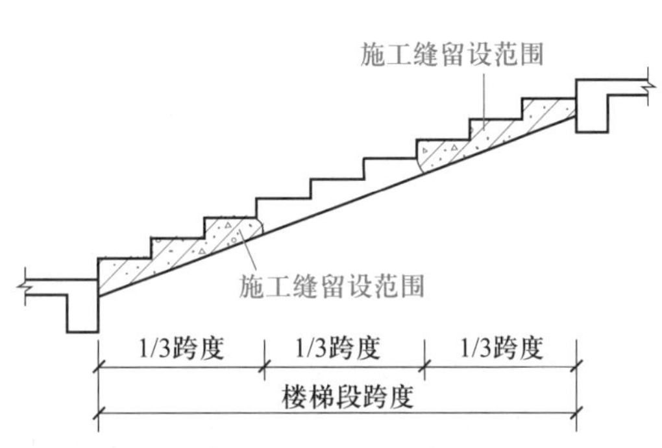

图 5–8　楼梯施工缝示例

（7）墙的施工缝宜设置在门洞口过梁跨中 1/3 范围内，也可留设在纵横交接处。

（8）特殊结构部位留设施工缝应征得设计单位同意。

（9）设备基础施工缝留设位置应符合的规定：① 水平施工缝应低于地脚螺栓底端，与地脚螺栓底端的距离应大于 150 mm，当地脚螺栓直径小于 30 mm 时，水平施工缝可留设在深度不小于地脚螺栓埋入混凝土部分总长度的 3/4 处；② 垂直施工缝与地脚螺栓中心线的距离不应小于 250 mm，且不应小于螺栓直径的 5 倍。

（10）承受动力作用的设备基础施工缝留设位置应符合的规定：① 标高不同的两个水平施工缝，其高低接合处应留设成台阶形，台阶的高宽比不应大于 1.0；② 在水平施工缝处继续浇筑混凝土前，应对地脚螺栓进行一次复核校正；③ 垂直施工缝或台阶形施工缝的垂直面处应加插钢筋，插筋数量和规格应由设计单位确定；④ 施工缝的留设应经设计单位认可。

（二）后浇带

后浇带浇筑视频

（1）后浇带的宽度应考虑便于施工及避免集中应力，并按结构构造要求而定，一般宽度以 700 ~ 1 000 mm 为宜。

（2）后浇带处的钢筋必须贯通，不许断开。如果跨度不大，可一次配足钢筋；如果跨度较大，可按规定断开，在浇筑混凝土前按要求焊接断开钢筋。

（3）后浇带在未浇筑混凝土前不能将部分模板、支柱拆除；否则会导致梁板形成悬臂造成变形。

（4）为使后浇带（图5-9）处的混凝土浇筑后连接牢固，一般应避免留直缝。对于板，可留斜缝；对于梁及基础，可留企口缝，而企口缝又有多种形式，可根据结构断面情况确定。

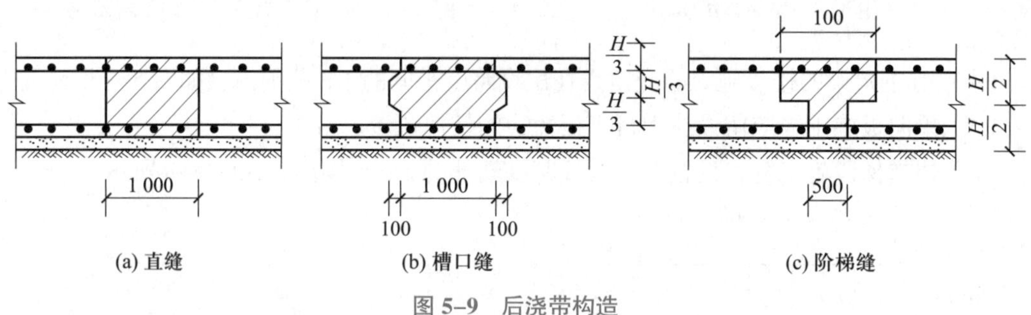

图5-9　后浇带构造

六、混凝土工程质量标准与安全

（一）混凝土分项工程

1. 一般规定

（1）混凝土强度应按现行国家标准《混凝土强度检验评定标准》（GB/T 50107—2010）的规定分批检验评定。划入同一检验批的混凝土，其施工持续时间不宜超过3个月。检验评定混凝土强度时，应采用28 d或设计规定龄期的标准养护试件。

（2）当采用非标准尺寸试件时，应将其抗压强度乘以尺寸折算系数，折算成边长为150 mm的标准尺寸试件抗压强度。尺寸折算系数应按现行国家标准《混凝土强度检验评定标准》（GB/T 50107—2010）采用。

（3）混凝土有耐久性指标要求时，应按现行行业标准《混凝土耐久性检验评定标准》（JGJ/T 193—2009）的规定检验评定。

2. 原材料

（1）水泥进场时，应对其品种、代号、强度等级、包装或散装编号、出厂日期等进行检查，并应对水泥的强度、安定性和凝结时间进行检验，检验结果应符合现行国家标准《通用硅酸盐水泥》（GB 175—2007）等的相关规定。

检查数量：按同一厂家、同一品种、同一代号、同一强度等级、同一批号且连续进场的水泥，袋装不超过200 t为一批，散装不超过500 t为一批，每批抽样数量不应少于一次。

检验方法：检查质量证明文件和抽样检验报告。

（2）混凝土外加剂进场时，应对其品种、性能、出厂日期等进行检查，并应对外加剂的相关性能指标进行检验，检验结果应符合现行国家标准《混凝土外加剂》(GB 8076—2008)和《混凝土外加剂应用技术规范》(GB 50119—2013)等的规定。

检查数量：按同一厂家、同一品种、同一性能、同一批号且连续进场的混凝土外加剂，不超过 50 t 为一批，每批抽样数量不应少于一次。

(3)混凝土用矿物掺合料进场时，应对其品种、技术指标、出厂日期等进行检查，并应对矿物掺合料的相关技术指标进行检验，检验结果应符合国家现行有关标准的规定。

检查数量：按同一厂家、同一品种、同一技术指标、同一批号且连续进场的矿物掺合料，粉煤灰、石灰石粉、磷渣粉和钢铁渣粉不超过 200 t 为一批，粒化高炉矿渣粉和复合矿物掺合料不超过 500 t 为一批，沸石粉不超过 120 t 为一批，硅灰不超过 30 t 为一批，每批抽样数量不应少于一次。

(4)混凝土原材料中的粗骨料、细骨料质量应符合现行行业标准《普通混凝土用砂、石质量及检验方法标准》(JGJ 52—2006)的规定，使用经过净化处理的海砂应符合现行行业标准《海砂混凝土应用技术规范》(JGJ 206—2010)的规定，再生混凝土骨料应符合现行国家标准《混凝土用再生粗骨料》(GB/T 25177—2010)和《混凝土和砂浆用再生细骨料》(GB/T 25176—2010)的规定。

检查数量：按现行行业标准《普通混凝土用砂、石质量及检验方法标准》(JGJ 52—2006)的规定确定。

(5)混凝土拌制及养护用水应符合现行行业标准《混凝土用水标准》(JGJ 63—2006)的规定。采用饮用水时，可不检验；采用中水搅拌站清洗水、施工现场循环水等其他水源时，应对其成分进行检验。

检查数量：同一水源检查不应少于一次。

3. 混凝土拌合物

(1)预拌混凝土进场时，其质量应符合现行国家标准《预拌混凝土》(GB/T 14902—2012)的规定。

(2)混凝土拌合物不应离析。

(3)混凝土拌合物应满足施工方案的要求。

检查数量：对同一配合比混凝土，取样应符合的规定：① 每拌制 100 盘且不超过 100 m^3 时，取样不得少于一次；② 每工作班拌制不足 100 盘时，取样不得少于一次；③ 连续浇筑超过 1 000 m^3 时，每 200 m^3 取样不得少于一次；④ 每一楼层取样不得少于一次。

4. 混凝土施工

混凝土的强度等级必须符合设计要求。用于检验混凝土强度的试件应在浇筑地点随机抽取。

检查数量：对同一配合比混凝土，取样与试件留置应符合的规定：① 每拌制 100 盘且不超过 100 m^3 时，取样不得少于一次；② 每工作班拌制不足 100 盘时，取样不得少于一次；③ 连续浇筑超过 1 000 m^3 时，每 200 m^3 取样不得少于一次，每一楼层取样不得少于一次；④ 每次取样应至少留置一组试件。

（二）现浇结构分项工程

1. 一般规定

（1）现浇结构质量验收应符合的规定：① 现浇结构质量验收应在拆模后、混凝土表面未作修整和装饰前进行，并应做好记录；② 已经隐蔽的不可直接观察和量测的内容，可检查隐蔽工程验收记录；③ 修整或返工的结构构件或部位应有实施前后的文字及图像记录。

（2）现浇结构的外观质量缺陷应由监理单位、施工单位等各方根据其对结构性能和使用功能影响的严重程度按表 5–10 确定。

表 5–10 现浇结构外观质量缺陷

名称	现象	严重缺陷	一般缺陷
露筋	构件内钢筋未被混凝土包裹而外露	纵向受力钢筋有露筋	其他钢筋有少量露筋
蜂窝	混凝土表面缺少水泥砂浆而形成石子外露	构件主要受力部位有蜂窝	其他部位有少量蜂窝
孔洞	混凝土中孔穴深度和长度均超过保护层厚度	构件主要受力部位有孔洞	其他部位有少量孔洞
夹渣	混凝土中夹有杂物且深度超过保护层厚度	构件主要受力部位有夹渣	其他部位有少量夹渣
疏松	混凝土中局部不密实	构件主要受力部位有疏松	其他部位有少量疏松
裂缝	缝隙从混凝土表面延伸至混凝土内部	构件主要受力部位有影响结构性能或使用功能的裂缝	其他部位有少量不影响结构性能或使用功能的裂缝
连接部位缺陷	构件连接处混凝土有缺陷及连接钢筋、连接件松动	连接部位有影响结构传力性能的缺陷	连接部位有基本不影响结构传力性能的缺陷
外形缺陷	缺棱掉角、棱角不直、翘曲不平、飞边凸肋等	清水混凝土构件有影响使用功能或装饰效果的外形缺陷	其他混凝土构件有不影响使用功能的外形缺陷
外表缺陷	构件表面麻面、掉皮、起砂、沾污等	具有重要装饰效果的清水混凝土构件有外表缺陷	其他混凝土构件有不影响使用功能的外表缺陷

2. 位置和尺寸偏差

（1）现浇结构的位置和尺寸偏差及检验方法应符合表 5–11 的规定。

检查数量：按楼层、结构缝或施工段划分检验批。在同一检验批内，对梁、柱和独立基础，应抽查构件数量的 10%，且不应少于 3 件；对墙和板，应按有代表性的自然间抽查 10%，且不应少于 3 间；对大空间结构，墙可按相邻轴线间高度 5 m 左右划分检查面，板可按纵、横轴线划分检查面，抽查 10%，且均不应少于 3 面；对电梯井，应全数检查。

表 5-11　现浇结构位置和尺寸允许偏差及检验方法

项　　目			允许偏差 /mm	检验方法
轴线位置	整体基础		15	经纬仪及尺量
	独立基础		10	经纬仪及尺量
	柱、墙、梁		8	尺量
垂直度	层高	≤ 6 m	10	经纬仪或吊线、尺量
		>6 m	12	经纬仪或吊线、尺量
	全高（*H*）≤ 300 m		*H*/30 000+20	经纬仪及尺量
	全高（*H*）>300 m		*H*/10 000 且≤ 80	经纬仪及尺量
标高	层高		± 10	水准仪或拉线、尺量
	全高		± 30	水准仪或拉线、尺量
截面尺寸	基础		+15，−10	尺量
	柱、墙、梁、板		+10，−5	尺量
	楼梯相邻踏步高差		6	尺量
电梯井	中心位置		10	尺量
	长、宽尺寸		+25，0	尺量
表面平整度			8	2 m 靠尺或塞尺测量
预埋件中心位置	预埋板		10	尺量
	预埋螺栓		5	尺量
	预埋管		5	尺量
	其他		10	尺量
预留洞、孔中心线位置			15	尺量

（2）现浇设备基础的位置和尺寸应符合设计和设备安装的要求。其位置和尺寸偏差及检验方法应符合表 5-12 的规定。

表 5-12 现浇设备基础位置和尺寸允许偏差及检验方法

目项		允许偏差 /mm	检验方法
坐标位置		20	经纬仪及尺量
不同平面标高		0，−20	水准仪或拉线、尺量
平面外形尺寸		± 20	尺量
凸台上平面外形尺寸		0，−20	尺量
凹槽尺寸		+20，0	尺量
平面水平度	每米	5	水平尺、塞尺量测
	全长	10	水准仪或拉线、尺量
垂直度	每米	5	经纬仪或吊线、尺量
	全高	10	经纬仪或吊线、尺量
预埋地脚螺栓	中心位置	2	尺量
	顶标高	+20，0	水准仪或拉线、尺量
	中心距	± 2	尺量
	垂直度	5	吊线、尺量
预埋地脚螺栓孔	中心线位置	10	尺量
	截面尺寸	+20，0	尺量
	深度	+20，0	尺量
	垂直度	h/100 且＜ 10	吊线、尺量
预埋活动地脚螺栓锚板	中心线位置	5	尺量
	标高	+20，0	水准仪或拉线、尺量
	带槽锚板平整度	5	直尺、塞尺量测
	带螺纹孔锚板平整度	2	直尺、塞尺量测

（三）安全技术要求

安全是所有工程顺利开展的前提，安全责任重于泰山。在混凝土施工中常遇到的安全问题主要包括高处坠落、物体打击、起重伤害、坍塌、机械伤害、触电等常见安全管理项目，具体工程情况会有所不同。

（1）混凝土浇筑施工前必须先全面检查脚手架、模板、工作台、运送通道是否牢固、安全；使用的机械设备、电路，如混凝土泵、输送管道、布料杆、振动器等是否安装正常；相应的防护设施是否配置妥当；办理好模板和钢筋分项工程的验收手续。

（2）所有上岗施工人员应有明确的分工；穿戴好防护用品；服从专人指挥，设专人负责安全监控。

（3）泵送、吊斗送混凝土应均匀分布，不得集中在某一位置上，避免冲击荷载太大。

（4）浇筑途中若发生机械故障，必须先切断电源，再进行检查修理。

（5）夜间施工应有足够的灯光照明，在深坑和潮湿处施工，应使用 36 V 以下的低压安全照明。

大体积混凝土施工

冬期、高温与雨期施工

【任务实施】

例 5–1 混凝土实验室配合比为 1 ∶ 2.28 ∶ 4.47，水灰比 =0.63，每立方米混凝土水泥用量 C=285 kg，现场实测砂含水率为 3%，石子含水率为 1%。求施工配合比。

例 5–2 某混凝土搅拌机，进料容量为 400 L，求搅拌时的一次投料量，混凝土配合比采用例 5–1 中的配合比。

例 5–1 解析

任务 5.2 钢筋工程

例 5–2 解析

【任务引入】

钢筋是构成钢筋混凝土的材料之一，在建筑工程领域广泛应用。在工程施工现场，需要检查验收入场的钢筋，根据所学的钢筋基础知识，协助施工企业完成钢筋的检查验收工作。可分成小组来完成本任务，并做好检查记录。

大体积混凝土浇筑视频

【知识准备】

一、普通钢筋混凝土结构对钢筋的基本要求

普通钢筋混凝土结构对钢筋的基本要求是强度高、塑性好，有明显的屈服极限，与混凝土能黏结紧密，便于调直、切断、弯曲、焊接或机械连接、绑扎，且施工方便。

大体积混凝土测温视频

二、钢筋保护层厚度

钢筋保护层厚度见表 5–13。

表 5–13 混凝土保护层最小厚度　　单位：mm

环境类别	板、墙、壳	梁、柱、杆
一	15	20
二 a	20	25
二 b	25	35
三 a	30	40
三 b	40	50

注：1. 混凝土强度等级小于 C25 时，保护层厚度增加 5 mm。

2. 基础宜设置垫层，保护层厚度从垫层顶面算起，且不应小于 40 mm。

知识拓展：楚雄职教办公楼项目

钢筋工程视频

三、普通钢筋混凝土结构常用的钢筋

（一）钢筋的品种和牌号

1. 热轧光面圆钢筋

热轧光面圆钢筋（牌号为 HPB，强度等级为 300），是由普通低碳钢在高温状态下轧制而成，形状为光面圆形，表面无花纹；其主要作为板的受力钢筋或分布钢筋，梁或柱的箍筋和拉筋，墙的分布钢筋等。

2. 热轧带肋钢筋

热轧带肋钢筋（牌号为 HRB，强度等级为 335、400、500），是由普通低合金钢在高温状态下轧制而成，表面形状多为月牙纹，是普通混凝土结构的主要受力钢筋，如图 5-10 所示。

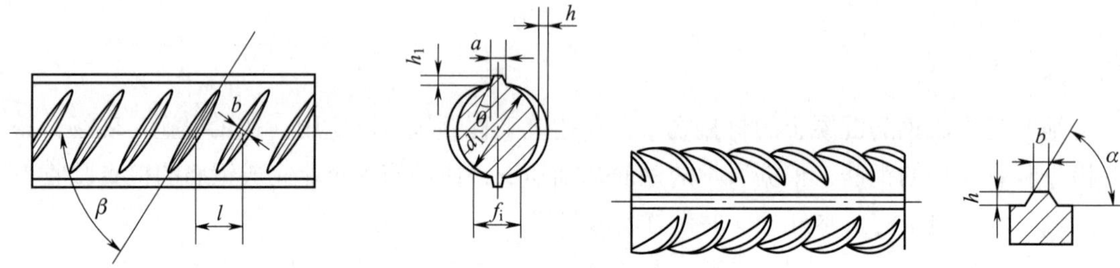

图 5-10　热轧带肋钢筋

3. 细晶粒热轧带肋钢筋

为了节约合金资源，降低钢材价格，研制了靠控温轧制而具有一定延性的 HRBF 系列细晶粒热轧带肋钢筋（牌号为 HRBF，强度等级为 400、500）。其用途与 HRB 钢筋基本相同。

4. 抗震钢筋

为了适应建筑结构抗震的需要，还研制了延性较好的热轧带肋钢筋，又称为带 E 钢筋，专门用在按一、二、三级抗震等级设计的框架和斜撑构件（含梯段）中的纵向受力钢筋上。其技术性能除了与同等级非带 E 钢筋相同外，还要求延性较好："延性较好"体现在钢筋的抗拉强度实测值与屈服强度实测值之比不应小于 1.25，钢筋的屈服强度实测值与屈服强度标准值之比不应大于 1.30；钢筋的最大力下总伸长率不应小于 9%。

5. 余热处理钢筋

余热处理钢筋（牌号为 RRB，强度等级为 400、500），是由普通低合金结构钢在高温状态下轧制而成。为了节约能源，利用轧制设备中的余热进行高温淬水处理，使其强度提高，但延性和可焊性稍差，只允许用在对延性和加工性能要求不高的基础底板、大体积混凝土或受荷载不大的楼板和墙体中。余热处理钢筋不宜采用焊接方式连接。

（二）普通热轧钢筋技术标准

普通热轧钢筋技术标准见表 5–14。

表 5–14　普通热轧钢筋技术标准的主要数据

<table>
<tr><th>级别牌号</th><th>公称直径 /mm</th><th>屈服强度标准值 /（N/mm²）</th><th>极限强度标准值 /（N/mm²）</th><th>最大力下总伸长率 /%</th></tr>
<tr><td>HPB300</td><td>6 ~ 22</td><td>300</td><td>420</td><td>≥ 10.0</td></tr>
<tr><td>HRB400</td><td rowspan="2">6 ~ 50</td><td rowspan="3">400</td><td rowspan="3">540</td><td rowspan="2">≥ 7.5</td></tr>
<tr><td>HRBF400</td></tr>
<tr><td>RRB400</td><td>8 ~ 50</td><td>≥ 5.0</td></tr>
<tr><td>HRB400E</td><td rowspan="2">6 ~ 50</td><td rowspan="2">400</td><td rowspan="2">540</td><td rowspan="2">≥ 9.0</td></tr>
<tr><td>HRBF400E</td></tr>
<tr><td>HRB500</td><td rowspan="2">6 ~ 50</td><td rowspan="3">500</td><td rowspan="3">630</td><td rowspan="2">≥ 7.5</td></tr>
<tr><td>HRBF500</td></tr>
<tr><td>RRB500</td><td>8 ~ 50</td><td>≥ 5.0</td></tr>
<tr><td>HRB500E</td><td rowspan="2">6 ~ 50</td><td rowspan="2">500</td><td rowspan="2">630</td><td rowspan="2">≥ 9.0</td></tr>
<tr><td>HRBF500E</td></tr>
<tr><td>HRB600</td><td>6 ~ 50</td><td>600</td><td>730</td><td>≥ 7.5</td></tr>
</table>

（三）钢筋的识别

1. 钢筋牌号

轧钢厂生产带肋钢筋时，已在钢筋表面轧上钢筋的牌号标记。标记由 3 个代号组成：第 1 个为“钢筋牌号”，以 3、4、5 分别表示 HRB335、HRB400、HRB500，以 C3、C4、C5 分别表示 HRB335F、HRB400F、HRB500F，K4 表示 RRB400，对于带 E 钢筋牌号上也相应带有 E 的标记，如“4E”表示 HRB400E；第 2 个为“注册厂名或商标”，以汉语拼音字头表示，如“WG”表示武钢；第 3 个为“公称直径”，以阿拉伯数字表示，如“20”表示公称直径为 20 mm。

2. 钢筋截面积

光面圆钢筋的截面积，按照圆的实际直径折算。月牙纹钢筋的截面积，按其公称直径折算。所谓公称直径，就是每米长度月牙纹钢筋的质量，等同于光面圆钢筋某一直径的质量时，该直径就是它的公称直径。

3. 钢筋供货形态

建筑用钢筋出厂产品有盘卷和直条两种形态，如图 5–11、图 5–12 所示。盘卷为

6～10 mm 细钢筋，供应长度不固定，以捆计算，每捆约 500 kg；直条为粗钢筋，以条计算，供应长度一般为 9～15 m，由生产厂自定（称为定尺），也可以由购买方预先在订货合同上约定（称为不定尺）。

图 5–11　盘卷钢筋的供货形态

图 5–12　直条钢筋的供货形态

4. 钢筋标志牌

钢筋的标志牌，如图 5–13 所示，用薄铝板制作，绑在成捆出厂的钢筋产品上，印有钢筋生产厂商、品种、牌号、批号、规格、支数、质量、检验员号码、出厂日期和执行标准等，其中批号、规格、支数、质量、检验员号码、出厂日期为冲压的凸字。

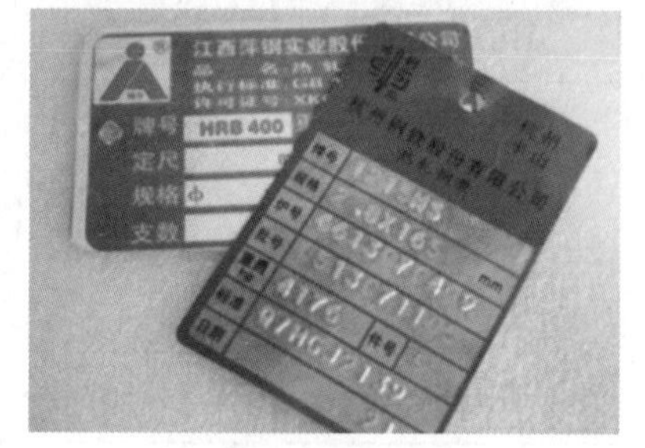

图 5–13　钢筋的标志牌

四、钢筋连接的方法

实际供货钢筋的长度有限，而结构构件要求每根钢筋都是连续的，所以要进行钢筋连接。钢筋连接的方法有机械连接、焊接连接、绑扎搭接等几类。

五、钢筋的翻样

钢筋施工翻样

结构施工图只标明混凝土构件的截面尺寸和各种钢筋的配置，不能直接用来施工，施工之前要先进行翻样。所谓翻样就是根据施工图、设计施工规范的相关要求和钢筋在加工过程中长度发生的实际变化，计算出每个构件中每根钢筋的下料长度，编制配料单，根据配料单来下料、加工；将加工好的钢筋送到施工现场后，要按构件分别编号、堆放；工人根据施工图纸和配料单来进行绑扎安装。

六、钢筋的代换

1. 代换的原因

施工中常会遇到现有存货与设计图纸要求的钢筋品种、规格不一样的情况，在一定的条件下是可以代换的。

2. 代换的原则

（1）等强度代换：当构件受强度控制时，钢筋可按强度相等的原则进行代换。

（2）等面积代换：当构件按最小配筋率配筋时，钢筋可按面积相等的原则进行代换。

（3）当构件受裂缝宽度或挠度控制时，代换后应进行裂缝宽度或挠度验算。

【任务实施】

一、钢筋下料

钢筋入场

钢筋配料是现场钢筋的深化设计，即根据结构配筋图，先绘出各种形状和规格的单根钢筋简图并加以编号，然后分别计算钢筋下料长度和根数，填写配料单。

钢筋配料时应优化配料方案，钢筋配料优化可采用编程法和非编程法。编程法钢筋配料优化是运用计算机编程软件，通过编制钢筋优化配料程序，寻找用量最省的下料方法，快速而准确地提供钢筋利用率最佳的优化下料方案，并以表格、文字形式输出，供钢筋加工时使用；非编程法钢筋配料优化是通过电子表格（如 Excel）中构造钢筋截断方案，进行配料优化计算，选择较优化的下料方案，并以表格、文字形式输出，供钢筋加工时使用。

钢筋配料剩下的钢筋头应充分利用，可通过机械连接或焊接、加工等工艺手段，提高钢筋利用率，节约资源。

（一）钢筋下料长度计算

钢筋因弯曲或弯钩会使其长度变化，在配料中不能直接根据图纸中尺寸下料，应了解混凝土保护层、钢筋弯曲、弯钩等规定，再根据图中尺寸计算其下料长度。不同钢筋下料长度的计算如下。

$$\text{直钢筋下料长度}=\text{构件长度}-\text{保护层厚度}+\text{弯钩增加长度} \tag{5-1}$$

$$\text{弯起钢筋下料长度}=\text{直段长度}+\text{斜段长度}-\text{弯曲调整值}+\text{弯钩增加长度} \tag{5-2}$$

$$\text{箍筋下料长度}=\text{箍筋周长}+\text{箍筋调整值} \tag{5-3}$$

上述钢筋如需搭接，应增加钢筋搭接长度。

1. 弯曲调整值

（1）钢筋弯曲后的特点：一是沿钢筋轴线方向会产生变形，主要表现为长度的增加或减小，即以轴线为界，往外凸的部分（钢筋外皮）受拉伸而长度增加，而往里凹的部分（钢筋内皮）受压缩而长度减小；二是弯曲处形成圆弧，如图 5-14 所示。而钢筋的量度方法一般沿直线量外包尺寸，因此，弯曲钢筋的量度尺寸大于下料尺寸，而两者之间的差值称为弯曲调整值。

（2）对钢筋进行弯折时，图 5-15 中用 D 表示弯折处圆弧所属圆的直径，通常称为“弯弧内直径”。钢筋弯曲调整值与钢筋弯弧内直径和钢筋直径有关。

（3）光圆钢筋末端应作 180° 弯钩，其弯弧内直径不应小于钢筋直径的 2.5 倍；当设计要求钢筋末端需作 135° 弯钩时，HRB335、HRB400、HRB500 级钢筋的弯弧内直径不应小于钢筋直径的 4 倍；钢筋作不大于 90° 弯折时，弯折处的弯弧内直径不应小于钢筋直径的 5 倍。据理论推算并结合实践经验，钢筋弯曲调整值列于表 5-15 中。

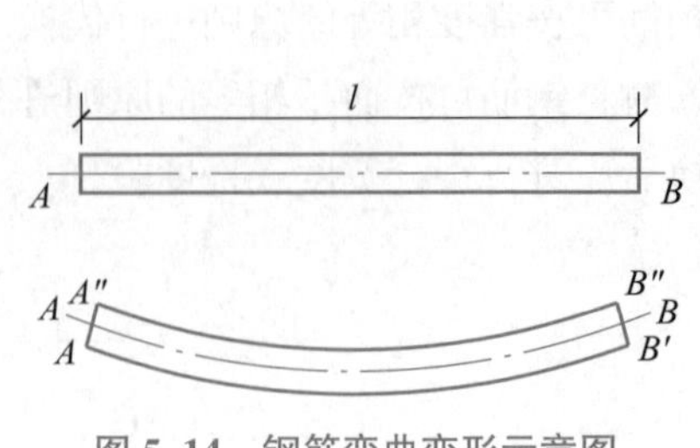

图 5-14　钢筋弯曲变形示意图

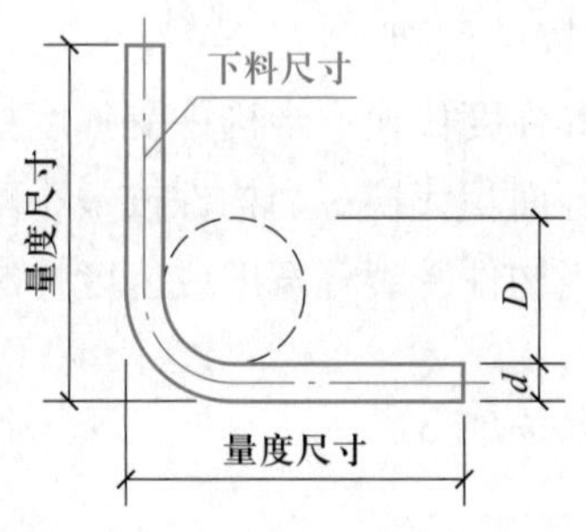

图 5-15　钢筋弯曲时的量度方法

表 5-15　钢筋弯曲调整值

钢筋弯曲角度	30°	45°	60°	90°	135°
光圆钢筋弯曲调整值	0.3d	0.54d	0.9d	1.75d	0.38d
热轧带肋钢筋调整值	0.3d	0.54d	0.9d	2.08d	0.11d

注：d 为钢筋直径。

（4）对于弯起钢筋，中间部位弯折处的弯曲直径 D 不应小于 5d。按弯弧内直径 D–5d 推算，并结合实践经验可以得出常见弯起钢筋的弯曲调整值，见表 5-16。

表 5-16　常见弯起钢筋的弯曲调整值

弯起角度	30°	45°	60°
弯曲调整值	0.34d	0.67d	1.22d

注：d 为钢筋直径。

2. 弯钩增加长度

钢筋的弯钩形式有 3 种：半圆弯钩、直弯钩及斜弯钩，如图 5-16 所示。半圆弯钩是最常用的一种弯钩。直弯钩一般用在柱钢筋的下部、板面负弯矩筋、箍筋和附加钢筋中。斜弯钩只用在直径较小的钢筋中。

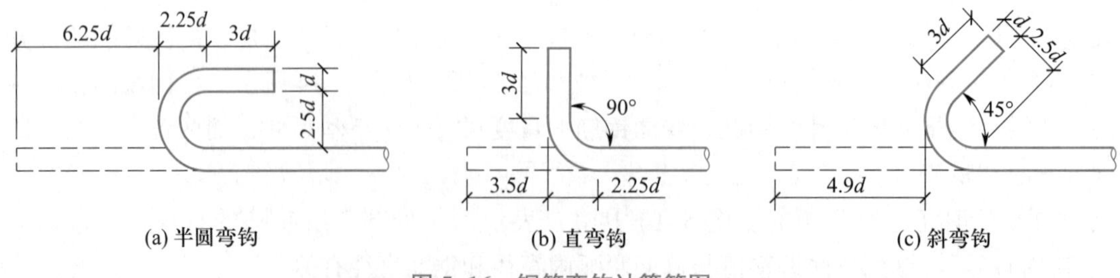

图 5-16　钢筋弯钩计算简图

光圆钢筋的弯钩增加长度，按图 5-17 所示的简图（弯弧内直径为 2.5d、平直部分为 3d）计算：对半圆弯钩为 6.25d，对直弯钩为 3.5d，对斜弯钩为 4.9d。在生产实践中，由于实际弯弧内直径与理论弯弧内直径有时不一致，钢筋粗细和机具条件不同等而影响平直部分的长短（手工弯钩时平直部分可适当加长，机械弯钩时可适当缩短），因此在实际配料计算时，对弯钩增加长度常根据具体条件，采用经验数据，见表 5-17。

表 5-17　半圆弯钩增加长度参考表（用机械弯）

钢筋直径 /mm	≤ 6	8 ~ 10	12 ~ 18	20 ~ 28	32 ~ 36
弯钩长度 /mm	$4d$	$6d$	$5.5d$	$5d$	$4.5d$

3. 弯起钢筋斜长

弯起钢筋斜长计算简图如图 5-17 所示。弯起钢筋斜长系数见表 5-18。

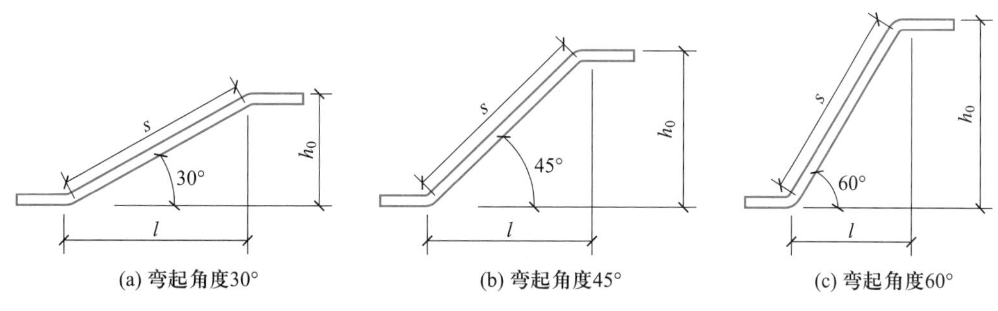

图 5-17　弯起钢筋斜长计算简图

表 5-18　弯起钢筋斜长系数

弯起角度	α =30°	α =45°	α =60°
斜边长度 s	$2\ h_0$	$1.41\ h_0$	$1.15\ h_0$
底边长度 l	$1.732\ h_0$	h_0	$0.575\ h_0$
增加长度 $s-l$	$0.268\ h_0$	$0.41\ h_0$	$0.575\ h_0$

注：h_0 为弯起高度。

4. 箍筋下料长度

箍筋的量度方法有“量外包尺寸”和“量内皮尺寸”两种。箍筋尺寸的特点是一般以量内皮尺寸计值，并且采用与其他钢筋不同的弯钩大小。

（1）箍筋形式。一般情况下，箍筋做成“闭式”，即四面都为封闭。箍筋的末端一般有半圆弯钩、直弯钩、斜弯钩 3 种。用热轧光圆钢筋或冷拔低碳钢丝制作的箍筋，其弯钩的弯曲直径应大于受力钢筋直径，且不小于钢筋直径的 2.5 倍。弯钩平直部分的长度：对一般结构，不宜小于钢筋直径的 5 倍；对有抗震要求的结构，不应小于钢筋直径的 10 倍和 75 mm。

（2）箍筋下料长度。箍筋下料长度按量内皮尺寸计算，并结合实践经验。常见的箍筋下料长度见表 5-19。

表 5-19　箍筋下料长度

式样	钢筋种类	下料长度
	光圆钢筋	$2a+2b+16.5d$
	热轧带肋钢筋	$2a+2b+17.5d$
	光圆钢筋 热轧带肋钢筋	$2a+2b+14d$
	光钢筋	有抗震要求：$2a+2b+27d$ 无抗震要求：$2a+2b+17d$
	热轧带肋钢筋	有抗震要求：$2a+2b+28d$ 无抗震要求：$2a+2b+18d$

注：d 为箍筋直径。

（二）配料计算的注意事项

（1）在设计图纸中，钢筋配置的细节问题没有注明时，一般可按构造要求处理。

（2）配料计算时，应考虑钢筋的形状和尺寸在满足设计要求的前提下有利于加工安装。

（3）配料时，还要考虑施工需要的附加钢筋。例如，基础双层钢筋网中保证上层钢筋网位置用的钢筋撑脚，墙板双层钢筋网中固定钢筋间距用的钢筋撑铁，柱钢筋骨架增加四面斜筋撑，后张预应力构件固定预留孔道位置的定位钢筋等。

（三）配料单与料牌

钢筋配料计算完毕，填写配料单。列入加工计划的配料单，将每一编号的钢筋制作一块料牌，作为钢筋加工的依据与钢筋安装的标志。钢筋配料单和料牌，应严格校核、准确无误，以免返工浪费。

二、钢筋加工

钢筋加工视频

钢筋全部在现场加工场加工，钢筋加工包括调直、除锈、切断、弯曲等加工程序。钢筋加工前由技术部门做出钢筋配料单，经反复核对无误后下料加工，钢筋加工流水作业流程如图 5-18 所示。

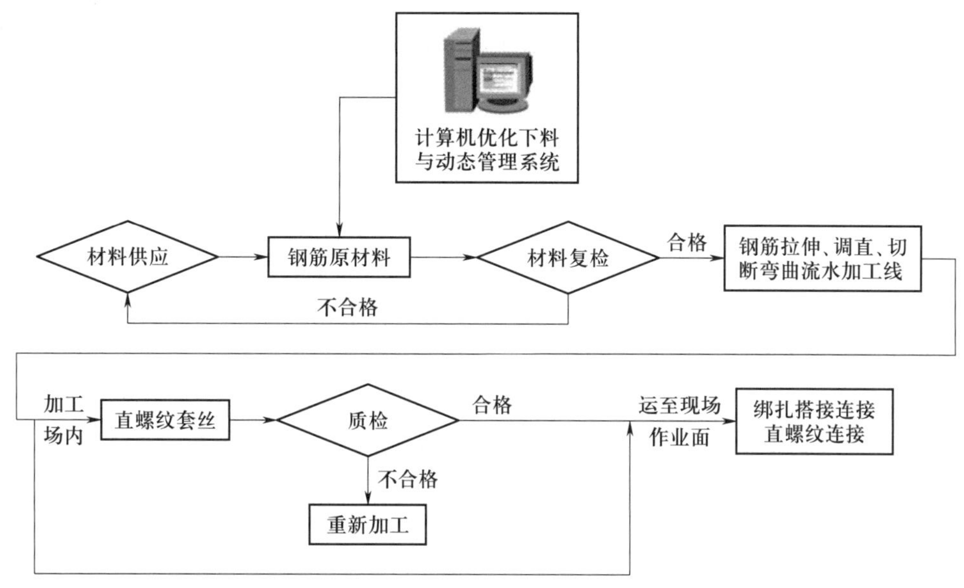

图 5-18　钢筋加工流水作业流程

1. 钢筋除锈

（1）钢筋的表面应洁净。油渍、漆污和用锤敲击时能剥落的浮皮、铁锈等应在使用前清除干净。在焊接前，焊点处的水锈应清除干净。钢筋除锈可采用机械除锈和手工除锈两种方法。

机械除锈可采用钢筋除锈机或钢筋冷拉、调直过程除锈；对直径较细的盘条钢筋，通过冷拉和调直过程自动去锈；粗钢筋采用圆盘铁丝刷除锈机除锈。

手工除锈可采用钢丝刷、砂盘、喷砂等除锈或酸洗除锈。

工作量不大或在工地设置的临时工棚中操作时，可用麻袋布擦或用钢刷子刷；对于较粗的钢筋，用砂盘除锈法，即制作钢槽或木槽，槽内放置干燥的粗砂和细石子，将有锈的钢筋穿进砂盘中来回抽拉。

（2）对于有起层锈片的钢筋，应先用小锤敲击，使锈片剥落干净，再用砂盘或除锈机除锈；对于因麻坑、斑点以及锈皮去层而使钢筋截面损伤的钢筋，使用前应鉴定是否降级使用或另做其他处置。

2. 钢筋调直

钢筋应平直，无局部曲折。对于盘条钢筋和以盘卷形态供货的钢筋在使用前应调直。钢筋宜采用无延伸功能的机械设备进行调直，也可采用冷拉方法调直。当采用冷拉方法调直时，HPB300 级光圆钢筋的冷拉率不宜大于 4%；HRB400、HRB500、HRBF400、HRBF500 及 RRB400 级带肋钢筋的冷拉率不宜大于 1%。钢筋调直过程中不应损伤带肋钢筋的横肋。调直后的钢筋应平直，不应有局部弯折。

3. 钢筋切断

钢筋下料时应按下料长度切断。钢筋切断可用钢筋切断机（直径 40 mm 以下）、手动切断器（直径小于 12 mm）、乙炔或电弧割切或锯断（直径大于 40 mm）。

在大中型建筑工程施工中，提倡采用钢筋切断机，它不仅生产效率高，操作方便，而且能确保钢筋端面垂直钢筋轴线，不出现马蹄形或翘曲现象，便于钢筋进行焊接或机械连接。钢筋的下料长度力求准确，其允许偏差为 ±10 mm。

4. 钢筋弯曲

钢筋弯曲宜用钢筋弯曲机或弯箍机进行，弯曲形状复杂的钢筋应画线、放样后进行。弯曲成型工艺如下。

（1）画线

钢筋弯曲前，对形状复杂的钢筋（如弯起钢筋），根据钢筋料牌上标明的尺寸，用石笔将各弯曲点位置画出。画线时应注意以下几点。

① 根据不同的弯曲角度扣除弯曲调整值，其扣法是从相邻两段长度中各扣一半。

② 钢筋端部带半圆弯钩时，该段长度画线时增加 $0.5d$（d 为钢筋直径）。

③ 画线工作宜从钢筋中线开始向两边进行；两边不对称的钢筋，也可从钢筋一端开始画线，如画到另一端有出入时，则应重新调整。

（2）钢筋弯曲成型

钢筋在弯曲机上成型时，心轴直径应是钢筋直径的 2.5 ~ 5.0 倍，成型轴宜加偏心轴套，以便适应不同直径的钢筋弯曲需要。弯曲细钢筋时，为了使弯弧一侧的钢筋保持平直，挡铁轴宜做成可变挡架或固定挡架（加铁板调整）。

由于成型轴和心轴在同时转动，就会带动钢筋向前滑移，因此，钢筋弯 90° 时，弯曲点线约与心轴内边缘平齐；弯 180° 时，弯曲点线距心轴内边缘为（1.0 ~ 1.5）d。

三、钢筋的机械连接

（一）连接原理

钢筋连接视频

钢筋的机械连接，是通过连贯于两根钢筋外的套筒来实现传力。套筒与钢筋之间的过渡通过机械咬合力，包括钢筋横肋与套筒的咬合、在钢筋表面加工出螺纹与套筒的螺纹之间的传力。机械连接主要形式有套筒挤压连接、滚轧（或镦粗）直螺纹连接等。连接用的合金钢套筒由专门的工厂制作成商品件，按用户所需规格成箱供应。

（二）套筒挤压连接

1. 使用的设备

套筒挤压连接使用的设备包括钢筋冷挤压机、液压钳、高压胶管等。

2. 施工工艺

钢筋的连接端清理→调试设备→将套筒套入连接钢筋的一端→套入液压钳→沿套筒径向向套筒实施挤压→将另一根钢筋的连接端放入套筒的另一端→向套筒的另一端实施挤压→完成连接。

3. 技术要点

钢筋的连接端应用电动砂轮切割出来，使端部平直；钢筋的连接端应先清理干净，画出明显的标记；钢筋插入套筒要到定位标记处；挤压应从套筒中央分别向两端进行；挤压力应调节到规定的数值上；液压钳应与钢筋轴线保持垂直；为了缩短现场施工时间，可先将套筒的一端与钢筋连接好，形成“戴帽钢筋”，运到拼接现场后再连接另一端。钢筋挤压连接接头如图 5–19 所示。

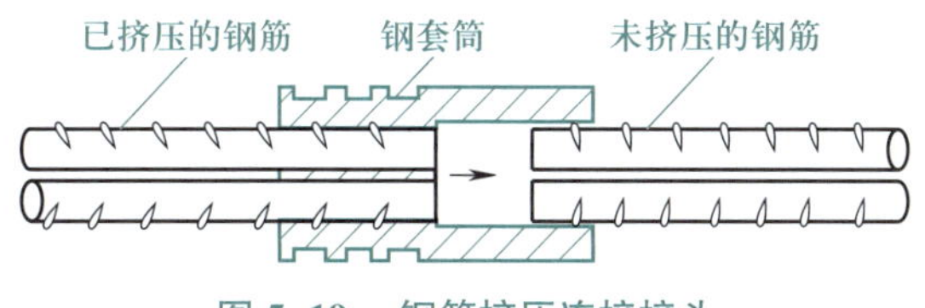

图 5–19　钢筋挤压连接接头

4. 质量要求

外观检查，连接处完整无裂缝，连接后的钢筋顺直，挤压力和压痕的道数符合试验确定的数值；抽样试件极限抗拉试验合格。

5. 特点和适用性

套筒挤压连接的接头质量保证率高、施工简单方便、施工速度快、用电省。它可以在施工现场，对任意方向的钢筋实现连接；现场没有动火，刮风、下雨时也可以进行，是近年推广应用的钢筋连接新技术之一。但其技术要求较高，成本稍高。

（三）套筒螺纹连接

1. 使用的设备

套筒螺纹连接使用的设备有螺纹加工机、扭力扳手等。

2. 工艺流程

钢筋端头处理→装在车床上→加工出特定的螺纹→套上塑料保护帽→送到施工现场→拧开保护帽→套上连接套筒→用扭力扳手拧紧→插入另一根钢筋的螺纹端→用扭力扳手拧紧钢筋→完成连接。

3. 技术要点

连接套筒是商品件，使用前应全面检查是否合格；钢筋运至现场，脱开保护帽，检查端部螺纹是否完整、干净；扭力扳手手柄要调到与钢筋直径相同的标记处，小心套入套筒、慢慢拧入，拧至扭力扳手发出声响为止。钢筋螺纹接头如图 5–20 所示。

4. 质量要求

外观检查，连接处完整、无裂缝，连接后的钢筋顺直，复拧确认已经拧紧；抽样试件极限抗拉试验合格。

5. 特点和适用性

套筒螺纹连接与套筒挤压连接的特点和适用性基本相同。锥螺纹连接较简单，但传力的可靠性稍差；滚轧（或镦粗）直螺纹连接可靠性较高，是近年推广应用的钢筋连接新技术之一。

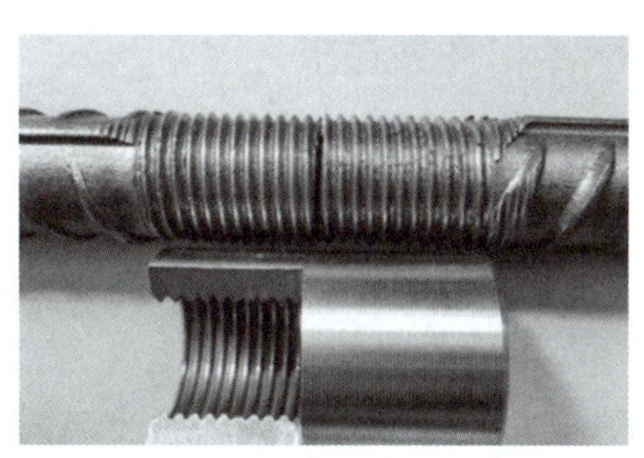

图 5–20　钢筋螺纹接头

四、钢筋的焊接连接

几种钢筋连接方法比较

（一）焊接连接原理

焊接连接是利用电阻或电弧加热钢筋的端头使之熔化，并采用加压或添加熔融金属焊接材料，使之连成一体的连接方式。焊接连接的方法有闪光对焊、电渣压力焊等。余热处理钢筋不宜焊接。

（二）电弧焊

1. 使用的设备

电弧焊使用的设备有电弧焊焊机、焊条、防护面罩和手套等。

2. 施工工艺

用电弧焊焊机和焊条对两根钢筋搭在一起的部分施焊：以焊条为一极、钢筋为另一极，在低电压、强电流作用下，在焊条与焊件之间产生高温电弧，将焊条熔化在连接处，待冷却后形成一条焊缝。为了让焊接连接处能受力均匀，一般为双面搭接电弧焊（图 5–21）或双面帮条电弧焊（图 5–22）；当现场条件特别困难，不便实现双面焊接时采用单面焊接；搭接焊接长度按规范规定。

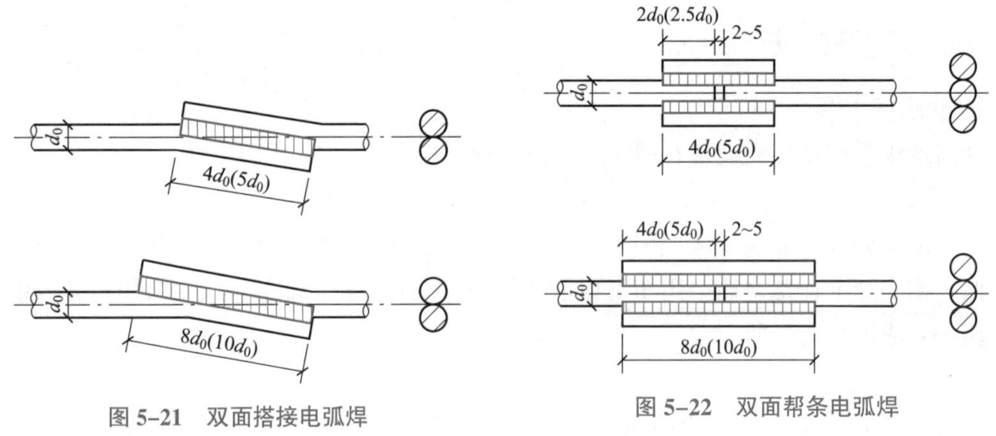

图 5–21　双面搭接电弧焊

图 5–22　双面帮条电弧焊

3. 技术要点

根据钢筋级别、直径、焊接位置、接头形式来选择焊接参数（焊接电流、焊条牌号和直径、焊接层次等），依靠电焊工手工控制焊缝质量。

4. 质量要求

外观检查，焊缝连续饱满，两侧熔合良好，不烧穿、不结瘤；抽样试件极限抗拉试验合格。

5. 特点和适用性

电弧焊是传统的焊接连接方法之一，它消耗电能和电焊条，费工、费料、费时，接头体积大，焊接质量波动大（与焊工的熟练程度和责任心有关）；现场有高温和火花，刮风、下雨时不能施工。因此，尽量不要用这种方法。

（三）电渣压力焊

电渣压力焊连接

1. 使用的设备

电渣压力焊使用的设备有电渣压力焊机、稳压电源、电渣槽、防护手套等。

2. 工艺流程

清理钢筋连接端→把两根要焊接的竖向粗钢筋固定在专用的机械臂上→在接口处扣上电渣槽→往槽内加入电渣→接通电源引弧→发生电弧过程→电渣融熔→顶压形成焊口→切断电源→打开电渣槽冷却→清除电渣→完成焊接。

3. 技术要点

钢筋的连接端应清理干净，装入机械臂上时应保证上下钢筋中心线对齐并固定好，焊接过程要求电压保持稳定，电渣应保持干燥，调整好焊接参数，掌握好焊接过程。

4. 质量要求

外观检查，焊接口完整光滑无裂缝，接口上下的钢筋顺直；抽样试件极限抗拉试验合格。

5. 特点和适用性

钢筋电渣压力焊为我国首创，是一种综合的焊接技术，工艺设备较简单，生产效率较高，接头质量较可靠，成本较低；适用于现场电压较稳定、干燥环境下的竖向或接近竖向的粗钢筋连接，是近年来推广应用的钢筋连接新技术之一。但生产过程有高温、动火，要特别注意防火和用电安全。

五、钢筋的绑扎搭接连接

1. 使用的工具

绑扎搭接使用的工具包括绑扎钩和绑扎用的铁丝。

2. 施工工艺

将两根钢筋按规范要求的搭接长度靠紧在一起，用铁丝将搭接连接部分绑扎紧。

3. 绑扎搭接连接的相关规定

（1）轴心受拉、小偏心受拉构件的纵向受力钢筋不得采用绑扎搭接。

（2）采用绑扎搭接连接时，受拉钢筋直径不宜大于 25 mm，受压钢筋直径不宜大于 28 mm。

（3）纵向受拉钢筋采用绑扎搭接时的最小搭接长度应符合表 5-20 的规定。

表 5-20　纵向受拉钢筋的最小搭接长度

钢筋类型		混凝土强度等级								
		C20	C25	C30	C35	C40	C45	C50	C55	≥ C60
光面钢筋	300 级	48*d*	41*d*	37*d*	34*d*	31*d*	29*d*	28*d*	—	—
带肋钢筋	335 级	46*d*	40*d*	36*d*	33*d*	31*d*	29*d*	27*d*	26*d*	25*d*
	400 级	—	48*d*	43*d*	39*d*	36*d*	34*d*	33*d*	31*d*	30*d*
	500 级	—	58*d*	52*d*	47*d*	43*d*	41*d*	39*d*	38*d*	36*d*

注：*d* 为钢筋直径。

筏板基础视频

4. 特点和适用性

纵向钢筋的绑扎搭接，是钢筋连接中最简单、方便的连接方法。在施工现场进行操作，简单方便。但需要耗费搭接处的钢材、人工和绑扎用的铁丝。靠钢筋与混凝土之间的锚固传力，连接的体积大、可靠性较低，一般多用在板的细钢筋连接。

框架柱视频

【操作指导】

一、钢筋绑扎与安装的基本要求

1. 基本要求

剪力墙视频

（1）构件的模板和支撑已经安装好，并且通过了模板分项工程的质量和安全验收。

（2）钢筋的品种、规格、数量和位置都符合设计图纸的要求。

（3）混凝土保护层厚度、钢筋接头形式和位置符合设计施工规范规定。

（4）在两个或两个以上构件相交处，钢筋间的相互位置应遵守力学和结构规定的避让原则。

框架梁视频

（5）钢筋与钢筋的交接点处，应用专用的铁丝绑扎牢固，使之成为钢筋笼，能承受施工荷载和振动。

2. 纵向受力钢筋绑扎搭接时的最小搭接长度

楼板视频

（1）当纵向受拉钢筋的绑扎搭接接头面积百分率为 25% 时，其最小搭接长度应符合表 5–21 的规定。

楼梯视频

表 5–21　最小搭接长度

钢筋类型		混凝土强度等级								
		C20	C25	C30	C35	C40	C45	C50	C55	≥ C60
光圆钢筋	235 级	37*d*	33*d*	29*d*	27*d*	25*d*	23*d*	23*d*	—	—
	300 级	49*d*	41*d*	37*d*	35*d*	31*d*	29*d*	29*d*	—	—
带肋钢筋	335 级	47*d*	41*d*	37*d*	33*d*	31*d*	29*d*	27*d*	27*d*	25*d*
	400 级	55*d*	49*d*	43*d*	39*d*	37*d*	35*d*	33*d*	31*d*	31*d*
	500 级	67*d*	59*d*	53*d*	47*d*	43*d*	41*d*	39*d*	39*d*	37*d*

注：*d* 为钢筋直径。两根直径不同钢筋的搭接长度，以较细钢筋的直径计算

（2）当纵向受拉钢筋搭接接头面积百分率大于 25%，但不大于 50% 时，其最小搭接长度应按表 5–21 中的数值乘以系数 1.2 取用；当接头面积百分率大于 50% 时，应按表 5–21 中的数值乘以系数 1.35 取用。

（3）纵向受拉钢筋的最小搭接长度根据上述（1）、（2）条的规定确定后，可按下列规定进行修正：① 当带肋钢筋的直径大于 25 mm 时，其最小搭接长度应按相应数值乘以系数 1.1 取用；② 对环氧树脂涂层的带肋钢筋，其最小搭接长度应按相应数值乘以系数 1.25 取用；③ 当在混凝土凝固过程中受力钢筋易受扰动时（如滑模施工），其最小搭接长度应按相应数值乘以系数 1.1 取用；④ 对末端采用机械锚固措施的带肋钢筋，其最小搭接长度可按相应数值乘以系数 0.6 取用；⑤ 当带肋钢筋的混凝土保护层厚度大于搭接钢筋直径的 3 倍，且配有箍筋时，其最小搭接长度可按相应数值乘以系数 0.8 取用；⑥ 对有抗震要求的受力钢筋的最小搭接长度，对一、二级抗震等级应按相应数值乘以系数 1.15 取用，对三级抗震等级应按相应数值乘以系数 1.05 取用；⑦ 上述第④、⑤ 不应同时考虑，在任何情况下，受拉钢筋的搭接长度不应小于 300 mm。

钢筋绑扎安装注意事项

（4）纵向受压钢筋绑扎搭接时，其最小搭接长度应根据上述（1）~（3）条的规定确定相应数值后，乘以系数 0.7 取用。在任何情况下，受压钢筋的搭接长度不应小于 200 mm。

钢筋连接接头规定

3. 同一截面内受力钢筋接头面积的允许百分率

（1）同一截面，对焊接接头是指以接头位置为中心 35d 及大于或等于 500 mm 的范围内；对绑扎搭接接头是指以接头位置为中心 1.3 倍搭接长度范围内。

（2）一根钢筋宜只有一个接头，接头位置宜设在受力较小处，距钢筋弯折点 10d 以外。

钢筋施工的安全技术要点

（3）搭接区内箍筋应加密，其间距要求：受拉区 ≤ 5d 且 ≤ 100 mm；受压区 ≤ 10d 且 ≤ 200 mm。

同一截面内受力钢筋接头面积的允许百分率要求见表 5–22。

钢筋施工的质量控制

表 5–22　同一截面内受力钢筋接头面积的允许百分率

序号	接头的形式	接头面积允许百分率 /%	
		受拉区	受压区
1	绑扎搭接连接	25	50
2	焊接搭接连接	50	50
3	受力钢筋中的焊接、机械连接	50	不限制

钢筋施工的质量标准

任务 5.3　模板工程

【任务引入】

混凝土结构依靠模板系统塑造成型。直接与混凝土接触的是模板面板，一般将模板面板、主次龙骨（肋、背楞、钢楞、托梁）、连接撑拉锁固件、支撑结构等统称为模板；将模板与其支架、立柱等支撑系统的施工称为模架工程。

钢筋工程实例：楚雄职教办公楼项目

现浇混凝土施工，每 1 m^3 混凝土构件，平均需用模板 4 ~ 5 m^2。模架工程所耗费的资源，在一般的梁板、框架和板墙结构中，费用约占混凝土结构工程总造价的 30%，劳动量占 28% ~ 45%；在高大空间、大跨、异形等难度大和复杂的工程中的比重则更大。某些水平构件模架施工项目中还存在较大的施工风险。

近年来，随着多种功能混凝土施工技术的开发，模架施工技术不断发展。采用安全先进、经济的模架技术，对于确保混凝土构件的成型要求、降低工程事故风险、提高劳动生产率、降低工程成本和实现文明施工，具有十分重要的意义。

【知识准备】

模板选型视频

一、模板材料

组成模板体系的主要材料有钢材、冷弯薄壁型钢、木材、铝合金型材、竹（木）胶合板材、塑料和玻璃钢等。

（一）钢材

（1）为保证模板结构的承载能力，防止在一定条件下出现脆性破坏，应根据模板体系的重要性、荷载特征、连接方法等不同情况，选用型号和性能适合的钢材，宜采用 Q235 碳素结构钢和 Q345 低合金结构钢。对于模板的支架材料宜优先选用钢材。

模板的钢材质量

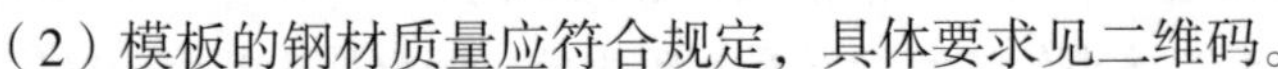

（2）模板的钢材质量应符合规定，具体要求见二维码。

（二）冷弯薄壁型钢

（1）用于承重模板结构的冷弯薄壁型钢的带钢或钢板，应采用符合现行国家标准《碳素结构钢》（GB/T 700—2006）规定的 Q235 钢和《低合金高强度结构钢》（GB/T 1591—2018）规定的 Q345 钢。

（2）用于承重模板结构的冷弯薄壁型钢的带钢或钢板，应具有抗拉强度、伸长率、屈服强度、冷弯试验和硫、磷含量的合格保证；对焊接结构还应具有碳含量的合格保证。

焊接采用的材料规定

（3）焊接采用的材料和连接件（连接材料）应符合的规定见二维码。

（三）木材

（1）模板结构或构件的树种应根据各地区实际情况选择质量好的材料，不得使用有腐朽、霉变、虫蛀、折裂、枯节的木材。

（2）模板结构设计应根据受力种类或用途按表 5-23 的要求选用相应的木材材质等级。木材材质标准应符合现行国家标准《木结构设计标准》（GB 50005—2017）的规定。

表 5-23　模板结构或构件的木材材质等级

项次	主要用途	材质等级
1	受拉或拉弯构件	Ⅰa
2	受弯或压弯构件	Ⅱa
3	受压构件	Ⅲa

模板结构或构件力学性能及设计规范

（3）用于模板体系的原木、方木和板材可采用目测法分级。选材应符合现行国家标准《木结构设计标准》（GB 50005—2017）的规定，不得利用商品材的等级标准替代。

其他用于模板结构或构件的木材要求见二维码。

（四）铝合金型材

铝合金型材的机械性能

建筑模板结构或构件，应采用纯铝加入锰、镁等合金元素构成的铝合金型材，并应符合现行相关国家标准的规定。

（五）竹（木）胶合模板板材

（1）胶合模板板材表面应平整光滑，具有防水、耐磨、耐酸碱的保护膜，具有保温性能好、易脱模和可以两面使用等特点。板材厚度不应小于 12 mm，并应符合现行国家标准《混凝土模板用胶合板》（GB/T 17656—2018）的规定。

（2）各层板的原材含水率不应大于 15%，且同一胶合模板各层原材间的含水率差别不应大于 5%。

（3）胶合模板应采用耐水胶，其胶合强度应不低于木材或竹材顺纹抗剪和横纹抗拉的强度，并应符合环境保护的要求。

模板力学性能

（4）进场的胶合模板除应具有出厂质量合格证外，还应保证外观及尺寸合格。

（5）常用木胶合模板、复合纤维模板的技术性能见二维码。

（六）塑料模板

塑料模板是指适用于一些异型、不规则构件以及现场加工有困难，只进行现场拼装的模板。塑料模板是一种节能的绿色环保产品，模板在使用上“以塑代木”“以塑代钢”，是节能环保的发展趋势。

1. 常用塑料模板的种类（表 5-24）

表 5-24　常用塑料模板的种类

种类	组　　成
木塑料建筑模板	由废塑料 PP、ABS、PVC、PE 等再生粒子组成，里面掺有木粉或者秸秆粉末为填充料生产而成（颜色为黑色）
粉煤灰塑料建筑模板	由最差的废塑料 PP、PE、PVC、ABS 等再生粒子组成，里面填充物为粉煤灰、石粉
玻璃纤维塑料建筑模板	中等废塑料 PP、PE、PVC、ABS 等再生粒子组成，填充物为三层玻纤布，压塑而成

2. 塑料模板优缺点

（1）优点

① 塑料模板具有较好的物理性能，使用温度为 -5 ~ 65℃，不吸潮、不吸水，防腐蚀，并且有足够的机械强度，可以多次使用，节约混凝土浇筑成本。

② 可塑性强，允许设计者有较大的设计自由，能根据设计要求，通过不同模具形式，生产出各种不同形状和不同规格的模板，模板表面可以形成装饰图案，使模板工程与装饰工程相结合。塑料模板可锯、钻，纵、横向可以任意连接组合，卸模设有楔形模板；转角

接点设有 90° 阴、阳角模板，施工十分方便。

③ 塑料模板质量轻，铺设 1 m^2 模板质量为（16 ± 0.5）kg，省工、省时、省钉，施工轻便。

④ 塑料模板表面光洁，容易脱模，操作方便（与木模、竹胶板施工方法一样），不需要脱模剂，板接缝处不需要贴胶带，弥补了一般塑料模板和木模板的缺陷，有助于实现清水混凝土效果。

⑤ 可以回收利用，经处理后可以再生塑料模板或其他产品。

（2）缺点

① 模板的强度、刚度较小。目前塑料模板主要用作顶板和楼板的平板形式模板，承载量较低，需适当控制方木间距才能满足施工要求。

② 热胀冷缩系数大。塑料板材的热胀冷缩系数比钢铁、木材均要大，因此塑料模板受气温影响较大，如夏季高温期，昼夜温差大，木塑建筑模板夏季在阳光的照射之下大量变形；冬季在 0℃时钉钉子会开裂；在脱模时高空摔落容易破裂，冬季周转次数为 0 次。粉煤灰塑料建筑模板在夏季气温高达 30℃以上时，混凝土浇筑容易有波浪形，方木间距大于 15 mm 也会出现此类情况，增加了方木费用及木工人工费用。

③ 电焊渣易烫坏板面。塑料模板主要用作楼板模板，在铺设钢筋时，由于钢筋连接时电焊的焊渣温度很高，落在塑料模板上易烫坏板面，影响混凝土成型的表面质量。

二、模板体系

（一）55 型钢模板

组合钢模板的部件，主要由钢模板、连接件和支承件三大部分组成。

（1）钢模板包括平板模板、阴角模板、阳角模板、连接角模等通用模板，以及倒棱模板、梁腋模板、柔性模板、搭接模板、可调模板、嵌补模板等专用模板。

钢模板材料、规格及用途

（2）连接件包括 U 形卡、L 形插销、对拉螺栓、钩头螺栓、紧固螺栓、扣件。连接件及用途见表 5–25。

表 5–25　连接件及用途

序号	名称	图示	用途
1	U 形卡		用于钢模板纵横向拼接，将相邻钢模板卡紧固定
2	L 形插销		用来增强钢模板的纵向刚度，保证接缝处板面平整
3	对拉螺栓	内拉杆　顶帽　外拉杆　L　混凝土壁厚　L	用于拉结两侧模板，保证两侧模板的间距，使模板具有足够的刚度和强度，能承受混凝土的侧压力及其他荷载

续表

序号	名称	图示	用途
4	钩头螺栓		用于钢模板与内、外龙骨之间的连接固定
5	紧固螺栓		用于紧固内外钢楞，增强拼接模板的整体刚度
6	扣件	碟式扣件 3形扣件	用于钢楞与钢模板或钢楞之间的紧固连接，与其他配件一起将钢模板拼装连接成整体

（3）支承件包括钢管支架、门式支架、碗扣式支架、盘销（扣）式脚手架、钢支柱四管支柱、斜撑、调节托、钢楞、方木等。

支承件

（二）钢框木（竹）胶合板模板

钢框木（竹）胶合板模板是由木胶合板或竹胶合板的面板与钢框构成的模板。其主要组成如下。

（1）平面模板：平面模板以 600 mm 为宽度尺寸，作为标准板，级差为 50 mm 或其倍数；宽度小于 600 mm 的为补充板；长度以 2 400 mm 为最长尺寸，级差为 300 mm。

（2）连接模板：连接模板有阴角模、连接角钢与调缝角钢 3 种。

（3）配件有连接件、支承架两部分：

① 连接件：有楔形销、单双管背楞卡、L 形插销、扁杆对拉、厚度定位板等，可采用“一把榔头”或一插就能完成拼装，操作快捷，安全可靠。

② 支承件：有脚手架、钢管、背楞、操作平台斜撑等。

（三）大模板

大模板工程是一项自成体系的成套技术，主要包括面板系统、支撑系统、操作平台、附件等。大模板工程适应了建筑工业化、机械化混凝土结构施工的要求，因而得以快速发展和应用。

按其拼装方式主要分为整体式大模板和拼装式大模板。前者是按模位尺寸需要加工的大模板，具有整体性好、拼装少、结构外观统一的优点，但如果没有后续相同模位尺寸的工程，会造成模板浪费；后者以符合建筑模数的标准模板为主、非标准模板为辅，组拼出模位尺寸需要的大模板，工程适应性强。

（四）飞模

飞模又称台模，因其形状像一个台面，使用时利用起重机械将该模板体系直接从浇筑完毕的楼板下整体吊运飞出，周转到上层布置而得名。

飞模是一种水平模板体系，属于大型工具式模板，主要由台面、支撑系统（包括纵横梁、各种支架支腿）、行走系统（如升降和滑轮）和其他配套附件（如安全防护装置）等组成。其适用于大开间、大柱网、大进深的现浇钢筋混凝土楼板施工，对于无柱帽现浇板柱结构楼盖尤其适用。

飞模的规格尺寸主要根据建筑物的开间和进深尺寸以及起重机械的吊运能力来确定。飞模使用的优点是：只需一次组装成型，不再拆开，每次整体运输吊装就位，简化了支拆脚手架模板的程序，加快了施工进度，节约了劳动力；而且其台面面积大，整体性好，板面拼缝好，能有效提高混凝土的表面质量；通过调整台面尺寸，还可以实现板、梁一次浇筑；使用该体系可节约模架堆放场地。

飞模的缺点是：对构筑物的类型要求较高，如不适用于框架或框架－剪力墙体系，对于梁柱接头比较复杂的工程，也难以采用飞模体系；由于它对工人的操作能力要求较高，起重机械的配合也同样重要，而且在施工中需要采取多种措施保证其使用安全性。故施工企业应灵活选择飞模进行施工。

（五）滑动模板

滑动模板简称“滑模”，固定于围圈上，用以保证构件截面尺寸及结构的几何形状。模板直接与新浇混凝土接触且随着提升架上滑，承受新浇混凝土的侧压力和模板滑动时的摩阻力。滑动模板施工是以滑模千斤顶、电动提升机等为提升动力，带动模板（或滑框）沿着混凝土（或模板）表面滑动而成型的混凝土结构施工方法的总称。

滑动模板主要由模板系统、操作平台系统、液压提升系统、施工精度控制系统、水电配套系统组成，其主要用于现场浇筑高耸构筑物和建筑物等竖向结构，如烟囱、筒仓、高桥墩、电视塔、竖井、沉井、双曲线冷却塔和高层建筑等。

（六）爬升模板

爬升模板简称“爬模”，爬模装置通过承载体附着在混凝土结构上，当新浇筑的混凝土脱模后，以液压油缸为动力，以导轨为爬升轨道，将爬模装置向上爬升一层，反复循环作业。

由于爬升模板综合了大模板和滑升模板的优点，已形成了一种施工中模板不落地，混凝土表面质量易于保证的快捷、有效的施工方法，特别适用于高耸建（构）筑物竖向结构浇筑施工。爬升模板既有大模板施工的优点，如模板板块尺寸大，成型的混凝土表面光滑平整，能够达到清水混凝土质量要求；又有滑升模板的特点，如自带模板、操作平台和脚手架，随结构的增高而升高，抗风能力强，施工安全，速度快等；同时又比大模板和滑升模板有所发展和进步，如施工精度更高，施工速度和节奏更快、更有序，施工更加安全，适用范围更广阔。

爬升模板施工工艺具有以下特点。

（1）施工方便、安全。爬升模板顶升（或提升）脚手架和模板，在爬升过程中，全部施工静荷载及动荷载都由建筑结构承受，从而保证安全施工。

（2）可减少耗工量。架体爬升、楼板施工和绑扎钢筋等各工序互不干扰。

（3）工程质量高，施工精确度高。

（4）提升高度不受限制，就位方便。

（5）通用性和适用性强，可用于多种截面形状的结构施工。还可用于有一定斜度的构筑物施工，如桥墩、塔身、大坝等。

爬升模板技术有多种形式，常用的有模板与爬架互爬技术、新型导轨式液压爬模（提升或顶升）技术、新型液压钢平台爬升（提升或顶升）技术。爬模装置施工程序如图 5-23 所示。

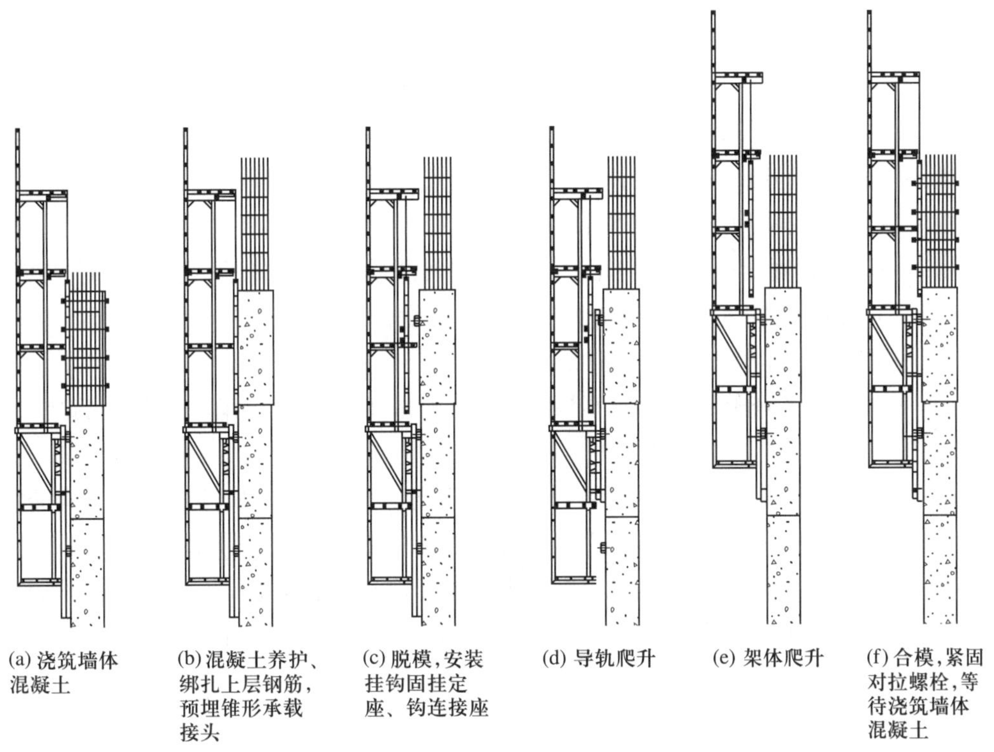

图 5-23　爬模装置施工程序示意图

三、荷载及变形值规定

（一）荷载标准值

1. 恒荷载标准值应符合的规定

（1）模板及其支架自重标准值 G_{1k} 应根据模板设计图纸计算确定。肋形或无梁楼板模板自重标准值应按表 5-26 采用。

表 5-26　楼板模板自重标准值　　单位：kN/m^2

模板构件的名称	木模板	定型组合钢模板
平板的模板及小梁	0.30	0.50
楼板模板（其中包括梁的模板）	0.50	0.75
楼板模板及其支架（楼层高度为 4 m 以下）	0.75	1.10

注：除钢、木外，其他材质模板的质量参见《建筑施工模板安全技术规范》（JGJ 162—2008）。

（2）新浇筑混凝土自重标准值 G_{2k}，对普通混凝土可采用 24 kN/m^3，其他混凝土可根据实际重力密度按《建筑施工模板安全技术规范》（JGJ 162—2008）确定。

（3）钢筋自重标准值 G_{3k} 应根据工程设计图确定。对一般梁板结构每立方米钢筋混凝土的钢筋自重标准值：楼板可取 1.1 kN；梁可取 1.5 kN。

（4）当采用内部振捣器时，新浇筑的混凝土作用于模板侧面的最大压力下的标准值 G_{4k} 可按下列公式计算，并取其中的较小值，即

$$F=0.22\gamma_C t_0 \beta_1 \beta_2 \sqrt{v} \tag{5-4}$$

$$F=\gamma_C H \tag{5-5}$$

式中：F——新浇筑的混凝土作用于模板侧面的最大压力（kN/m^2）；

γ_c——混凝土的重力密度（kN/m^2）；

t_0——新浇混凝土的初凝时间（h），可按实测确定。当缺乏试验资料时，可采用 $t_0=200/(T+15)$ 计算（T 为混凝土的温度，℃）；

V——混凝土的浇筑速度（m/h）；

β_1——外加剂影响修正系数，不掺加外加剂时取 1.0；掺加具有缓凝作用的外加剂时取 1.2；

β_2——混凝土坍落度影响修正系数，当坍落度小于 30 mm 时，取 0.85；当坍落度为 50 ~ 90 mm 时，取 1.0；当坍落度为 110 ~ 150 mm 时，取 1.15；

H——混凝土侧压力计算位置至新浇筑混凝土顶面的总高度（m），混凝土侧压力的计算分布图形如图 5-24 所示，$h=F/\gamma_C$，h 为有效压头高度。

2. 动荷载标准值

（1）施工人员及设备荷载标准值 Q_{1k}：当计算模板和直接支承模板的小梁时，均布动荷载可取 2.5 kN/m^2，再用集中荷载 2.5 kN 进行验算，比较两者所得的弯矩值取其大值；当计算直接支承小梁的主梁时，均布动荷载标准值可取 1.5 kN/m^2；当计算支架立柱及其他支承结构构件时，均布动荷载标准值可取 1.0 kN/m^2。

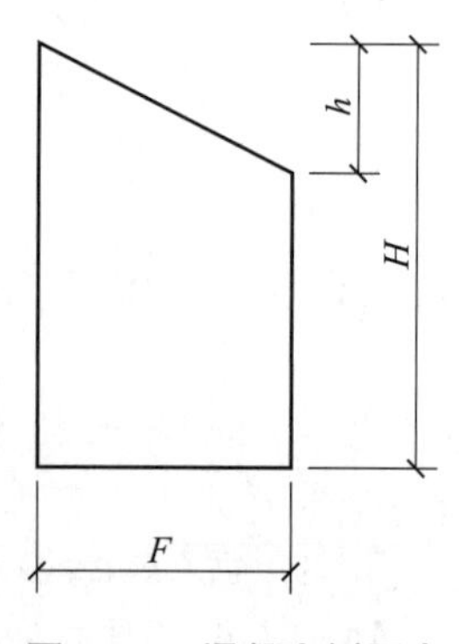

图 5-24　混凝土侧压力计算分布图

注：1. 对于大型浇筑设备，如上料平台、混凝土输送泵等按实际情况计算；若采用布料机上料进行混凝土浇筑时，动荷载标准值取 4 kN/m^2。

2. 混凝土堆积高度超过 100 mm 以上者按实际高度计算。

3. 模板单块宽度小于 150 mm 时，集中荷载可分布于相邻的两块板面上。

（2）振捣混凝土时产生的荷载标准值 Q_{2k}：对于水平面模板可采用 2 kN/m^2，对于垂直面模板可采用 4 kN/m^2（作用范围在新浇筑的混凝土侧压力的有效压头高度内）。

（3）倾倒混凝土时，对垂直面模板产生的水平荷载标准值 Q_{3k} 可按表 5–27 采用。

表 5–27　倾倒混凝土时产生的水平荷载标准值

向模板内供料的方法	水平荷载（kN/m^2）
溜槽、串筒或导管	2
容量小于 0.2 m^3 的运输器具	2
容量为 0.2 ~ 0.8 m^3 的运输器具	4
容量大于 0.8 m^3 的运输器具	6

注：作用范围在有效压头高度内。

3. 风荷载标准值

风荷载标准值 ω_k 应按现行国家标准《建筑结构荷载规范》（GB 50009—2012）中的规定计算，其中基本风压值应按 n=10 年的规定采用，并取风振系数 β_z=1。

（二）荷载设计值

（1）计算模板及支架结构或构件的强度、稳定性和连接强度时，应采用荷载设计值（荷载标准值乘以荷载分项系数）。

（2）计算正常使用极限状态的变形时，应采用荷载标准值。

（3）荷载分项系数应按表 5–28 采用。

（4）钢面板及支架作用的荷载设计值可乘以系数 0.95 进行折减。当采用冷弯薄壁型钢时，其荷载设计值不应折减。

表 5–28　荷载分项系数

荷载类别	分项系数 γ_i
模板及支架自重 G_{1k}	永久荷载的分项系数：① 当其效应对结构不利时，对由可变荷载效应控制的组合应取 1.2，对由永久荷载效应控制的组合应取 1.35；② 当其效应对结构有利时，一般情况应取 1，对结构的倾覆、滑移验算应取 0.9
新浇筑的混凝土自重 G_{2k}	
钢筋自重 G_{3k}	
新浇筑的混凝土作用于模板侧面的最大压力 G_{4k}	
施工人员及施工设备荷载 Q_{1k}	可变荷载的分项系数：一般情况下应取 1.4；对标准值大于 4 kN/m^2 的活荷载应取 1.3
振捣混凝土时产生的荷载 Q_{2k}	
倾倒混凝土时产生的荷载 Q_{3k}	
风荷载（ω_k）	1.4

（三）荷载组合

1. 按极限状态设计

按极限状态设计时，其荷载组合应符合下列规定。

（1）对于承载能力极限状态，应按荷载效应的基本组合采用，并应按下式进行模板设计，即

$$\gamma_0 S \leqslant R \tag{5-6}$$

式中：γ_0——结构重要性系数，其值按 0.9 采用；

S——荷载效应组合的设计值（kN/m^2）；

R——结构构件抗力的设计值（kN/m^2），应按各有关建筑结构设计规范的规定确定。

对于基本组合，荷载效应组合的设计值 S 应从下列组合值中取最不利值确定。

① 由可变荷载效应控制的组合，即

$$S = \gamma_G \sum_{i=1}^{n} G_{ik} + \gamma_{Q1} Q_{1k} \tag{5-7}$$

$$S = \gamma_G \sum_{i=1}^{n} G_{ik} + 0.9 \sum_{i=1}^{n} \gamma_{Qi} Q_{ik} \tag{5-8}$$

式中：γ_G——永久荷载分项系数，应按表 3-3 采用；

γ_{Qi}——第 i 个可变荷载的分项系数，其中 γ_{Q1} 为可变荷载 Q_1 的分项系数，应按表 3-3 采用；

G_{ik}——按永久荷载标准值 G_k 计算的荷载效应值（kN/m^2）；

Q_{ik}——按可变荷载标准值计算的荷载效应值（kN/m^2），其中 Q_{1k} 为诸可变荷载效应中起控制作用者；

n——参与组合的可变荷载数。

② 由永久荷载效应控制的组合，即

$$S = \gamma_G G_{ik} + \sum_{i=1}^{n} \gamma_{Qi} \psi_{ci} Q_{ik} \tag{5-9}$$

式中：ψ_{ci}——可变荷载 Q_i 的组合值系数，应按现行国家标准《建筑结构荷载规范》（GB 50009—2012）中各章的规定采用；模板中规定的各可变荷载组合值系数为 0.7。

注：1. 基本组合中的设计值仅适用于荷载与荷载效应为线性的情况。

2. 当对 Q_{1k} 无明显判断时，轮次以各可变荷载效应为 Q_{1k}，选其中最不利的荷载效应组合。

3. 当考虑以竖向的永久荷载效应控制的组合时，参与组合的可变荷载仅限于竖向荷载。

（2）对于正常使用极限状态应采用标准组合，并应按下式进行设计，即

$$S \leqslant C \tag{5-10}$$

式中：C——结构或结构构件达到正常使用要求的规定限值。

对于标准组合，荷载效应组合设计值 S 应按下式采用，即

$$S=\sum_{i=1}^{n} G_{ik} \tag{5-11}$$

2. 模板及其支架荷载效应组合

模板及其支架荷载效应组合的各项荷载标准值组合见表 5-29。

表 5-29　模板及其支架荷载效应组合的各项荷载标准值组合

项　　目		参与组合的荷载类别	
		计算承载能力	验算挠度
1	平板和薄壳的模板及支架	$G_{1k}+G_{2k}+G_{3k}+Q_{1k}$	$G_{1k}+G_{2k}+G_{3k}$
2	梁和拱模板的底板及支架	$G_{1k}+G_{2k}+G_{3k}+Q_{2k}$	$G_{1k}+G_{2k}+G_{3k}$
3	梁、拱、柱（边长不大于 300 mm）、墙（厚度不大于 100 mm）的侧面模板	$G_{4k}+Q_{2k}$	G_{4k}
4	大体积结构、柱（边长大于 300 mm）、墙（厚度大于 100 mm）的侧面模板	$G_{4k}+Q_{3k}$	G_{4k}

注：验算挠度应采用荷载标准值；计算承载能力应采用荷载设计值。

（四）变形值规定

（1）当验算模板及其支架的刚度时，其最大变形值不得超过下列容许值：① 对结构表面外露的模板，为模板构件计算跨度的 1/400；② 对结构表面隐蔽的模板，为模板构件计算跨度的 1/250；③ 支架的压缩变形或弹性挠度，为相应的结构计算跨度的 1/1 000。

（2）组合钢模板结构或其构配件的最大变形值不得超过表 5-30 的规定。

表 5-30　组合钢模板及构配件的容许变形值

部件名称	容许变形值 /mm
钢模板的面板	≤ 1.5
单块钢模板	≤ 1.5
钢楞	L/500 或≤ 3.0
柱箍	B/500 或≤ 3.0
桁架、钢模板结构体系	L/1 000
支撑系统累计	≤ 4.0

注：L 为计算跨度，B 为柱宽。

模板设计视频

四、设计

模板安装—基础视频

（一）一般规定

（1）模板及其支架的设计应根据工程结构形式、荷载大小、地基土类别、施工设备和材料等条件进行。

（2）模板及其支架的设计应符合下列规定：① 应具有足够的承载能力、刚度和稳定性，应能可靠地承受新浇混凝土的自重、侧压力和施工过程中所产生的荷载及风荷载；② 构造应简单，装拆方便，便于钢筋的绑扎、安装和混凝土的浇筑、养护等；③ 混凝土梁的施工应采用从跨中向两端对称进行分层浇筑，每层厚度不得大于 400 mm; ④ 当验算模板及其支架在自重和风荷载作用下的抗倾覆稳定性时，应符合相应材质结构设计规范的规定。

（3）模板设计应包括下列内容：① 根据混凝土的施工工艺和季节性施工措施，确定其构造和所承受的荷载；② 绘制配板设计图、支撑设计布置图、细部构造和异型模板大样图；③ 按模板承受荷载的最不利组合对模板进行验算；④ 制订模板安装及拆除的程序和方法；⑤ 编制模板及配件的规格、数量汇总表和周转使用计划；⑥ 编制模板施工安全、防火技术措施及设计、施工说明书。

（4）模板中的钢构件设计应符合现行国家标准《钢结构设计标准》（GB 50017—2017）和《冷弯薄壁型钢结构技术规范》（GB 50018—2002）的规定，其截面塑性发展系数应取 1.0。组合钢模板、大模板、滑升模板等的设计尚应符合国家现行标准《组合钢模板技术规范》（GB /T 50214—2013）、《滑动模板工程技术标准》（GB/T 50113—2019）的相应规定。

（5）模板中的木构件设计应符合现行国家标准《木结构设计标准》（GB 50005—2017）的规定，其中受压立杆应满足计算要求，且其梢径不得小于 80 mm。

（6）模板结构构件的长细比应符合下列规定：① 受压构件长细比，支架立柱及桁架不应大于 150，拉条、缀条、斜撑等联系构件不应大于 200；② 受拉构件长细比，钢杆件不应大于 350，木杆件不应大于 250。

（7）用扣件式钢管脚手架作支架立柱时，应符合下列规定：① 连接扣件和钢管立杆底座应符合现行国家标准《钢管脚手架扣件》（GB 15831）的规定；② 承重的支架柱，其荷载应直接作用于立杆的轴线上，严禁承受偏心荷载，并应按单立杆轴心受压计算；钢管的初始弯曲率不得大于 1/1 000，其壁厚应按实际检查结果计算；③ 当露天支架立柱为群柱架时，高宽比不应大于 5，当高宽比大于 5 时，必须加设抛撑或缆风绳，保证宽度方向的稳定。

（二）现浇混凝土模板计算

1. 面板按简支跨计算

面板按简支跨计算，应验算跨中和悬臂端的最不利抗弯强度和挠度，并应符合下列规定。

（1）抗弯强度计算

① 钢面板抗弯强度的计算式为

$$\sigma=\frac{M_{\max}}{W_n}\leqslant f \tag{5-12}$$

式中：$M_{\max}$——最不利弯矩设计值，取均布荷载与集中荷载分别作用时计算结果的较大值；

W_n——净截面抵抗矩；

f——钢材的抗弯强度设计值。

② 木面板抗弯强度的计算式为

$$\sigma_m=\frac{M_{\max}}{W_m}\leqslant f_m \quad (5\text{-}13)$$

式中：W_m——木材毛截面抵抗矩；

f_m——木材的抗弯强度设计值。

③ 胶合板面板抗弯强度的计算式为

$$\sigma_j=\frac{M_{\max}}{W_j}\leqslant f_{jm} \quad (5\text{-}14)$$

式中：W_j——胶合板毛截面抵抗矩；

f_{jm}——胶合板的抗弯强度设计值。

（2）挠度验算

$$v=\frac{5q_gL^4}{384EI_x}\leqslant[v] \quad (5\text{-}15)$$

或

$$v=\frac{5q_gL^4}{384EI_x}+\frac{PL^3}{48EI_x}\leqslant[v] \quad (5\text{-}16)$$

式中：q_g——恒荷载均布线荷载标准值；

P——集中荷载标准值；

E——弹性模量；

I_x——截面惯性矩；

L——面板计算跨度；

$[v]$——容许挠度。

2. 支承楞梁计算

支承楞梁计算时，次楞一般为两跨以上连续楞梁，可按《建筑施工模板安全技术规范》（JGJ 162—2008）附录 C 计算，当跨度不等时，应按不等跨连续楞梁或悬臂楞梁设计；主楞可根据实际情况按连续梁、简支梁或悬臂梁设计；同时次、主楞梁均应进行最不利抗弯强度与挠度计算，并应符合下列规定。

（1）次、主楞梁抗弯强度计算

① 次、主钢楞梁抗弯强度的计算式为

$$\sigma=\frac{M_{\max}}{W}\leqslant f \quad (5\text{-}17)$$

式中：M——最不利弯矩设计值（kN · m），应从均布荷载产生的弯矩设计值 M_1、均布荷载与集中荷载产生的弯矩设计值 M_2 和悬臂端产生的弯矩设计值 M_3 三者中，选取计算结果较大者；

W——截面抵抗矩，按 JGJ 162—2008 中表 5.2.2-1 查用；

f——钢材抗弯强度设计值，按 JGJ 162—2008 中附录 B 表 B.1.1-1 或表 B.2.1-1 采用。

② 次、主铝合金楞梁抗弯强度应按下式计算，即

$$\sigma=\frac{M_{\max}}{W}\leqslant f_{\mathrm{lm}} \tag{5-18}$$

式中：f_{lm}——铝合金抗弯强度设计值，按 JGJ 162—2008 中附录 B 表 B.4.1 采用。

③ 次、主木楞梁抗弯强度的计算式为

$$\sigma=\frac{M_{\max}}{W}\leqslant f_{\mathrm{m}} \tag{5-19}$$

式中：f_{m}——木材抗弯强度设计值，按 JGJ 162—2008 中附录 B 表 B.3.1-3、表 B.3.1-4 及表 B.3.1-5 的规定采用。

（2）次、主楞梁抗剪强度计算

① 在主平面内受弯的钢实腹构件，其抗剪强度的计算式为

$$\tau=\frac{VS_0}{It_{\mathrm{w}}}\leqslant f_{\mathrm{v}} \tag{5-20}$$

式中：V——计算截面沿腹板平面作用的剪力设计值（kN）；

S_0——计算剪力应力处以上毛截面对中和轴的面积矩；

I——毛截面惯性矩（mm^4）；

t_{w}——腹板厚度（mm）；

f_{v}——钢材的抗剪强度设计值，查 JGJ 162—2008 中表 B.1.1-1 和表 B.2.1-1。

② 在主平面内受弯的木实截面构件，其抗剪强度的计算式为

$$\tau=\frac{VS_0}{Ib}\leqslant f_{\mathrm{v}} \tag{5-21}$$

式中：b——构件的截面宽度（mm）；

f_{v}——木材顺纹抗剪强度设计值。查 JGJ 162—2008 中表 B.3.1-3、表 B.3.1-4 和表 B.3.1-5；其余符号同公式（5-16）。

3. 对拉螺栓强度计算

对拉螺栓应确保内、外侧模能满足设计要求的强度、刚度和整体性。

对拉螺栓强度的计算式为

$$N=abF_{\mathrm{s}} \tag{5-22}$$

$$N_{\mathrm{t}}^{b}=A_n f_t^{b} \tag{5-23}$$

$$N_t^{b}>N \tag{5-24}$$

式中：N——对拉螺栓最大轴力设计值；

N_t^{b}——对拉螺栓轴向拉力设计值，按 JGJ 162—2008 中表 5.2.3 采用；

a——对拉螺栓横向间距；

b——对拉螺栓竖向间距；

F_{s}——新浇混凝土作用于模板上的侧压力、振捣混凝土对垂直模板产生的水平荷载或倾倒混凝土时作用于模板上的侧压力设计值：$F_s=0.95(r_GF+r_QQ_{3k})$或$F_s=0.95(r_GG_{4k}+r_QQ_{3k})$，其中 0.95 为荷载值折减系数；

A_n——对拉螺栓净截面面积，按表 5-31 采用；

f_t^b——螺栓的抗拉强度设计值，按 JGJ 162—2008 中表 B.1.1-4 采用。

表 5-31 对拉螺栓轴向拉力设计值

螺栓直径 /mm	螺栓内径 /mm	净截面面积 mm^2	重量密度 / (N/m)	轴向拉力设计值 N_t^b/kN
M12	9.85	76	8.9	12.9
M14	11.55	105	12.1	17.8
M16	13.55	144	15.8	24.5
M18	14.93	174	20.0	29.6
M20	16.93	225	24.6	38.2
M22	18.93	282	29.6	47.9

4. 柱箍间距及强度计算

柱箍应采用扁钢、角钢、槽钢和木楞制成，其受力状态应为拉弯杆件，柱箍计算（图 5-25）应符合下列规定。

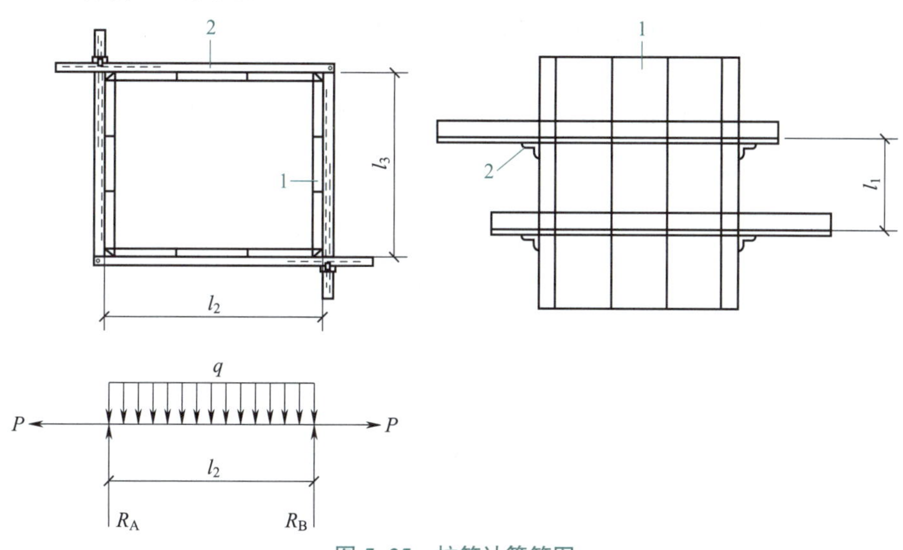

图 5-25 柱箍计算简图

1—钢模板；2—柱箍

（1）柱箍间距（l_1）计算

柱箍间距应按下列各式的计算结果取其小值。

① 柱模为钢面板时的柱箍间距的计算式为

$$l_1 \leqslant 3.276\sqrt[4]{\frac{EI}{Fb}} \tag{5-25}$$

式中：l_1——柱箍纵向间距（mm）；

E——钢材弹性模量（N/mm^2），按 JGJ 162—2008 中附录 B 的表 B.1.3 采用；

I——柱模板一块板的惯性矩（mm^4），按 JGJ 162—2008 中表 5.2.1-1 或表 5.2.1-2 采用；

F——新浇混凝土作用于柱模板的侧压力设计值（N/mm^2），按 JGJ 162—2008 中式（4.1.1-1）或式（4.1.1-2）计算；

b——柱模板一块板的宽度（mm）。

② 柱模为木面板时的柱箍间距的计算式为

$$l_1 \leqslant 0.783\sqrt[3]{\frac{EI}{Fb}} \tag{5-26}$$

式中：E——柱木面板的弹性模量（N/mm^2），按 JGJ 162—2008 中附录 B 表 B.3.1-3、B.3.1-4 和 B.3.1-5 采用；

I——柱木面板的惯性矩（mm^4）；

b——柱木面板一块的宽度（mm）。

③ 柱箍间距的计算式为

$$l_1 \leqslant \sqrt{\frac{8Wf(\text{或}f_m)}{F_s b}} \tag{5-27}$$

式中：W——钢或木面板的抵抗矩；

f——钢材抗弯强度设计值，按 JGJ 162—2008 中附录 B 表 B.1.1-1 和 B.2.1-1 采用；

f_m——木材抗弯强度设计值，按 JGJ 162—2008 中附录 B 表 B.3.1-3、B.3.1-4 及 B.3.1-5 采用。

（2）柱箍强度计算

柱箍强度应按拉弯杆件并采用以下计算式，当计算结果不满足以下计算式时，应减小柱箍间距或加大柱箍截面尺寸：

$$\frac{N}{A_n}+\frac{M_x}{W_{nx}} \leqslant f\text{或}f_m \tag{5-28}$$

模板构造与安装

其中

$$N=\frac{ql_3}{2} \tag{5-29}$$

$$q=F_s l_1 \tag{5-30}$$

$$M_x=\frac{ql_2^2}{8}=\frac{F_s l_1 l_2^2}{8} \tag{5-31}$$

模板拆除

式中：N——柱箍轴向拉力设计值；

q——沿柱箍跨向垂直线荷载设计值；

A_n——柱箍净截面面积；

M_x——柱箍承受的弯矩设计值；

W_{nx}——柱箍截面抵抗矩，按 JGJ 162—2018 中表 5.2.2 — 1 采用；

l_1——柱箍的间距；

l_2——长边柱箍的计算跨度；

l_3——短边柱箍的计算跨度。

安全管理

墙体木模板安装视频

【任务实施】

表 5-32 为某建筑物 24 m 跨度梁与楼板模板支撑架方案，梁截面尺寸为 1 500 mm × 1 200 mm，板厚 120 mm。梁侧模板及梁模板支撑架示意图如图 5-26、图 5-27 所示。

表 5-32　某建筑物模板设计基本参数

部位	构件名称	材质	数量或间距
梁侧模	面板	15 mm 厚多层板	—
	次楞	50 mm × 100 mm 方木	7 道沿梁高等距分布
	主楞	□ 100 × 50 × 3 mm 钢管	沿梁长度方向间距 300 mm 布置
	穿梁螺栓	M16	竖向距梁底 250 mm、1 000 mm 各一道；水平间距 300 mm
梁底模	面板	15 mm 厚多层板	—
	次楞	50 mm × 100 mm 方木	7 道沿梁宽等距分布
	主楞	□ 100 × 50 × 3 mm 钢管	沿梁长 @600 mm
梁底支撑	梁两侧立杆	ϕ 48 × 3 mm	梁宽 1 200 mm，梁两侧间距 1 800 mm
	梁底承重立杆	ϕ 48 × 3 mm	3 根（横向间距 450 mm，纵向间距 600 mm）
	立杆沿梁跨度方向间距	—	600 mm
	立杆步距	—	1 200 mm
	立杆上端伸出长度	—	300 mm

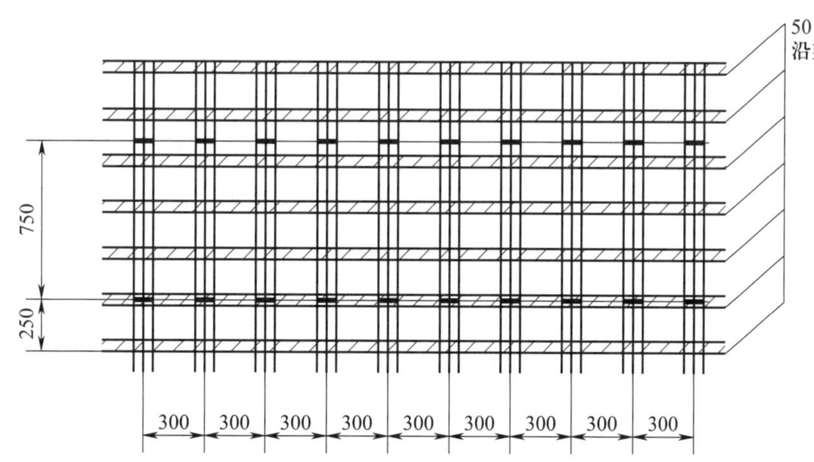

图 5-26　梁侧模板示意图

墙体大钢模板安装视频

柱模板安装视频

梁模板安装视频

楼板模板安装视频

楼梯模板安装视频

模板存放及维护视频

模板拆除视频

高支模视频

高支模监测视频

模板计算

模板工程实例：楚雄职教办公楼项目

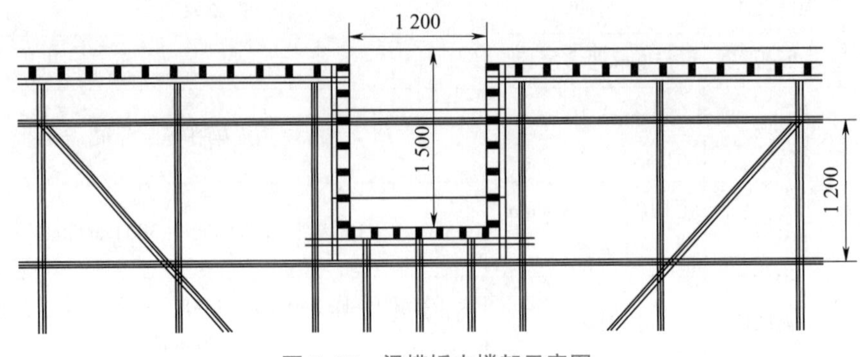

图 5-27 梁模板支撑架示意图

任务 5.4 脚手架工程

【任务引入】

落地式双排脚手架是土木工程施工中最常用的设施，为作业工人提供作业面，同时还保障了工人的安全。熟悉脚手架的构造，能独立进行脚手架工程设计是工程技术人员应具备的基本素质。本任务重点介绍扣件式钢管脚手架的构造与设计。

【知识准备】

一、基本规定

（一）基本要求

（1）在脚手架搭设和拆除作业前，应根据工程特点编制专项施工方案，并应经审批后组织实施。

（2）脚手架的构造设计应能保证脚手架结构体系的稳定。

（3）脚手架的设计、搭设、使用和维护应满足下列要求：① 应能承受设计荷载；② 结构应稳固，不得发生影响正常使用的变形；③ 应满足使用要求，具有安全防护功能；④ 在使用中，脚手架结构性能不得发生明显改变；⑤ 当遇意外作用和偶然超载时，不得发生整体破坏；⑥ 脚手架所依附、承受的工程结构不应受到损害。

（4）脚手架应构造合理、连接牢固、搭设与拆除方便、使用安全可靠。

（二）安全等级和安全系数

（1）脚手架结构设计应根据脚手架种类、搭设高度和荷载采用不同的安全等级。脚手架安全等级的划分应符合表 5-33 的规定。

表 5-33　脚手架的安全等级

落地作业脚手架		悬挑脚手架		满堂支撑脚手架（作业）		支撑脚手架		安全等级
搭设高度/m	荷载标准值/kN	搭设高度/m	荷载标准值/kN	搭设高度/m	荷载标准值/kN	搭设高度/m	荷载标准值/kN	
≤ 40		≤ 20		≤ 16		≤ 8	≤ 15 kN/㎡ 或≤ 20 kN/m 或≤ 7 kN/点	Ⅱ
>40		>20		>16		>8	>15 kN/㎡ 或 >20 kN/m 或 >7 kN/点	Ⅰ

注：1. 支撑脚手架的搭设高度、荷载中任一项不满足安全等级为Ⅱ级的条件时，其安全等级应划为Ⅰ级。

2. 附着式升降脚手架安全等级均为Ⅰ级。

3. 竹、木脚手架搭设高度在其现行行业规范限值内，其安全等级均为Ⅱ级。

（2）在脚手架结构或构配件抗力设计值确定时，综合安全系数指标应满足下列要求：

$$\beta=\gamma_0\gamma_u\gamma_m\gamma_m' \tag{5-32}$$

强度：

$$\beta\geqslant1.5 \tag{5-33}$$

稳定：

作业脚手架：

$$\beta\geqslant2.0 \tag{5-34}$$

支撑脚手架、新研制的脚手架：

$$\beta\geqslant2.2 \tag{5-35}$$

式中：β——脚手架结构、构配件综合安全系数；

γ_0——结构重要性系数，本章节第一部分规定取用；

γ_u——荷载分项系数加权平均值，取为 1.254（由可变荷载起控制作用的荷载基本组合）、1.363（由永久荷载起控制使用的荷载基本组合）；

γ_m——材料抗力分项系数，对于钢管脚手架应按现行国家标准《冷弯薄壁型钢结构技术规范》（GB 50018—2002）的规定取 1.165；

γ_m'——材料强度附加系数；承载力取 1.05；作业脚手架稳定承载力取 1.40，支撑脚手架稳定承载力及新研制的脚手架稳定承载力取 1.50。

（3）脚手架结构重要性系数 γ_0 应按表 5-34 的规定取值。

表 5-34　脚手架结构重要性系数 γ_0

结构重要性系数	承载能力极限状态设计	
	安全等级	
	Ⅰ	Ⅱ
γ_0	1.1	1.0

（4）脚手架所使用的钢丝绳承载力应具有足够的安全储备，钢丝绳安全系数 K_s 取值应符合的规定：① 重要结构用的钢丝绳取 $K_s \geq 9$；② 一般结构用的钢丝绳取 $K_s=6.0$；③ 用于手动起重设备的钢丝绳取 $K_s=4.5$，用于机动起重设备的钢丝绳取 $K_s \geq 6.0$；④ 用作吊索，无弯曲时的钢丝绳取 $K_s \geq 6.0$；有弯曲时的钢丝绳取 $K_s \geq 8.0$；⑤ 缆风绳用的钢丝绳取 $K_s=3.5$。

二、材料、构配件

（一）钢管

脚手架钢管应采用现行国家标准《直缝电焊钢管》（GB/T 13793—2016）或《低压流体输送用焊接钢管》（GB/T 3091—2015）中规定的 Q235 普通钢管；钢管的钢材质量应符合现行国家标准《碳素结构钢》（GB/T 700—2006）中 Q235 级钢的规定。使用 Q235 钢材，是因为高等级钢材强度不能充分利用，因此一般不采用。

（二）扣件

（1）扣件应采用可锻铸铁或铸钢制作，其质量和性能应符合现行国家标准《钢管脚手架扣件》（GB/T 15831—2023）的规定。采用其他材料制作的扣件，应经试验证明其质量符合该标准的规定后方可使用。

（2）扣件在螺栓拧紧扭力矩达到 65 N · m 时，不得发生破坏。

（三）脚手板

（1）脚手板可采用钢、木、竹材料制作，单块脚手板的质量不宜大于 30 kg。

（2）冲压钢脚手板的材质应符合现行国家标准《碳素结构钢》（GB/T 700—2006）中 Q235 级钢的规定。

（3）木脚手板材质应符合现行国家标准《木结构设计标准》（GB 50005—2017）中 IIa 级材质的规定。脚手板厚度不应小于 50 mm，两端宜各设置直径不小于 4 mm 的镀锌钢丝箍两道。

（4）竹脚手板宜采用由毛竹或楠竹制作的竹串片板、竹笆板；竹串片脚手板应符合现行行业标准《建筑施工木脚手架安全技术规范》（JGJ 164—2008）的相关规定。

（四）可调托撑

（1）可调托撑螺杆外径不得小于 36 mm，直径与螺距应符合现行国家标准《梯形螺纹第 2 部分：直径与螺距系列》（GB/T 5796.2—2022）、《梯形螺纹 第 3 部分：基本尺寸》（GB/T 5796.3—2022）的规定。

（2）可调托撑的螺杆与支托板焊接应牢固，焊缝高度不得小于 6 mm；可调托撑螺杆与螺母旋合长度不得少于 5 扣，螺母厚度不得小于 30 mm。

（3）可调托撑抗压承载力设计值不应小于 40 kN，支托板厚不应小于 5 mm。

（五）悬挑脚手架用型钢

脚手架所使用的型钢、钢板、圆钢应符合现行相关的国家标准规定，其材质应符合现行国家标准《碳素结构钢》（GB/T 700—2006）中 Q235B 级钢或《低合金高强度结构钢》（GB/T 1591—2018）中 Q345 级钢的规定。

三、荷载

（一）荷载分类

（1）作用于脚手架的荷载应分为永久荷载和可变荷载。

（2）脚手架的永久荷载应包含下列内容：① 脚手架结构件自重；② 脚手板、安全网、栏杆等的自重；③ 支撑脚手架之上的支承体系自重；④ 支撑脚手架之上的建筑结构材料及堆放物的自重；⑤ 其他可按永久荷载计算的荷载。

（3）脚手架的可变荷载应包含下列内容：① 施工荷载；② 风荷载；③ 其他可变荷载。

（4）脚手架永久荷载标准值的取值应符合下列规定：① 材料和构配件可按现行国家标准《建筑结构荷载规范》（GB 50009—2012）规定的自重值取为荷载标准值；② 工具和机械设备等产品可按通用的理论质量及相关标准的规定取其荷载标准值；③ 可采取有代表性的抽样实测，并进行数理统计分析，可将实测平均值加上 2 倍的均方差作为其荷载标准值。

（二）荷载标准值

（1）永久荷载标准值的取值应符合下列规定（本任务中参照表编号为二维码：脚手架主要设计参数中表编号）：

脚手架主要设计参数

1）单、双排脚手架立杆承受的每米结构自重标准值，可参照表 3.2.1–1 采用；满堂脚手架立杆承受的每米结构自重标准值，宜参照表 3.2.1–2 采用；满堂支撑架立杆承受的每米结构自重标准值，宜参照表 3.2.1–3 采用。

2）冲压钢脚手板、木脚手板、竹串片脚手板与竹芭脚手板自重标准值，宜参照表 3.2.1–4 取用。

3）栏杆与挡脚板自重标准值，宜参照表 3.2.1–5 采用。

4）脚手架上吊挂的安全设施（安全网）的自重标准值应按实际情况采用，密目式安全立网自重标准值不应低于 0.01 kN/m^2。

5）支撑架上可调托撑上主梁、次梁、支撑板等自重应按实际计算。对于下列情况可参照表 3.2.1–6 采用：① 普通木质主梁（含 $\phi48.3\times3.6$ 双钢管）、次梁，木支撑板；② 型钢次梁自重不超过 10 号工字钢自重，型钢主梁自重不超过 H$100\times100\times6\times8$ 型钢自重，支撑板自重不超过木脚手板自重。

6）常用构配件与材料、人员的自重，可按表 3.2.1–7 取用。

（2）脚手架可变荷载标准值的取值应符合下列规定：

1）单、双排与满堂作业脚手架作业层上的施工荷载（动荷载）标准值应根据实际情况确定，且应不小于表 5–35 的规定。

表 5–35　作业脚手架施工荷载标准值

序号	作业脚手架用途	施工荷载标准值 /（kN/m^2）
1	砌筑工程作业	3
2	其他主体结构工程作业	2
3	装饰装修作业	2
4	防护	1

注：斜道上的施工均布荷载标准值应不小于 2.0 kN/m^2。

2）当作业脚手架上存在 2 个及以上作业层同时作业时，在同一跨距内各操作层的施工荷载标准值总和取值应不小于 5.0 kN/m^2。

这里需要特别注意的是，现行的关于扣件式钢管脚手架的规范主要有《施工脚手架通用规范》（GB 55023—2022）（以下简称《22 规范》）、《建筑施工脚手架安全技术统一标准》（GB 51210—2016）（以下简称《16 规范》）、《建筑施工扣件式钢管脚手架安全技术规范》（JGJ 130—2011）（以下简称《11 规范》）。对于双排作业脚手架上存在 2 个及以上作业层同时作业时，《11 规范》要求同一跨距内施工均布荷载标准值总和取值不得超过 5.0 kN/m^2，《16 规范》要求同一跨距内各操作层的施工荷载标准值总和取值不得小于 4.0 kN/m^2，而最新的《22 规范》要求在同一跨距内各操作层的施工荷载标准值总和取值不应小于 5.0 kN/m^2。注意在作业层荷载取值时，要按实际情况，同时执行《22 规范》。

3）应根据实际情况确定支撑脚手架上的施工荷载标准值，且应不小于表 5–36 的规定。

表 5–36　支撑脚手架施工荷载标准值

类别		施工荷载标准值 /（kN/m^2）
混凝土结构模板支撑脚手架	一般	2.5
	有水平泵管设置	4
钢结构安装支撑脚手架	轻钢结构、轻钢空间网架结构	2
	普通钢结构	3
	重型钢结构	3.5

4）支撑脚手架上移动的设备、工具等物品应按其自重计算可变荷载标准值。

（3）在计算水平风荷载标准值时，高耸塔式结构、悬臂结构等特殊脚手架结构应计入风荷载的脉动增大效应。

（4）对于脚手架上的动力荷载，应将振动、冲击物体的自重乘以动力系数 1.35 后计入可变荷载标准值。

（5）作用于脚手架上的水平风荷载标准值的计算式为

$$\omega_k = \mu_z \mu_s \omega_0 \quad (5-36)$$

式中：ω_k——水平风荷载标准值（kN/m^2）；

ω_0——基本风压值（kN/m^2），应按现行国家标准《建筑结构荷载规范》（GB 50009—2012）的规定取重现期 n=10 对应的风压值；

μ_z——风压高度变化系数，按现行国家标准《建筑结构荷载规范》（GB 50009—2012）规定采用；

μ_s——脚手架水平风荷载体型系数，按表 5-37 的规定采用。

表 5-37　脚手架的水平风荷载体型系数 μ_s

背靠建筑物的状况		全封闭墙	敞开、框架和开洞墙
脚手架状况	全封闭、半封闭	1.0φ	1.3φ
	敞开	μ_{stw}	

注：1. φ 为挡风系数，φ=1.2 A_n/A_W，其中 A_n 为挡风面积；A_W 为迎风面积。敞开式脚手架的 φ 值宜参照表 3.2.5-2 采用。

2. 当采用密目安全网全封闭时，取 φ=0.8，μ_s 最大值取 1.0。

3. μ_{stw} 为按多榀桁架确定的脚手架整体风荷载体型系数，按国家标准《建筑结构荷载规范》（GB 50009—2012）规定计算。

（三）荷载组合

（1）脚手架设计应根据正常搭设和使用过程中在脚手架上可能同时出现的荷载，按承载能力极限状态和正常使用极限状态分别进行荷载组合，并应取各自最不利的荷载组合进行设计。

（2）脚手架结构及构配件承载能力极限状态设计时，应按下列规定采用荷载的基本组合。

① 作业脚手架荷载的基本组合应按表 5-38 的规定采用。

表 5-38　作业脚手架荷载的基本组合

计算项目	荷载的基本组合
水平杆强度；附着式升降脚手架的水平支承桁架及固定吊拉杆强度；悬挑脚手架悬挑支承结构强度、稳定承载力	永久荷载 + 施工荷载
立杆稳定承载力；附着式升降脚手架竖向主框架及附墙支座强度、稳定承载力	永久荷载 + 施工荷载 + ψ_w 风荷载
连墙件强度、稳定承载力	风荷载 +N_0
立杆地基承载力	永久荷载 + 施工荷载

注：1. N_0 为连墙件约束架体平面外变形所产生的轴向力设计值。

2. ψ_w 为风荷载组合值系数。

② 支撑脚手架荷载的基本组合应按表 5–39 的规定采用。

表 5–39 支撑脚手架荷载的基本组合

计算项目	荷载的基本组合	
水平杆强度	由永久荷载控制的组合	永久荷载 +ψ_c 施工荷载
	由可变荷载控制的组合	永久荷载 + 施工荷载
立杆稳定承载力	由永久荷载控制的组合	永久荷载 +ψ_c 施工荷载及其他可变荷载 +ψ_w 风荷载
	由可变荷载控制的组合	永久荷载 + 施工荷载 +ψ_c 其他可变荷载 +ψ_w 风荷载
支撑脚手架倾覆	永久荷载 + 施工荷载及其他可变荷载 + 风荷载	
立杆地基承载力	永久荷载 + 施工荷载及其他可变荷载 + 风荷载	

注：1. 表中的“+”仅表示各项荷载参与组合，而不表示代数相加。

2. ψ_c 为施工荷载及其他可变荷载组合值系数。

3. 强度计算项目包括连接强度计算。

4. 立杆稳定承载力计算在室内或无风环境不组合风荷载。

5. 倾覆计算时，抗倾覆荷载组合计算可不计入可变荷载。

需要注意,《11 规范》在荷载基本组合的过程中，当计算需要组合风荷载时，会将所有组合的非永久荷载乘以一个 0.9 的系数，而在《16 规范》中将 0.9 的系数取消了，并且荷载基本组合计算遵循《建筑结构荷载》(GB 50009—2012) 的规定。

（3）脚手架结构及构配件正常使用极限状态设计时，应按下列规定采用荷载的标准组合。

① 作业脚手架荷载的标准组合应按表 5–40 采用。

表 5–40 作业脚手架荷载标准组合

计算项目	荷载标准组合
水平杆挠度	永久荷载
悬挑脚手架水平型钢悬挑梁挠度	永久荷载

② 支撑脚手架荷载的标准组合应按表 5–41 采用。

表 5–41 支撑脚手架荷载标准组合

计算项目	荷载标准组合
水平杆挠度	永久荷载

注：适用于支撑脚手架顶水平杆承重时的挠度计算。

四、设计

（一）一般规定

（1）脚手架设计应采用以概率理论为基础的极限状态设计方法，以分项系数设计表达式进行计算。

（2）脚手架承重结构应按承载能力极限状态和正常使用极限状态进行设计，并应符合下列规定。

1）当脚手架出现下列状态之一时，应判定为超过承载能力极限状态：① 结构件或连接件因超过材料强度而破坏，或因连接节点产生滑移而失效，或因过度变形而不适于继续承载；② 整个脚手架结构或其一部分失去平衡；③ 脚手架结构转变为机动体系；④ 脚手架结构整体或局部杆件失稳；⑤ 地基失去继续承载的能力。

2）当脚手架出现下列状态之一时，应判定为超过正常使用极限状态：① 影响正常使用的变形；② 影响正常使用的其他状态。

（3）脚手架应按正常搭设和正常使用条件进行设计，可不计入短暂作用、偶然作用、地震荷载作用。

（4）脚手架应根据架体构造、搭设部位、使用功能、荷载等因素确定设计计算内容；落地作业脚手架和支撑脚手架计算应包括下列内容。

1）落地作业脚手架：① 水平杆件抗弯强度、挠度，节点连接强度；② 立杆稳定承载力；③ 地基承载力；④ 连墙件强度、稳定承载力、连接强度；⑤ 缆风绳承载力及连接强度。

2）支撑脚手架：① 水平杆件抗弯强度、挠度，节点连接强度；② 立杆稳定承载力；③ 架体抗倾覆能力；④ 地基承载力；⑤ 连墙件强度、稳定承载力、连接强度；⑥ 缆风绳承载力及连接强度。

（5）脚手架结构设计时，应先对脚手架结构进行受力分析，明确荷载传递路径，选择具有代表性的最不利杆件或构配件作为计算单元。计算单元的选取应符合下列要求。

① 应选取受力最大的杆件、构配件。

② 应选取跨距、间距增大和几何形状、承力特性改变部位的杆件、构配件。

③ 应选取架体构造变化处或薄弱处的杆件、构配件。

④ 当脚手架上有集中荷载作用时，尚应选取集中荷载作用范围内受力最大的杆件、构配件。

（6）当按脚手架承载能力极限状态设计时，应采用荷载设计值和强度设计值进行计算；当按脚手架正常使用极限状态设计时，应采用荷载标准值和变形限值进行计算。基本变量的设计值宜符合下列规定。

① 荷载设计值 N_{cd} 可按式（5–37）计算

$$N_{cd}=\gamma_n F_k \tag{5–37}$$

式中：N_{cd}——永久荷载、可变荷载的荷载设计值（kN）；

F_k——永久荷载、可变荷载的荷载标准值（kN）；

γ_n——荷载分项系数。

② 材料强度设计值 f_d 可按式（5–38）计算

$$f_d = \frac{f_k}{\gamma_m} \tag{5-38}$$

式中：f_d——材料强度设计值（N/mm^2）；

f_k——材料强度标准值（N/mm^2）；

γ_m——材料抗力分项系数。

③ 几何参数设计值 a_d 可采用几何参数的标准值 a_k；当几何参数的变异性对结构性能有明显影响时，几何参数设计值可按式（5–39）计算

$$a_d = a_k \pm \Delta a \tag{5-39}$$

式中：a_d——脚手架材料、构配件、结构的几何参数设计值（mm）；

a_k——脚手架材料、构配件、结构的几何参数标准值（mm）；

Δa——脚手架材料、构配件、结构的几何参数附加量值（mm），应按实际测量值与标准值误差的加权平均值取值。

④ 结构抗力设计值应根据脚手架结构和构配件试验与分析确定。

（7）脚手架杆件连接节点的承载力设计值规定

① 立杆与水平杆连接节点的承载力设计值不应小于表 4.1.7–1 的规定。

② 立杆与立杆连接节点的承载力设计值不应小于表 4.1.7–2 的规定。

（8）钢管脚手架的钢材强度设计值等技术参数取值规定

① 型钢、钢构件应按现行国家标准《钢结构设计标准》（GB 50017—2017）的规定取用。

② 焊接钢管、冷弯成型的厚度小于 6 mm 的钢构件，应按现行国家标准《冷弯薄壁型钢结构技术规范》（GB 50018—2002）的规定取用。

③ 不应采用钢材冷加工效应的强度设计值，也不应采用钢材的塑性强度值。

（9）木脚手架的木材设计强度值等技术参数取值，应按现行国家标准《木结构设计标准》（GB 50005—2017）的规定取用。

（10）脚手架构配件强度应按构配件净截面计算；构配件稳定性和变形应按构配件毛截面计算。

（11）荷载分项系数取值应符合表 4.1.11 的规定。

（二）承载能力极限状态

单、双排脚手架立杆承受的每米结构自重标准值，可参照表 3.2.1–1 采用；满堂脚手架立杆承受的每米结构自重标准值，宜参照表 3.2.1–2 采用；满堂支撑架立杆承受的每米结构自重标准值，宜参照表 3.2.1–3 采用。

（1）脚手架按承载能力极限状态设计时，应符合下列要求：

① 脚手架结构或构配件的承载能力极限状态设计应满足式（5–40）的要求

$$\gamma_0 N_{ad} \leqslant R_d \tag{5–40}$$

式中：γ_0——结构重要性系数；

N_{ad}——脚手架结构或构配件的荷载设计值（kN）；

R_d——脚手架结构或构配件的抗力设计值（kN）。

② 脚手架抗倾覆承载能力极限状态设计，应满足式（5–41）的要求

$$\gamma_0 M_O \leqslant M_r \tag{5–41}$$

式中：M_o——脚手架的倾覆力矩设计值（kN · m）；

M_r——脚手架的抗倾覆力矩设计值（kN · m）。

③ 地基承载能力极限状态可采用分项系数法进行设计，地基承载力值应取特征值，并应满足式（5–42）的要求

$$P_k \leqslant f_a \tag{5–42}$$

式中：P_k——脚手架立杆基础底面的平均压力标准值（N/mm^2）；

f_a——修正后的地基承载力特征值（N/mm^2）。

（2）脚手架杆件连接节点承载力应满足式（5–43）的要求

$$\gamma_0 F_{jd} \leqslant N_{Rjd} \tag{5–43}$$

式中：F_{jd}——作用于脚手架杆件连接节点的荷载设计值（kN）；

N_{Rjd}——脚手架杆件连接节点的承载力设计值（kN），应参照表 4.1.7–1、表 4.1.7–2 的规定取用。

（3）作业脚手架受弯杆件的强度计算式为：

$$\frac{\gamma_0 M_d}{W} \leqslant f_d \tag{5–44}$$

$$M_d = \gamma_G \sum M_{Gk} + \gamma_Q \sum M_{Qk} \tag{5–45}$$

式中：M_d——作业脚手架受弯杆件弯矩设计值（N · mm）；

W——受弯杆件截面模量（mm^3）；

f_d——杆件抗弯强度设计值（N/mm^2）；

γ_G——永久荷载分项系数，按《建筑施工脚手架安全技术统一标准》（GB 51210—2016）的规定取值；

γ_Q——可变荷载分项系数，按《建筑施工脚手架安全技术统一标准》（GB 51210—2016）的规定取值；

$\sum M_{Gk}$——作业脚手架受弯杆件由永久荷载产生的弯矩标准值总和（N · mm）；

$\sum M_{Qk}$——作业脚手架受弯杆件由可变荷载产生的弯矩标准值总和（N · mm）。

（4）作业脚手架立杆（门架立杆）稳定承载力计算，应符合下列规定：

① 室内或无风环境搭设的作业脚手架立杆稳定承载力应按式（5–46）计算

$$\frac{\gamma_0 N_d}{\varphi A} \leqslant f_d \tag{5-46}$$

② 室外搭设的作业脚手架立杆稳定承载力应按式（5–47）计算，即

$$\frac{\gamma_0 N_d}{\varphi A} + \gamma_0 \frac{M_{Wd}}{W} \leqslant f_d \tag{5-47}$$

式中：N_d——作业脚手架立杆的轴向力设计值（N），应按式（5–48）计算；

ϕ——立杆的轴心受压构件的稳定系数，应根据反映作业脚手架整体稳定因素的立杆长细比 λ（门架应根据立杆换算长细比）按现行国家标准《冷弯薄壁型钢结构技术规范》（GB 50018—2002）的规定取用；

A——作业脚手架立杆的毛截面面积（mm^3），门架取双立杆的毛截面面积；

M_{Wd}——作业脚手架立杆由风荷载产生的弯矩设计值（N/mm），应按式（5–49）计算；

W——作业脚手架立杆截面模量（mm^3），门架取主立杆截面模量；

f_d——立杆的抗压强度设计值（N/mm^2）。

（5）作业脚手架立杆（门架为双立杆）的轴向力设计值应按式（5–48）计算

$$N_d = \gamma_G \sum N_{Gk1} + \gamma_Q \sum N_{Qk1} \tag{5-48}$$

式中：$\sum N_{Gk1}$——作业脚手架立杆由结构件及附件自重产生的轴向力标准值总合（N）；

$\sum N_{Qk1}$——作业脚手架立杆由作业层施工荷载产生的轴向力标准值总和（N）。

（6）作业脚手架立杆由风荷载产生的弯矩设计值应按式（5–49）计算：

$$M_{Wd} = \psi_W \gamma_Q M_{Wk} \tag{5-49a}$$

$$M_{Wk} = 0.05 \xi_1 w_k l_a H_1^2 \tag{5-49b}$$

式中：M_{Wk}——作业脚手架立杆由风荷载产生的弯矩标准值（N · mm）；

ψ_W——风荷载组合值系数，应按现行国家标准《建筑结构荷载规范》（GB 50009—2012）的规定取值；

l_a——立杆（门架）纵距（mm）；

H_1——连墙件竖向间距（mm）；

ξ_1——作业脚手架立杆由风荷载产生的弯矩折减系数，应按表 5–42 取用。

表 5–42　作业脚手架立杆由风荷载产生的弯矩折减系数

连墙件步距	扣件式	碗扣式	盘扣式	门式
二步距	0.6	0.6	0.6	0.3
三步距	0.4	0.4	0.4	0.2

（7）作业脚手架连墙件杆件的强度及稳定应按式（5–50a）～（5–50d）计算：

强度：

$$\sigma = \frac{N_{Ld}}{A_c} \leqslant 0.85 f_d \qquad \text{式（5–50a）}$$

稳定：

$$\frac{N_{\mathrm{Ld}}}{\varphi A} \leqslant 0.85 f_{\mathrm{d}} \qquad 式（5-50b）$$

$$N_{\mathrm{Ld}} = N_{\mathrm{WLd}} + N_0 \qquad 式（5-50c）$$

$$N_{\mathrm{WLd}} = \gamma_{\mathrm{Q}} w_{\mathrm{K}} L_1 H_1 \qquad 式（5-50d）$$

式中：σ——连墙件杆件应力值（$\mathrm{N/mm^2}$）；

A_c——连墙件杆件的净截面面积（$\mathrm{mm^2}$）；

A——连墙件杆件的毛截面面积（$\mathrm{mm^2}$）；

N_{Ld}——连墙件杆件由风荷载及其他作用产生的轴向力设计值（N）；

N_{WLd}——连墙件杆件由风荷载产生的轴向力设计值（N）；

φ——连墙件杆件的轴心受压构件的稳定系数，应根据其长细比 λ 按现行国家标准《冷弯薄壁型钢结构技术规范》(GB 50018—2002) 的规定取用；

L_1——连墙件水平间距（mm）；

N_0——由于连墙件约束作业脚手架的平面外变形所产生的轴向力设计值（kN），单排作业脚手架取 2 kN，双排作业脚手架取 3 kN。

（8）作业脚手架连墙件与架体、连墙件与建筑结构连接的连接强度应符合式（5-51）的要求：

$$N_{\mathrm{Ld}} = N_{\mathrm{RLd}} \qquad （5-51）$$

式中：N_{RLd}——连墙件与作业脚手架、连墙件与建筑结构连接的抗拉（压）承载力设计值（N），应根据国家现行相关标准规定计算。

（9）支撑脚手架受弯杆件的强度应按式（5-44）计算，但弯矩设计值应按式（5-52a）（5-52b）计算，并应取较大值。

① 由可变荷载控制的组合，即

$$M_{\mathrm{d}} = \gamma_{\mathrm{G}} \sum M_{\mathrm{Gk}} + \gamma_{\mathrm{Q}} \sum MN_{\mathrm{Qk}} \qquad （5-52a）$$

② 由永久荷载控制的组合，即

$$M_{\mathrm{d}} = \gamma_{\mathrm{G}} \sum M_{\mathrm{Gk}} + \psi_{\mathrm{C}} \gamma_{\mathrm{Q}} \sum MN_{\mathrm{Qk}} \qquad （5-52b）$$

式中：M——支撑脚手架受弯杆件弯矩设计值（N · mm）；

$\sum M_{\mathrm{Gk}}$——支撑脚手架受弯杆件由永久荷载产生的弯矩标准值总和（N · mm）；

$\sum M_{\mathrm{Qk}}$——支撑脚手架受弯杆件由可变荷载产生的弯矩标准值总和（N · mm）；

ψ_{C}——可变荷载组合值系数，应按现行国家标准《建筑结构荷载规范》（GB 50009—2012）的规定取值。

（10）支撑脚手架立杆（门架立杆）稳定承载力计算，应符合下列规定：

① 室内或无风环境搭设的支撑脚手架立杆稳定承载力，应按式 5-46 计算，立杆的轴向力设计值应按式 5-53a、式 5-53b 分别计算，并应取较大值。

② 室外搭设的支撑脚手架立杆稳定承载力，应分别按式 5-46、式 5-47 计算，并应

同时满足稳定承载力要求。立杆轴向力和弯矩计算应符合下列规定：① 当按表 5-38 计算时，立杆的轴向力设计值应分别按式（5-53c）（5-53 d）计算，并应取较大值；② 当按式 5-40b 计算时，立杆的轴向力设计值应分别按式（5-53a）（5-53b）计算，并应取较大值，立杆由风荷载产生的弯矩标准值应按式（5-54）计算。

③ 支撑脚手架立杆轴心受压构件的稳定系数 φ，应根据反映支撑脚手架整体稳定因素的立杆长细比 λ（门架应根据立杆换算长细比）按现行国家标准《冷弯薄壁型钢结构技术规范》（GB 50018—2002）的规定取用；立杆长细比 λ 值应按脚手架相关的国家现行标准计算。

（11）支撑脚手架立杆（门架立杆）轴向力设计值计算，应符合下列规定：

① 不组合由风荷载产生的立杆附加轴向力时，应按式（5-53a）（5-53b）计算

由可变荷载控制的组合：

$$N_d = \gamma_G\left(\sum N_{Gk1} + \sum N_{Gk2}\right) + \gamma_Q\left(\sum N_{Qk1} + \psi_C \sum N_{Qk2}\right) \tag{5-53a}$$

由永久荷载控制的组合：

$$N_d = \gamma_G\left(\sum N_{Gk1} + \sum N_{Gk2}\right) + \psi_C\gamma_Q\left(\sum N_{Qk1} + \sum N_{Qk2}\right) \tag{5-53b}$$

② 组合由风荷载产生的立杆附加轴向力时，应按式（5-53c）（5-53d）计算

由可变荷载控制的组合：

$$N_d = \gamma_G\left(\sum N_{Gk1} + \sum N_{Gk2}\right) + \gamma_Q\left(\sum N_{Qk1} + \psi_C \sum N_{Qk2} + \psi_W N_{Wfk}\right) \tag{5-53c}$$

由永久荷载控制的组合

$$N_d = \gamma_G\left(\sum N_{Gk1} + \sum N_{Gk2}\right) + \gamma_Q\left[\psi_C\left(\sum N_{Qk1} + \sum N_{Qk2} + \psi_W N_{Wfk}\right)\right] \tag{5-53d}$$

式中：N_d——支撑脚手架立杆的轴向力设计值（N）；

$\sum N_{Gk1}$——支撑脚手架立杆由结构件和附件的自重产生的轴向力标准值总和（N）；

$\sum N_{Gk2}$——支撑脚手架立杆由 N 以外的其他永久荷载产生的轴向力标准值总和（N）；

$\sum N_{Qk1}$——支撑脚手架立杆由施工荷载产生的轴向力标准值总和（N）；

$\sum N_{Qk2}$——支撑脚手架立杆由其他可变荷载产生的轴向力标准值总和（N）；

N_{Wfk}——支撑脚手架立杆由风荷载产生的最大附加轴向力标准值（N），应按式 5-56 计算。

（12）支撑脚手架立杆由风荷载产生的弯矩设计值应按式 5-49 计算，弯矩标准值应按式（5-54）计算

$$M_{Wk} = \frac{\xi_2 l_a w_k h^2}{10} \tag{5-54}$$

式中：M_{Wk}——支撑脚手架立杆由风荷载产生的弯矩标准值（N · mm）；

w_k——支撑脚手架风荷载标准值（N/mm^2），应以单榀桁架体型系数 μ 按式 5-36 计算；

ξ_2——支撑脚手架立杆由风荷载产生的弯矩折减系数，对于门架取 0.6，其他取 1.0；

l_a——立杆（门架）纵距（mm）；

h——架体步距（mm）。

（13）除混凝土模板支撑脚手架以外，室外搭设的支撑脚手架在立杆轴向力设计值计算时，应计入由风荷载产生的立杆附加轴向力，但当同时满足表 5.2.13 中某一序号条件时，可不计入由风荷载产生的立杆附加轴向力。

（14）支撑脚手架连墙件杆件的强度及稳定应按式 5–43 进行计算，N_0 应取 3 kN，并应符合下列规定。

① 当连墙件用来抵抗水平风荷载时，应按式 5–43 计算连墙件所承受的水平风荷载标准值 N，并应按多榀桁架整体风荷载体型系数 μ 计算支撑脚手架风荷载标准值 w。

② 当连墙件用来抵抗其他水平荷载时，N 应取其他水平荷载标准值。

③ 当采用钢管抱箍等连接方式与建筑结构固定时，尚应对连接节点进行连接强度计算。

（15）风荷载作用在支撑脚手架上的倾覆力矩计算（图 5–28），可取支撑脚手架的一列横向（取短边方向）立杆作为计算单元，作用于计算单元架体的倾覆力矩宜按式（5–55a）~（5–55c）计算

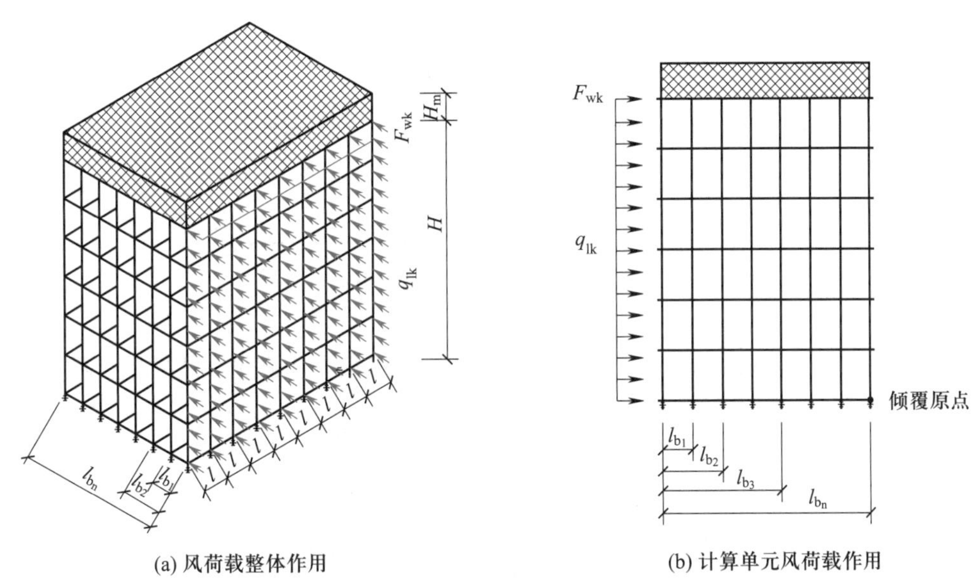

图 5–28　风荷载作用示意图

$$M_{Ok}=\frac{1}{2}H^2q_{Wk}+HF_{Wk} \tag{5–55a}$$

$$q_{Wk}=l_aw_{fk} \tag{5–55b}$$

$$F_{Wk}=l_aH_mw_{mk} \tag{5–55c}$$

式中：M_{Ok}——支撑脚手架计算单元在风荷载作用下的倾覆力矩标准值（N·mm）；

H——支撑脚手架高度（mm）；

H_m——作业层竖向封闭栏杆（模板）高度（mm）；

q_{wk}——风线荷载标准值（N/mm）；

F_{wk}——风荷载作用在作业层栏杆（模板）上产生的水平力标准值（N）；

l_a——立杆（门架）纵距（mm）；

w_{fk}——支撑脚手架风荷载标准值（N/mm²），应以多榀桁架整体风荷载体型系数 μ_{stw} 按式 5-36 计算（按国家标准《建筑结构荷载规范》（GB 50009—2012）计算；

w_{mk}——竖向封闭栏杆（模板）的风荷载标准值（N/mm²），应按式 5-36 计算，封闭栏杆（含安全网）μ_s 宜取 1.0，模板 μ_s 应取 1.3。

（16）支撑脚手架在风荷载作用下，计算单元立杆产生的附加轴向力可近似按线性分布确定，并可按式（5-56）计算立杆最大附加轴向力（图 5-29），即

$$N_{Wfk}=\frac{6n}{(n+1)(n+2)}\times\frac{M_{Ok}}{B} \tag{5-56}$$

式中：N_{Wfk}——支撑脚手架立杆在风荷载作用下的最大附加轴向力标准值（N）；

n——计算单元跨数；

B——支撑脚手架横向宽度（mm）。

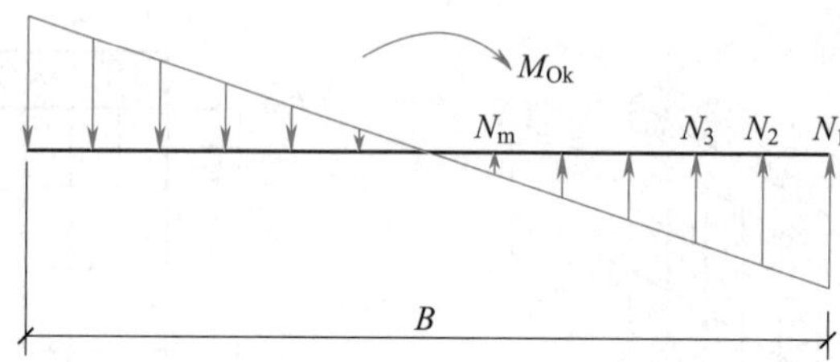

图 5-29　风荷载作用下立杆附加轴向力分布示意图

（17）在水平风荷载的作用下，支撑脚手架抗倾覆承载力应满足下式要求，即

$$B^2 l_a(g_{k1}+g_{k2})+2\sum_{j=1}^{n}G_{jk}b_j\geqslant 3\gamma_0 M_{Ok} \tag{5-57}$$

式中：g_{k1}——均匀分布的架体面荷载自重标准值（N/mm²）；

g_{k2}——均匀分布的架体上部的模板等物料面荷载自重标准值（N/mm²）；

G_{jk}——支撑脚手架计算单元上集中堆放的物料自重标准值（N）；

b_j——支撑脚手架计算单元上集中堆放的物料至倾覆原点的水平距离（mm）

（18）脚手架立杆地基承载力应满足式（5-58）的要求

$$P=\frac{N_d}{A_d}\leqslant\gamma_u f_a \tag{5-58}$$

式中：P——脚手架立杆基础底面的平均压力设计值（N/mm²）；

N_d——脚手架立杆的轴向力设计值（N）；

A_d——立杆底座底面积（mm²）；

γ_u——永久荷载和可变荷载分项系数加权平均值，当按永久荷载控制组合时取 1.363，当按可变荷载控制组合时取 1.254；

f_a——修正后的地基承载力特征值（N/mm²），按第（19）条确定。

（19）地基承载力特征值可由荷载试验或其他原位测试、公式计算并结合工程实践经验等方法综合确定。在脚手架地基验算时，应结合地基土的类别、状态等因素对地基承载力特征值进行修正。

（20）脚手架所使用的钢丝绳应采用荷载标准值按容许应力法进行设计计算，钢丝绳的容许拉力值应按国家现行相关标准确定，安全系数应按本章节第1条的规定取用。

（21）当脚手架搭设在建筑结构上时，应按国家现行相关标准的规定对建筑结构承载能力进行验算。

（三）正常使用极限状态

（1）当脚手架结构或构配件按正常使用极限状态设计时，应符合式（5-59）的要求：

$$v_{max} \leqslant [v] \tag{5-59}$$

式中：v_{max}——永久荷载标准组合作用下脚手架结构或构配件的最大变形值（mm），应按脚手架相关的国家现行标准计算；

$[v]$——脚手架结构或构配件的变形规定限值（容许挠度 mm），参考表 5-43。

（2）脚手架受弯构件容许挠度应符合表 5-43 的规定。

表 5-43　脚手架受弯构件容许挠度

构件类别	容许挠度 /mm
脚手板、水平杆件	L/150 与 10 取较小值
作业脚手架悬挑受弯杆件	L/400
模板支撑脚手架受弯杆件	L/400

（3）按正常使用极限状态设计时，永久荷载的标准值计算应符合下列要求。

① 受弯杆件由永久荷载产生的弯矩标准值应按式（5-60）计算

$$M_{Gk} = \sum M_{Gk} \tag{5-60}$$

式中：M_{Gk}——受弯杆件由永久荷载产生的弯矩标准值（mm·N）。

② 作业脚手架立杆由永久荷载产生的轴向力标准值应按式（5-61）计算

$$N_{Gk} = \sum N_{Gk} \tag{5-61}$$

式中：N_{Gk}——作业脚手架立杆由永久荷载产生的轴向力标准值（N）。

（四）电算

手算方式计算模板脚手架效率低下，且易出现误差，参考价值较小。随着计算机技术的快速发展，采用电算方式计算模板脚手架被广泛应用于建筑施工。电算方式具有更高的计算效率和精度，能够降低计算难度，缩短项目实施时间，同时提供可视化计算过程，便于审查校对。采用电算方式计算模板脚手架不仅可以提高施工效率，减少计算误差，减轻施工人员的劳动强度，还适用于复杂的工程和大规模的施工项目。具体应用见表 5-44。

表 5-44　电算计算模板脚手架的过程

步骤	图示
导入模型	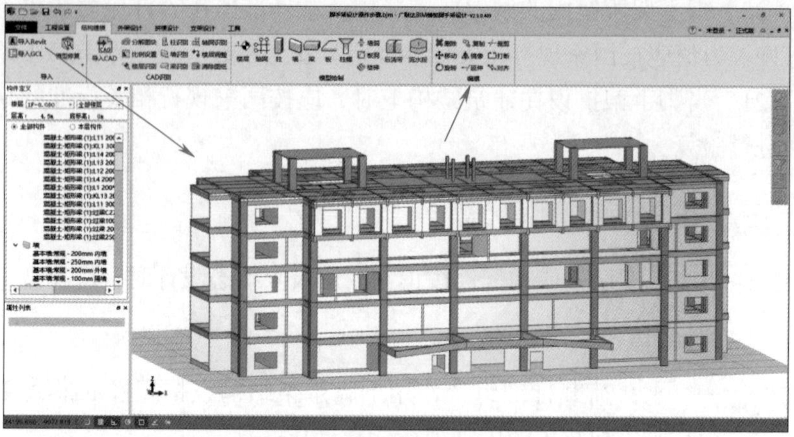
材料定义	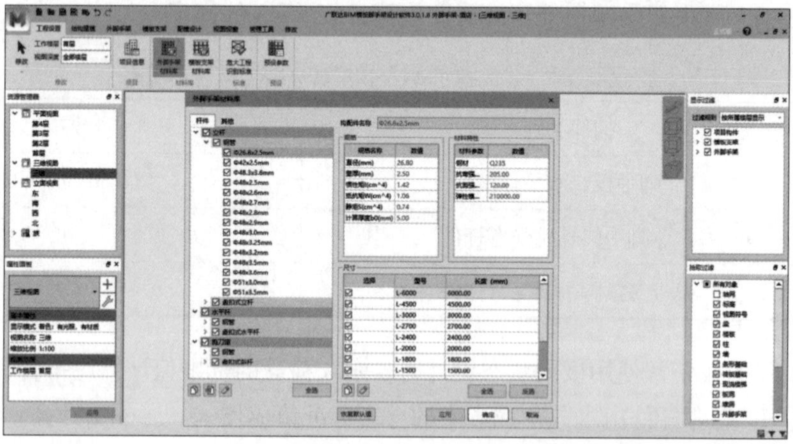
架体参数设置	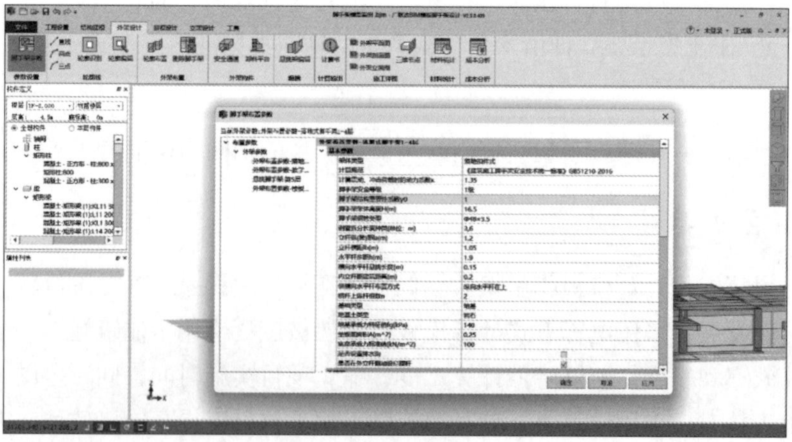

步骤	图示
模板脚手架快速排布生成	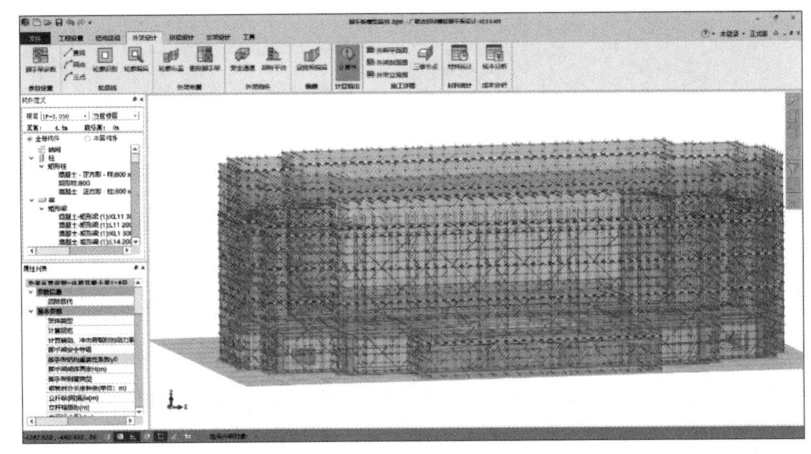
选择验收规范，输出计算结果	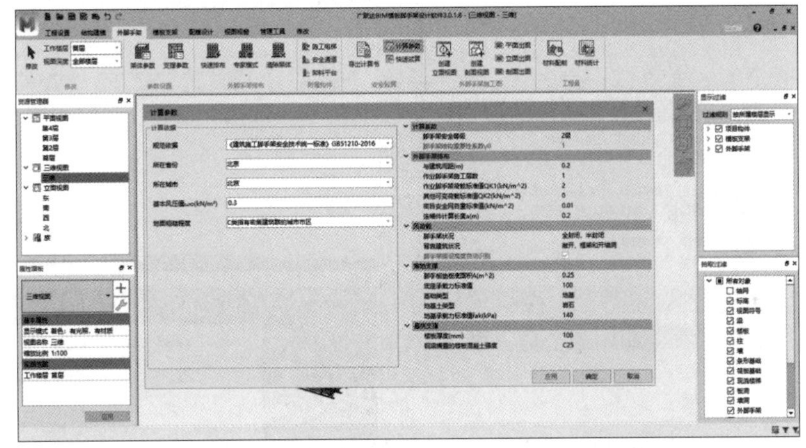

（五）可视化交底

可视化交底是将三维模型、二维图纸、工艺动画、工序计划等项目信息进行动态展示、交流、协作的过程。在可视化交底中，BIM 系统是一种非常有效的工具，既可以提升施工效率及质量，也可有效降低工程投资风险，避免出现设计、施工问题等质量问题。可视化交底在提高信息透明度、规避混淆、降低建造成本方面有着极大的作用。

BIM+ 智慧工地云平台中的可视化交底（图 5–30）包括三维节点、工序动画、文档资料等功能。在“三维节点”功能中，我们可以将交底信息进行动态展示，有助于提升工作效率。“工序动画”功能主要用于展示项目各个工序的详细信息，有助于建筑工人更好地理解工序，减少错误发生率。“文档资料”功能用于存储和分享项目中的文件和资料，有助于团队信息共享、协作和提高执行力。通过 BIM 系统，可视化交底活动可以在各个节点进行，并将所有活动建立在同一个平台上，为团队合作和沟通提供了最佳支持，从而更好地支撑了建设过程的进行。

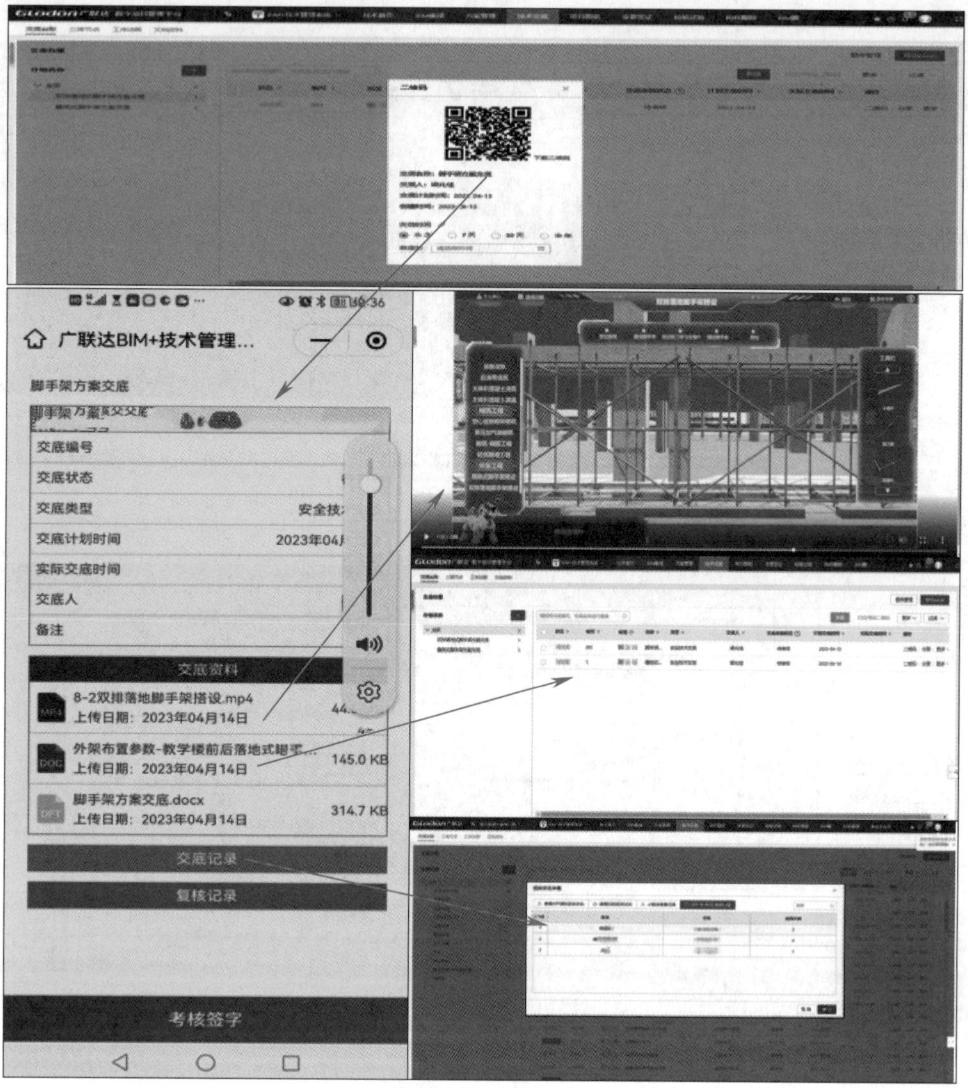

构造要求

落地式双排脚手架设计

图 5-30　可视化交底

【任务实施】

以扣件式钢管脚手架为例，设计某工程落地式双排脚手架。某建筑为钢筋混凝土结构，地下 1 层，地上 10 层，1～2 层层高为 4.5 m，3～10 层层高为 3.6 m，建筑檐高为 39 m。

悬挑脚手架搭设视频

【操作指导】

完成某工程落地式双排脚手架的设计，并通过工程建设大数据平台完成项目的可视化交底。

【任务实施】

以某型钢悬挑脚手架为例，设计该工程的型钢悬挑梁。在任务一中我们已经探讨了落地式双排脚手架的设计，在这里就不再赘述，任务二主要探讨型钢悬挑脚手架中型钢悬挑梁的设计过程。悬挑钢梁参数见表 5–45，18 号工字钢截面几何特征见表 5–46。

表 5–45　悬挑钢梁参数

悬挑钢梁类型	工字钢	悬挑钢梁规格	18 号工字钢
钢梁悬挑长度 /m	1.4	钢梁锚固长度 /m	1.8
悬挑钢梁与楼板锚固类型	螺栓连接	钢梁搁置的楼板混凝土强度	C30
钢筋保护层厚度 /mm	15	楼板厚度 /mm	100
钢梁锚固点 U 形拉环	2	U 形拉环直径 /mm	20
配筋钢筋强度等级	HRB335		

型钢悬挑脚手架设计

表 5–46　18 号工字钢截面几何特征

型号	理论质量 /（kg/m）	x–x				y–y		
		I_x/cm^4	W_x/cm^3	i_x/cm	$I_x: S_x$	I_y/cm^4	W_y/cm^3	i_y/cm
18	24.143	1 660	185	7.36	15.4	122	26.0	2.00

双排落地脚手架搭设视频

立杆传递给工字钢梁的荷载基本组合设计值（验算强度）F=12.80 kN，立杆传递给工字钢梁的荷载标准组合设计值（验算变形）F_k=9.36 kN。

脚手架工程实例：楚雄职教办公楼项目

【操作指导】

完成型钢悬挑梁的设计。

复习思考题

一、选择题

脚手架拆除视频

1. 通常情况下，板的模板拆除时，混凝土强度应至少达到设计混凝土强度标准值的（　　）。

A. 50%　　B. 50% ~ 75%　　C. 75%　　D. 100%

2. 梁模板支承时，其跨度为 6 m，则梁中间要把木模板支起拱度至少为（　　）。

A. 6 mm　　B. 9 mm　　C. 12 mm　　D. 18 mm

外架监测视频

3. 拆装方便、通用性强、周转率高是（　　）的优点。

A. 滑升模板　　B. 组合钢模板

C. 大模板　　　　D. 爬升模板

4. 大体积混凝土早期出现裂缝的主要原因是（　　）。

A. 混凝土构件出现内冷外热温差

B. 混凝土构件出现内热外冷温差

C. 混凝土构件与基底约束较大，产生较大的拉应力

D. 混凝土水灰比太大

5. 浇灌混凝土不能一次完成或遇特殊情况时，中间停歇时间超过（　　）h 以上时，应设置施工缝。

A. 2　　B. 3　　C. 4　　D. 1

6. 一般所说的混凝土强度是指（　　）。

A. 抗压强度　　B. 抗折强度　　C. 抗剪强度　　D. 抗拉强度

7. 采用插入式振捣器对基础、梁、柱进行振捣时，要做到（　　）。

A. 快插快拔　　B. 快插慢拔　　C. 慢插慢拔　　D. 慢插快拔

8. 浇注水下混凝土时，导管应始终埋入混凝土中不小于（　　）。

A. 3～4 m　　B. 0.3～0.5 m　　C. 0.8 m　　D. 2 m

9. 某混凝土梁的跨度为 9.0 m，采用木模板、钢支柱支模时，如无设计要求，则该混凝土梁跨中的起拱高度为（　　）。

A. 6 mm　　B. 8 mm　　C. 18 mm　　D. 28 mm

10. 地下室混凝土墙体一般只允许留设水平施工缝，其位置宜留在受（　　）处。

A. 轴力较小　　B. 剪力较小　　C. 弯矩最大　　D. 剪力最大

二、多选题

1. 混凝土柱子施工缝可留在（　　）部位。

A. 基础顶面　　B. 梁底部

C. 板底 2～3 cm　　D. 板顶面

2. 影响混凝土强度的主要因素有（　　）。

A. 水灰比　　B. 养护条件　　C. 水泥标号　　D. 施工方法

3. 以下关于混凝土施工缝留设的位置，正确的是（　　）。

A. 高度大于 1 m 的梁不应与板同时浇筑混凝土

B. 单向板可留在平行于短边的任何位置

C. 混凝土墙的施工缝不得留在纵横墙交接处

D. 混凝土栏板的施工缝应与梯段的施工缝相对应

4. 以下各种情况中可能引起混凝土离析的是（　　）。

A. 混凝土自由下落高度为 3 m　　B. 混凝土温度过高

C. 振捣时间过长　　D. 运输道路不平

E. 振捣棒慢插快拔

三、简答题

1. 简述钢筋的类别及如何识别钢筋。

2. 简述钢筋连接方法的类别，并说明不同类别连接方法的施工工艺、特点及适用范围。

3. 简述施工现场验收钢筋的步骤。

4. 简述钢筋下料长度计算时需要考虑的因素。

5. 简述钢筋弯折度量差、钢筋弯折，以及锚固长度的计算。

6. 简述钢筋入场的检查验收步骤。

7. 简述钢筋施工的质量控制和施工的质量标准。

四、设计计算题

1. 完成脚手架设计，并进行汇报。

2. 完成模板设计，并进行汇报。

项目6 预应力混凝土施工

【学习目标】

知识目标

1. 了解先张法、后张法施工常用的台座、夹具及张拉设备。
2. 熟悉先张法施工预应力筋的张拉工艺。
3. 熟悉先张法、后张法施工预应力筋的放张工艺。
4. 熟悉后张法施工的孔道留设、孔道灌浆工艺。

能力目标

1. 能够根据先张法、后张法的施工方法选择相应的施工机具。
2. 能够根据规范，对先张法、后张法工艺的具体施工是否规范做出评价。
3. 能够根据规范，对先张法、后张法工艺结果予以评定验收。

素养目标

1. 了解广联达预应力筋智能张拉监测系统。
2. 履行职业道德准则和行为规范，具有社会责任感。
3. 具有质量意识、环保意识、安全意识、工匠精神、创新思维。

【知识图谱】

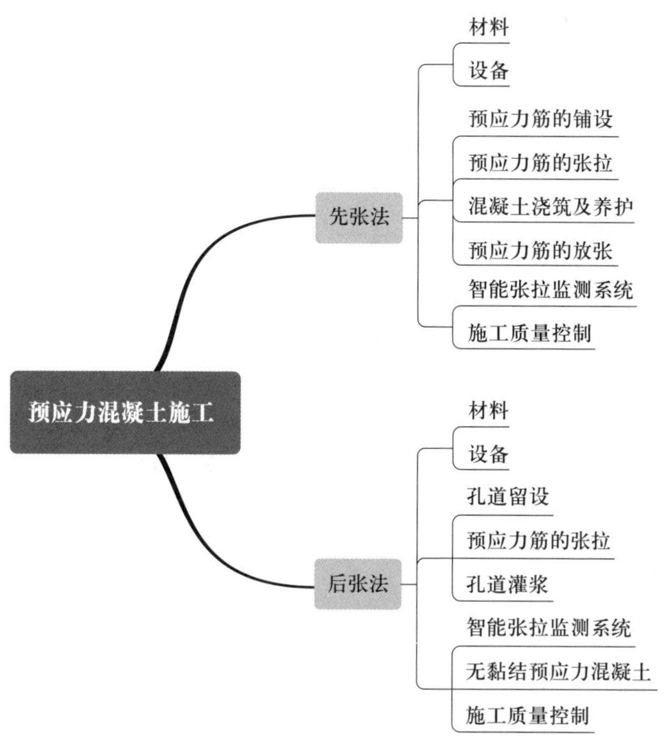

任务 6.1　先张法

【任务引入】

预应力混凝土与普通钢筋混凝土相比，具有抗裂性好、刚度大、自重轻、省材料、结构寿命长等优点，为建造大跨度结构创造了条件。预应力混凝土根据施加预应力方式的不同，可分为先张法预应力混凝土与后张法预应力混凝土。先张法是在混凝土构件浇筑前先张拉预应力筋，并用夹具将预应力筋临时锚固在台座或钢模上，再浇筑混凝土，待其达到一定强度（一般不低于混凝土设计强度标准值的 75%），混凝土与预应力筋具有一定的黏结力时，放松并切断预应力筋，使预应力筋产生弹性回缩，通过混凝土与预应力筋间的黏结力，对混凝土施加预压应力，先张法预应力工艺流程如图 6-1 所示。因此，在先张法预应力混凝土构件中，预应力通过预应力筋与混凝土间的黏结力传递。

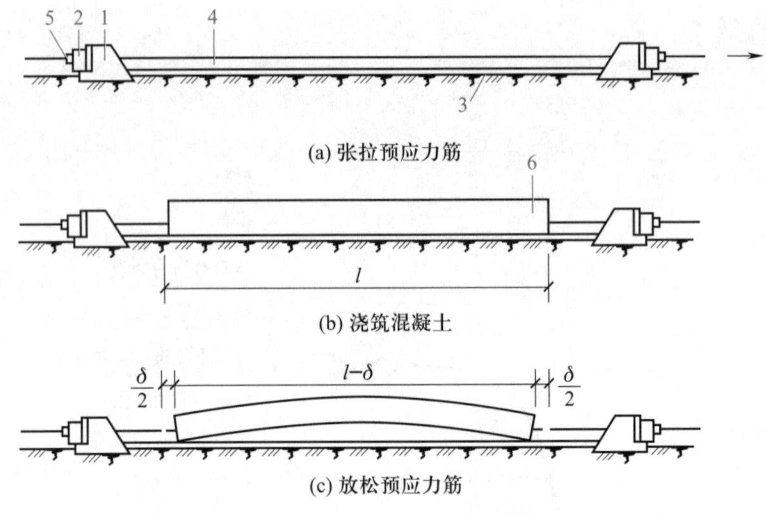

图 6-1　先张法预应力工艺流程

1—台座承力结构；2—横梁；3—台面；
4—预应力筋；5—锚固夹具；6—混凝土构件

【知识准备】

一、施工材料

1. 预应力混凝土

预应力混凝土结构中，混凝土强度等级越高，能够承受的预压应力也越高，同时，采用高强度混凝土与高强度钢筋相配合，可以获得更为经济的构件截面尺寸并有效减轻结构自重，而且高强度混凝土与钢筋之间的黏结力也更高，这对依靠黏结力传递预应力的先张法构件尤为重要。因此，《混凝土结构设计规范》（GB 50010 —2010）规定，预应力混凝土结构中混凝土强度等级不宜低于 C40，且不应低于 C30。

2. 预应力筋

先张法中的预应力筋通常采用预应力螺纹钢筋、刻痕钢丝、消除预应力钢丝、钢绞线等，其规格品种、数量应符合设计要求和有关国家标准。

二、施工设备

（一）台座

台座是先张法施工张拉和临时固定预应力筋的支撑结构，它承受预应力筋的全部张拉力，因此台座要有足够的强度、刚度和稳定性，以免因台座的变形、倾覆和滑移引起预应力的损失，使先张法生产的构件质量得以保障。

台座按构造形式分为墩式台座和槽式台座两种，根据构件种类、张拉吨位和施工条件等进行选用。

1. 墩式台座

墩式台座由承力台墩、台面和横梁组成，如图 6–2 所示。台座的长度和宽度由场地大小、构件类型和产量决定，一般长度宜为 100 ~ 150 m，宽度宜为 2 ~ 4 m，这样可以利用钢丝长的特点，张拉一次可生产多根（块）预应力混凝土构件，减少了张拉和临时固定的工作，并减少因钢丝滑动或台座横梁变形引起的预应力损失。可按台座每米宽的承载力为 200 ~ 500 kN 设计台座，可用于制作中小型预应力混凝土构件。

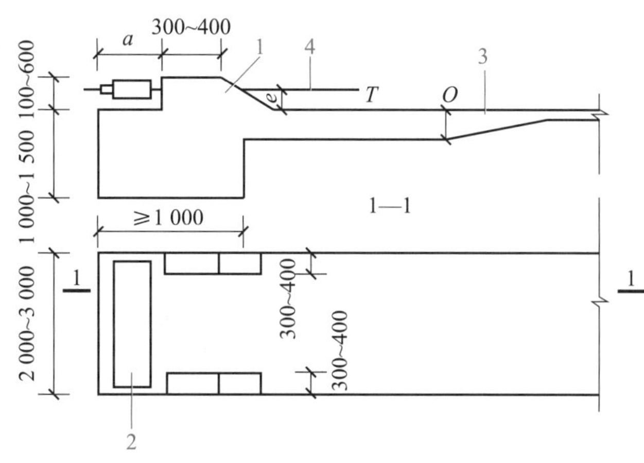

图 6–2 墩式台座

1—承力台墩；2—横梁；3—台面；4—预应力筋

2. 槽式台座

槽式台座由端柱、传力柱、上下横梁和砖墙等组成，如图 6–3 所示。台座的长度一般不超过 50 m，承载力可大于 1 000 kN，适用于张拉吨位较大的大型构件，如吊车梁、屋架等。为方便浇筑混凝土和蒸汽养护，槽式台座一般低于地面。在施工现场还可利用已预制的柱、桩等构件装配成简易的槽式台座。

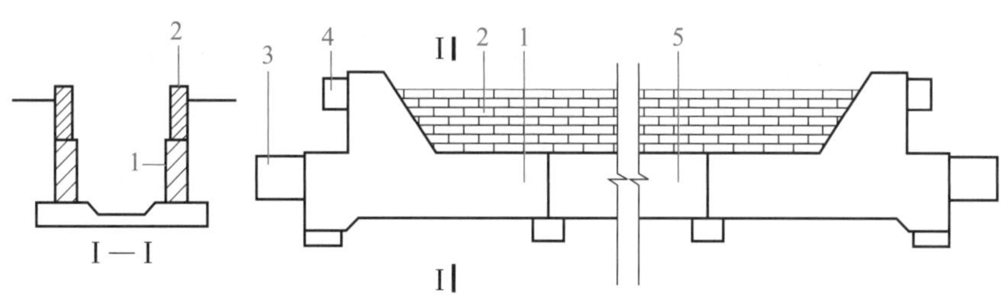

图 6–3 槽式台座

1—端柱；2—砖墙；3—下横梁；4—上横梁；5—传力柱

（二）夹具

夹具是预应力筋进行张拉和临时固定的工具。先张法的夹具根据工作特点和用途的不同，可分为两类：其一是锚固夹具，是将预应力筋临时固定在台座横梁上的工具；其二是张拉夹具，是将预应力筋与张拉机械连接起来进行预应力张拉的工具。预应力筋类型不同，采用的夹具形式也不同。锚固夹具与张拉夹具都是可以重复使用的工具。

1. 锚固夹具

常用的锚固夹具有钢质锥形夹具和墩头夹具。

（1）钢质锥形夹具。钢质锥形夹具主要用来锚固直径为 3 ~ 5 mm 的冷拔低碳钢丝，也适用于锚固直径 5 mm 的碳素（刻痕）钢丝，如图 6–4 所示。

（2）镦头夹具。镦头夹具适用于预应力钢丝固定端的锚固，将钢丝端部冷镦或热镦形成镦粗头，通过承力板锚固，如图 6–5 所示。

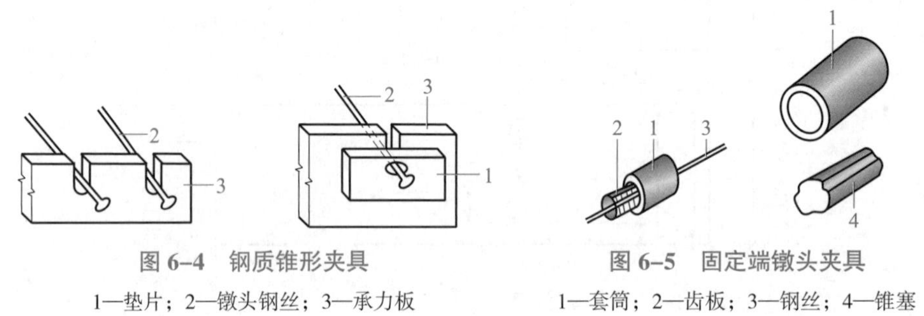

图 6–4　钢质锥形夹具

1—垫片；2—镦头钢丝；3—承力板

图 6–5　固定端镦头夹具

1—套筒；2—齿板；3—钢丝；4—锥塞

2. 张拉夹具

张拉夹具是将预应力筋与张拉机械连接起来进行预应力张拉的工具，常用的张拉夹具有月牙形夹具、偏心式夹具和楔形夹具，如图 6–6 所示，适用于张拉钢丝和直径 16 mm 以下的钢筋。

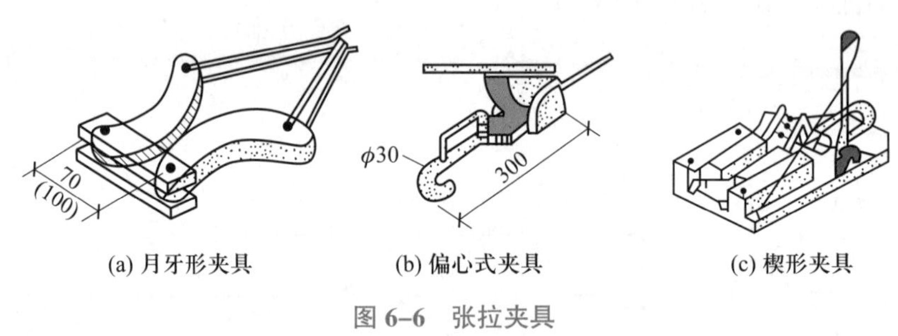

(a) 月牙形夹具　(b) 偏心式夹具　(c) 楔形夹具

图 6–6　张拉夹具

（三）张拉设备

张拉设备要求工作可靠，能准确控制应力，并以稳定的速率加大拉力。在先张法中常用的张拉设备有油压千斤顶、卷扬机、电动螺杆张拉机等。

油压千斤顶

1. 油压千斤顶

油压千斤顶可张拉单根或多根成组的预应力筋，可直接从油压表读取张拉力值。成组张拉时，由于拉力较大，一般用油压千斤顶张拉。

2. 卷扬机

卷扬机

卷扬机在长线台座上张拉钢筋时，一般千斤顶的行程不能满足台座的要求，可将直径较小的钢筋通过卷扬机进行张拉，在弹簧测力时，宜设行程开关，张拉到规定的应力即可自行停机。

3. 电动螺杆张拉机

电动螺杆张拉机

电动螺杆张拉机由螺杆、电动机、变速箱、测力计、顶杆等组成，可单根张拉预应力钢丝或钢筋。张拉时，顶杆支于台座横梁上，用张拉夹具夹紧钢筋后，开动电动机，由皮带、齿轮传动系统使螺杆做直线运动，进而张拉钢筋。电动螺杆张拉机具有运行稳定、螺杆有自锁性能的特点，因此电动螺杆张拉机恒载性能好、速度快、张拉行程大。

【任务实施】

先张法预应力混凝土施工的工艺流程如图 6–7 所示。

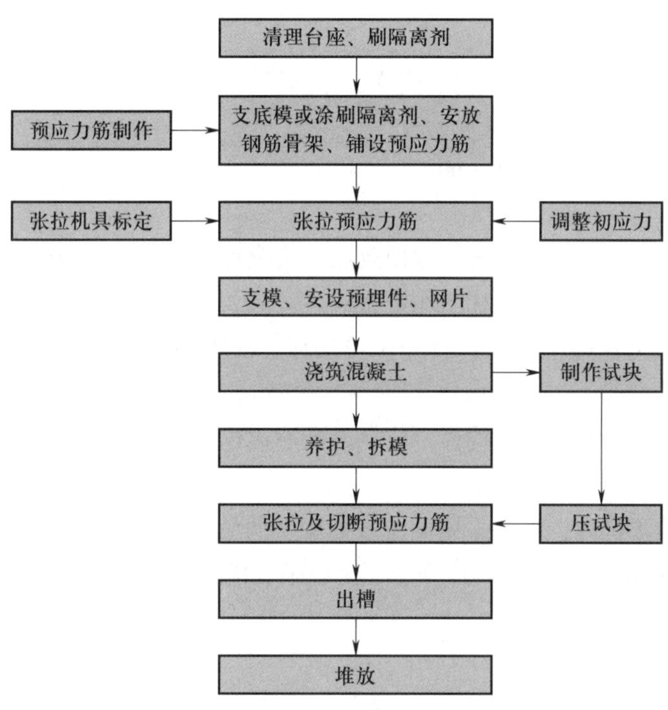

图 6–7　先张法预应力混凝土施工工艺流程

一、预应力筋的铺设

铺设前先做好台面的隔离层，应选用非油类模板隔离剂，隔离剂不得使预应力筋受污，以免影响预应力筋与混凝土的黏结。

碳素钢丝强度高、表面光滑、与混凝土黏结力较差，因此必要时可采取表面刻痕和压波措施，以提高钢丝与混凝土的黏结力。

二、预应力筋的张拉

1. 预应力筋张拉应力的确定

预应力筋的张拉控制应力应符合设计要求，张拉控制应力不能过高，否则会使钢筋应力接近破坏应力，易发生脆性破坏；若采用超张拉，可比设计要求提高 5%，根据《混凝土结构工程施工规范》（GB 50666—2011）的要求，最大张拉控制应力不得超过表 6–1 的规定。

表 6–1　最大张拉控制应力

预应力筋种类	消除应力钢丝、钢绞线	中强度预应力钢丝	预应力螺纹钢筋
张拉控制应力 σ_{con}	$0.80f_{ptk}$	$0.75f_{ptk}$	$0.90f_{pyk}$

注：f_{ptk} 为预应力筋极限抗拉强度标准值，f_{pyk} 为预应力筋屈服强度标准值。

2. 张拉程序

张拉程序

预应力筋的张拉程序可按程序① 或程序② 进行：

① $0 \rightarrow 103\%\sigma_{con}$；

② $0 \rightarrow 105\%\sigma_{con}$（保持荷载 2 min）$\rightarrow \sigma_{con}$。

3. 张拉顺序

（1）应根据结构受力特点、施工方便及操作安全等因素确定张拉顺序。

（2）预应力筋宜按均匀、对称的原则张拉。

（3）现浇预应力混凝土楼盖，宜先张拉楼板、次梁的预应力筋，后张拉主梁的预应力筋。

（4）对预制屋架等平卧叠浇构件，应从上而下逐榀张拉。

4. 预应力值校核

预应力钢筋的张拉力，一般采用油压表控制、伸长值校核。实测伸长值与计算伸长值的偏差应控制在 ±6% 以内，否则应查明原因并采取措施后再张拉。

三、混凝土浇筑及养护

钢筋张拉工作结束后，应立即浇筑混凝土，且一次浇筑完成。应采用低水灰比，控制水泥用量，采用良好的骨料级配并振捣密实，以此减少混凝土的收缩和徐变，进而减少预应力损失。混凝土浇筑时振动器不应碰撞预应力钢筋，混凝土未达到一定强度前，也不允许碰撞或踩动预应力钢筋，这样能够更好地保证预应力钢筋与混凝土有良好的黏结力。

湿热养护

预应力混凝土可采用自然养护和湿热养护。采用机组流水法钢模制作预应力构件时，钢模与预应筋同样伸缩，不存在因温差引起的预应力损失，这种情况下可采用一般加热养护制度。

四、预应力筋的放张

1. 放张要求

放张预应力筋时，混凝土应达到设计要求的强度。如设计无要求时，应不得低于设计混凝土强度等级的 75%。过早放张会引起较大的预应力损失或导致预应力钢丝产生滑动。

放张前，应拆除侧模，使放张时构件能自由压缩，否则将损坏模板或使构件开裂。预应力筋的放张工作，应缓慢进行，防止冲击。

放张时，应采取有效的安全防护措施，预应力筋两端正前方不得站人或穿越，同时应对张拉力、压力表读数、张拉伸长值及异常情况等做出详细记录。

2. 放张方法

对于配筋不多的预应力钢丝，放张时可采用剪切割断和熔断的方法，自中间向两侧逐根进行，减少回弹量。对于配筋较多的预应力钢丝放张应同时进行，如逐根放张，最后几根钢丝将由于承受过大的拉力而突然断裂，使得构件端部容易开裂。

对于预应力钢筋，放张应缓慢进行。放张前应拆除侧模，使构件自由收缩。若配筋不多，可采用逐根加热熔断或通过预先设置在钢筋锚固端的楔块等单根放张。若配筋较多，所有钢筋应同时放张，可选用千斤顶、砂箱、楔块等装置放张，如图 6–8 所示。

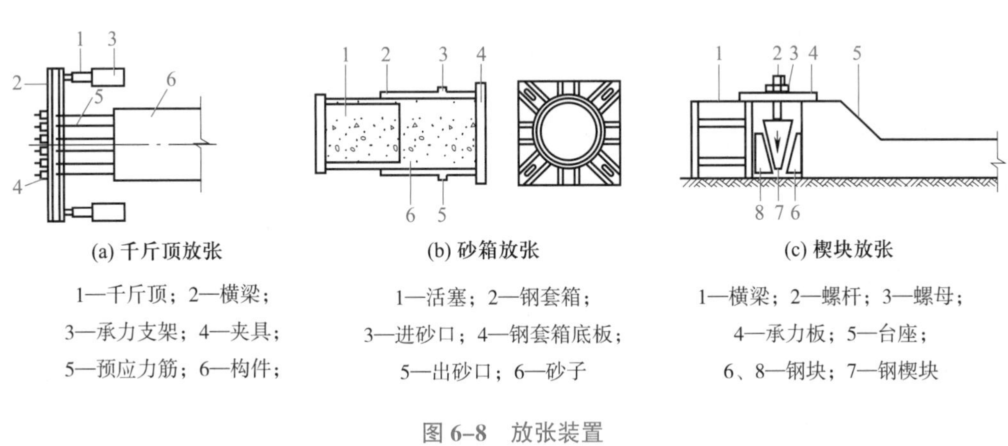

(a) 千斤顶放张

1—千斤顶；2—横梁；
3—承力支架；4—夹具；
5—预应力筋；6—构件；

(b) 砂箱放张

1—活塞；2—钢套箱；
3—进砂口；4—钢套箱底板；
5—出砂口；6—砂子

(c) 楔块放张

1—横梁；2—螺杆；3—螺母；
4—承力板；5—台座；
6、8—钢块；7—钢楔块

图 6–8　放张装置

3. 放张顺序

（1）宜采取缓慢放张工艺进行逐根或整体放张。

（2）对轴心受压构件，所有预应力筋宜同时放张。

（3）对受弯或偏心受压的构件，应先同时放张预压应力较小区域的预应力筋，再同时放张预压应力较大区域的预应力筋。

（4）当不能按上述规定放张时，应分阶段、对称、相互交错放张。

（5）放张后，预应力筋的切断顺序，宜从张拉端开始逐次切向另一端。

【操作指导】

一、张拉注意事项

张拉时，张拉机具与预应力筋应在一条直线上，同时在台面上每隔一定距离放一根圆钢筋头或相当于保护层厚度的其他垫块，以防止预应力筋因自重下垂接触隔离剂而污染预应力筋。

顶紧锚塞时，用力不要过猛，以防钢丝折断；在拧紧螺母时，应注意压力表读数始终保持所需的张拉力。

多根预应力筋同时张拉时，应先调整初应力，使相互间的应力一致。预应力筋张拉锚固后的实际预应力值与设计规定的检验值的相对允许偏差为 ±5%。

预应力筋张拉时，应从零拉力加载至初拉力后，量测伸长值初读数，再以均匀速率加载至张拉控制力。

预应力筋张拉中应避免预应力筋断裂或滑脱。当发生断裂或滑脱时，在浇筑混凝土前发生断裂或滑脱的预应力筋必须更换。

预应力筋张拉完毕后，对设计位置的偏差不得大于 5 mm，也不得大于构件截面最短边长的 4%。

二、智能张拉监测系统

智能张拉监测系统

预应力混凝土结构施工过程中，预应力张拉过程中拉力的控制是张拉的难点，也是最容易影响张拉质量的环节，常常存在张拉力不够或应力过大损坏梁体的情况，甚至有可能出现张拉数据造假而原始数据无法追溯。智能张拉监测系统（图 6-9）可以通过控制预应力张拉施工工艺质量的动态控制，利用物联网手段，全天候对桥梁预应力施工质量进行控制，对张拉结果、理论张拉力、实际张拉力、张拉力误差、理论伸长量、实际伸长量、延伸量误差等数据进行收集，通过网络实时上传到云平台服务器进行数据分析、处理，实现作业过程质量的动态监控。

智能张拉检测系统可自动提取张拉记录数据，杜绝人为造假的可能，实现张拉过程动态远程监控、规范现场作业质量、预应力张拉伸长量和误差查询、超标数据实时报警等。其应用领域包括预应力混凝土结构、钢结构、混凝土预制构件等，实际效果是大幅提高张拉施工质量，降低质量事故发生率，优化主体结构的质量和性能，有效控制施工成本。智能张拉检测系统的应用对于预应力混凝土施工带来的影响和改变是提高了施工质量和效率，缩短了建设周期，降低了生产成本，为建设绿色、智慧、高质量的工程提供了可靠保障。

【知识拓展】

预应力混凝土施工质量控制包括以下内容。

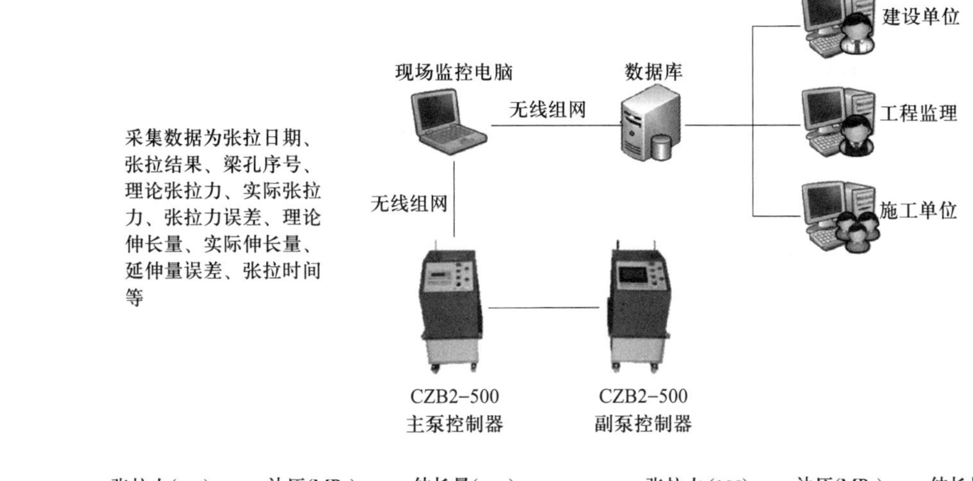

图 6-9　智能张拉监测系统

一、对原材料的质量控制

1. 预应力筋

预应力用热处理钢筋、钢丝、钢绞线的品种、规格、直径应符合设计要求及国家标准，应有合格证、进场验收记录及复试报告。

预应力钢筋、钢丝、钢绞线符合的规范要求

2. 混凝土

先张法中混凝土宜采用 525 号普通硅酸盐水泥与早强硅酸盐水泥，一级配骨料，中粗砂，砂率为 0.25 ~ 0.32，采用半干硬性混凝土，坍落度为 1 ~ 3 cm，禁止掺入对预应力筋有腐蚀作用的外加剂。

二、对机具设备的质量控制

预应力筋用锚具、夹具和连接器应按设计要求采用，其性能应符合国家标准《预应力筋用锚具、夹具和连接器》（GT/B 14370—2015）中的相关规定。其主要检查其产品合格证、出厂检验报告和进场复验报告，使用前应进行外观检查，表面应无污物、锈蚀、机械损伤和裂纹。

三、对施工过程的质量控制

先张法预应力筋施工时应选用非油质类模板隔离剂，并应避免沾污预应力筋。其主要通过观察检查。

预应力筋的张拉力、放张顺序及张拉工艺应符合设计要求及施工技术方案的要求，并应符合下列规定：当施工需要超张拉时，最大张拉应力不应大于《混凝土结构工程施工规范》（GB 50666—2011）的规定；当采用应力控制方法张拉时，应校核预应力筋的伸长值，实际伸长值与设计计算理论伸长值的相对允许偏差为 ±6%。其主要检查张拉记录。

预应力筋张拉锚固后实际建立的预应力值与工程设计规定检验值的相对允许偏差为 ±5%。对先张法施工，应检查预应力筋应力检测记录。

张拉过程中应避免预应力筋断裂或滑脱，当发生断裂或滑脱时，对先张法预应力构件，在浇筑混凝土前发生断裂或滑脱的预应力筋必须予以更换，其主要检查张拉记录；先张法预应力筋放张时，宜缓慢放松锚固装置，使各种预应力筋同时缓慢放松。

先张法预应力筋张拉后与设计位置的偏差不得大于 5 mm，且不得大于构件截面短边边长的 4%，主要用钢尺检查。

任务 6.2　后张法

【任务引入】

后张法是先制作构件，浇筑混凝土前在预应力钢筋的位置预留孔道，待构件混凝土强度达到设计规定的强度后，将预应力筋穿入孔道，用张拉机具夹持预应力筋进行张拉，将其张拉至设计规定的控制预应力，在构件端部用锚具将预应力筋锚固，最后进行孔道灌浆（也可不灌浆）。预应力筋的张拉力主要通过构件端部的锚具传递给混凝土，使混凝土产生预压应力。后张法主要用于施工现场制作大型和重型的构件，其工艺流程如图 6-10 所示。

【知识准备】

一、施工材料

后张法施工用预应力筋的制作

1. 预应力混凝土

预应力混凝土的材料要求同先张法。

2. 后张法施工用预应力筋

后张法常选用直径 3 ~ 5 mm 的冷拔低碳钢丝、碳素钢丝、钢绞线、冷拉钢筋，直径 6 ~ 10 mm 的热处理钢筋，直径 25 ~ 32 mm 的精轧螺纹钢筋等作为预应力筋。

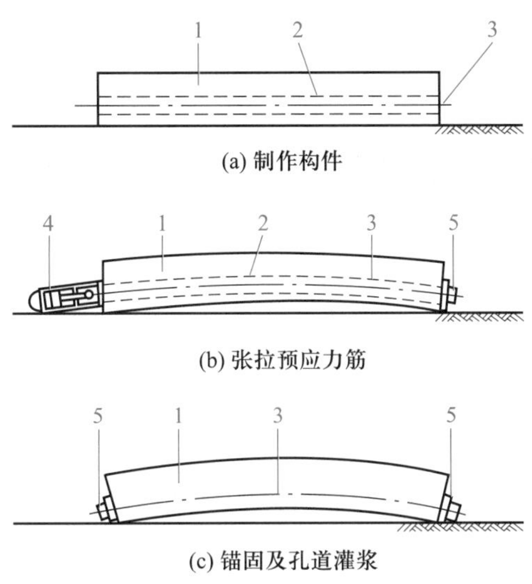

图 6–10　后张法预应力工艺流程

1—混凝土构件；2—预留孔道；3—预应力筋；

4—千斤顶；5—锚具

二、锚具和张拉设备

（一）锚具

锚具是后张法中预应力筋张拉和永久固定在预应力混凝土构件上的永久性锚固装置。

后张法中，锚具有不同的分类方法：根据其锚固原理和构造形式不同，可将锚具分为螺杆锚具、夹片锚具、锥锚式锚具和镦头锚具 4 种体系；根据预应力筋张拉时锚具的位置与作用，可将锚具分为张拉端锚具和固定端锚具；根据预应力筋的种类和数量的不同，可将锚具分为单根粗钢筋锚具、钢筋束、钢绞线锚具及钢丝锚具。

1. 单根粗钢筋预应力筋锚具

（1）螺丝端杆锚具

螺丝端杆锚具由螺栓端杆、垫板和螺母组成，如图 6–11 所示。螺栓端杆可用与预应力筋同级别的热处理钢筋或经热处理 45 低碳钢制作，螺母可用 30 低碳钢制作。螺栓端杆锚具与预应力筋对焊，用张拉设备张拉螺栓端杆，然后用螺母锚固。

螺丝端杆锚具的型号包括 LM18 ~ LM36，适用于直径 18 ~ 36 mm 的Ⅱ、Ⅲ级预应力钢筋。锚具的长度一般为 320 mm，当采用一端张拉或预应力筋的长度较长时，螺杆的长度应增加 30 ~ 50 mm。

（2）帮条锚具

帮条锚具由 1 块方形衬板与 3 根帮条组成，如图 6–12 所示。衬板采用普通低碳钢板，帮条采用与预应力筋同类型的钢筋。帮条焊接应在冷拉前进行，为避免受力扭曲，应保证 3 根帮条与衬板接触的截面在同一个垂直平面。帮条锚具一般用在单根粗钢筋作预应力筋的固定端。

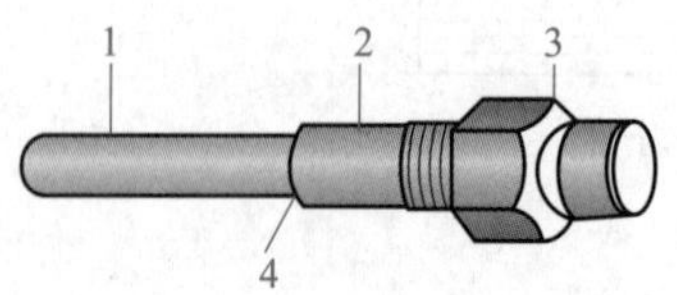

图 6-11　螺丝端杆锚具

1—钢筋；2—螺栓端杆；3—螺母；4—焊接接头

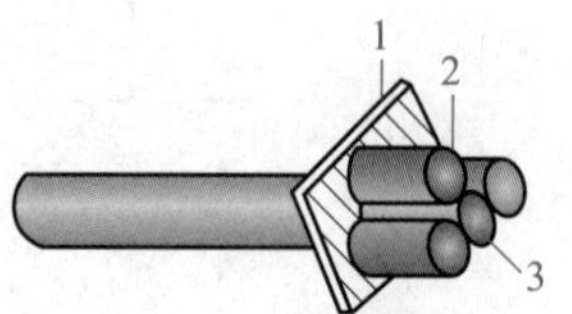

图 6-12　帮条锚具

1—衬板；2—帮条；3—预应力筋

2. 预应力钢筋束、钢绞线束锚具

预应力钢筋束、钢绞线束常用的锚具包括 JM 型、XM 型、KT–Z 型、QM 型锚具，以及用于固定端的镦头锚具等。

（1）JM 型锚具

JM 型锚具由锚环与夹片组成，夹片呈扇形，通过两侧的半圆槽对预应力钢筋进行锚固。在半圆槽内刻有截面为梯形的齿痕，以此增加夹片与预应力筋之间的摩擦力，夹片背面的坡度与锚环一致，如图 6–13 所示。

JM 型锚具的特点是尺寸小、端部无须扩孔、构造简单，但不能用于吨位较大的锚固单元，因此它适用于 3 ~ 6 根直径为 12 mm 的光圆或变形钢筋束，以及 5 ~ 6 根直径为 12 mm 钢绞线束的锚固，可用作张拉端或固定端锚具，也可用作重复使用的工具锚。

（2）XM 型锚具

XM 型锚具由锚环和夹片组成，夹片为斜开缝，以确保夹片能夹紧钢绞线或钢丝束中每一根外围钢丝，形成可靠的锚固，属于新型大吨位群锚体系锚具，如图 6–14 所示。

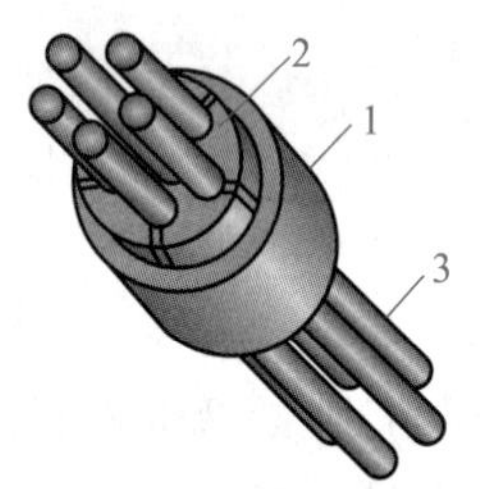

图 6–13　JM 型锚具

1—锚环；2—夹片；3—钢筋束

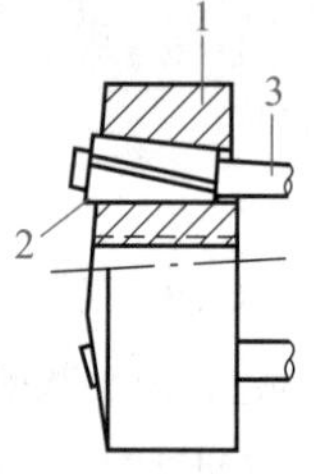

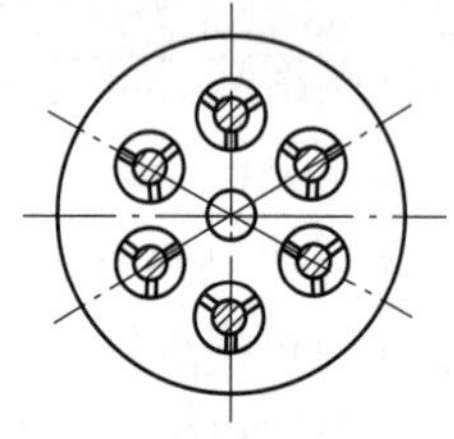

图 6–14　XM 型锚具

1—锚环；2—夹片（三片）；3—钢绞线

XM 型锚具适用于锚固 1 ~ 12 根直径为 15 mm 的钢绞线，也可用于锚固钢丝束。其特点是每根钢绞线都是分开锚固的，任何一根钢绞线的锚固失效（如钢绞线拉断、夹片碎裂等），不会引起整束锚固失效。

XM 型锚具可作工具锚与工作锚使用。其用于工具锚时，可在夹片和锚板之间涂抹一层固体润滑剂（如石墨、石蜡等），有利于夹片松开脱落；其用于工作锚时，具有连续反复张拉的功能，可用行程不大的千斤顶张拉任意长度的钢绞线。

（3）KT–Z 型锚具

KT–Z 型锚具由锚环和锚塞组成，属于半埋式锚具，如图 6–15 所示，使用时将锚环小头嵌入承压钢板中，并用断续焊缝焊牢，然后共同预埋在构件端部。其适用于锚固 3 ~ 6 根直径为 12 mm 的钢筋束或钢绞线束。

QM型 锚具及配件

（4）QM 型锚具

QM 型锚具由锚板与夹片组成，但与 XM 型锚具不同的点在于 QM 型锚具的锚孔是直的，锚板顶面是平的，夹片垂直开缝，备有配套喇叭形铸铁垫板与弹簧圈等。QM 型锚具备有配套自动工具锚，张拉和退出十分方便，适用于锚固 4 ~ 31 根直径为 12 mm 和 3 ~ 19 根直径为 15 mm 的钢绞线束。

（5）镦头锚具

墩头锚具用于固定端，由锚固板和带镦头的预应力筋组成，如图 6–16 所示。

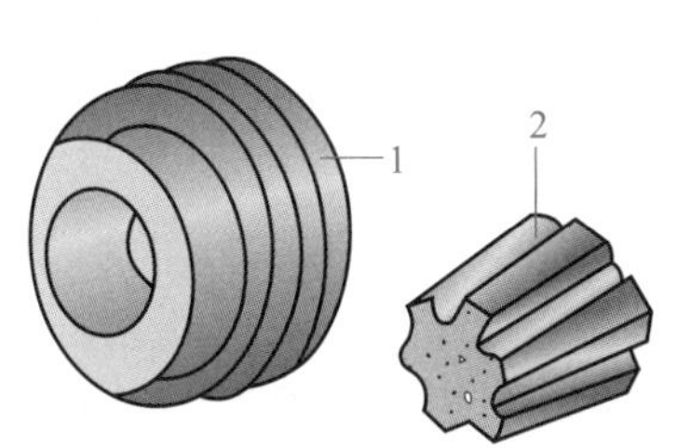

图 6–15　KT–Z 型锚具

1—锚环；2—锚塞

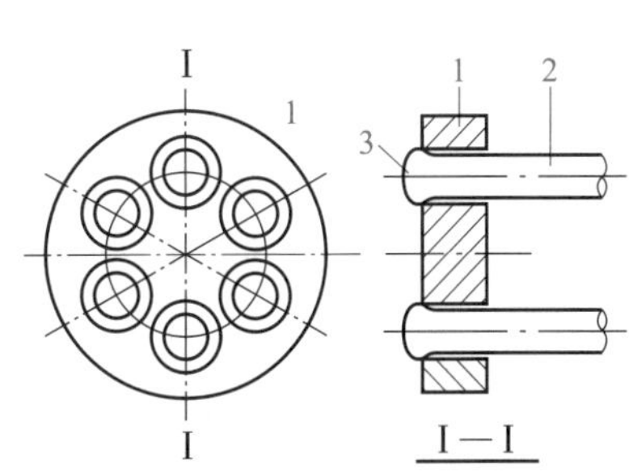

图 6–16　镦头锚具

1—锚固板；2—预应力筋；3—镦头

2. 钢丝束锚具

常用的钢丝束锚具包括钢质锥形锚具、锥形螺杆锚具、钢丝束镦头锚具、XM 型和 QM 型锚具。

（1）钢质锥形锚具

钢质锥形锚具由锚环和锚塞组成，如图 6–17 所示，用于锚固以锥锚式双作用千斤顶张拉的钢丝束。其缺点为钢丝直径误差较大时，容易产生单根滑丝现象，且很难补救，若加大顶锚力，又容易咬伤钢丝，而且弯折处受力较大，目前应用较少。

（2）锥形螺杆锚具

锥形螺杆锚具由锥形螺杆、套筒、螺母组成，如图 6–18 所示，适用于锚固 14 ~ 28 根

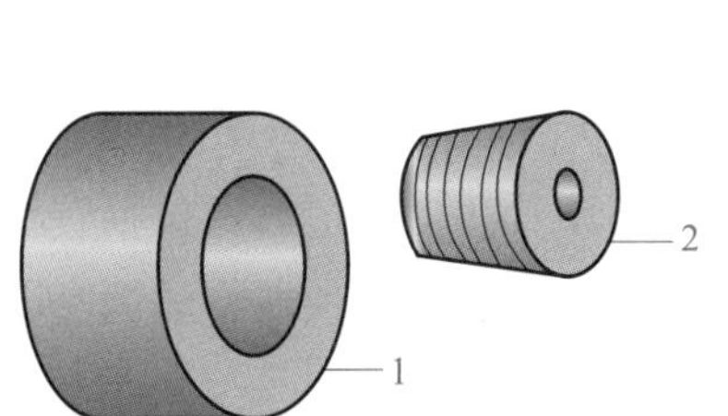

图 6–17　钢质锥形锚具

1—锚环；2—锚塞

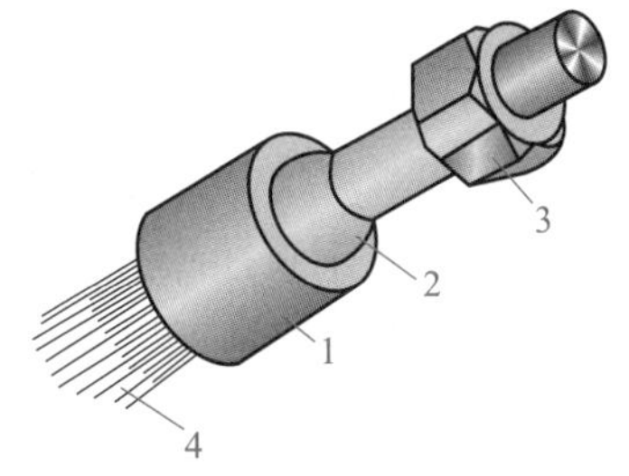

图 6–18　锥形螺杆锚具

1—套筒；2—锥形螺杆；3—螺母；4—钢丝

直径为 5 mm 的钢丝束。使用时，先将钢丝束均匀整齐地紧贴在螺杆锥体部分，套上套筒，用拉杆式千斤顶使端杆锥通过钢丝挤压套筒，进而锚紧钢丝。锥形螺杆锚具不能自锚，必须事先加压力顶套筒才能锚固钢丝。

（3）钢丝束镦头锚具

钢丝束镦头锚具用于锚固 12 ~ 54 根直径为 5 mm 的碳素钢丝束，分为 DM5A 型和 DM5B 型两种。DM5A 型用于张拉端，由锚环和螺母组成；DM5B 型用于固定端，仅有一块锚板，如图 6–19 所示。

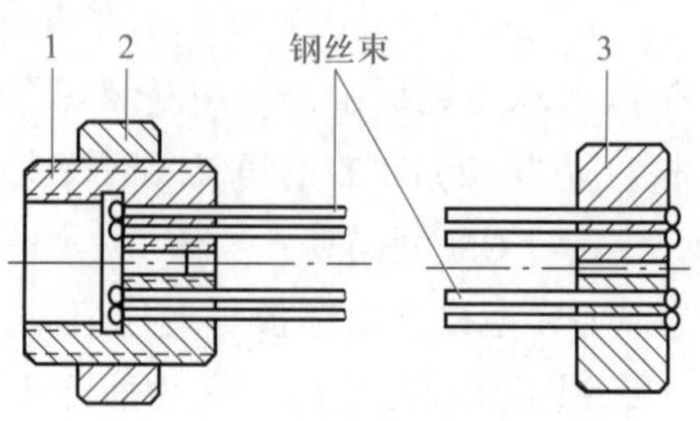

图 6–19　钢丝束镦头锚具

1—锚环；2—螺母；3—锚板

（二）张拉设备

后张法使用的张拉设备主要包括千斤顶和高压油泵。

拉杆式千斤顶构造图

1. 拉杆式千斤顶（YL 型）

拉杆式千斤顶主要用于张拉采用螺丝端杆锚具的粗钢筋、锥形螺杆锚具的钢丝束，以及镦头锚具的钢丝束，目前常用的是 YL–60 型拉杆式千斤顶。

锥锚式千斤顶构造图

2. 锥锚式千斤顶（YZ 型）

锥锚式千斤顶主要用于张拉采用 KT–Z 型锚具的钢筋束和钢绞线束，以及采用钢质锥型锚具的钢丝束，常用的有 YZ–36 型和 YZ–60 型锥锚式千斤顶。

3. 穿心式千斤顶（YC 型）

YC–60 型穿心式千斤顶构造图

穿心式千斤顶（YC 型）适用于张拉采用 JM12 型、QM 型及 XM 型的预应力钢筋束、钢丝束和钢绞线束，是目前我国预应力混凝土构件施工中应用最为广泛的张拉机械，并可通过配置撑脚、拉杆、连接器等附件，将其作为拉杆式千斤顶使用。YC 型千斤顶常用的有 YC60 型、YC20D 型、YCD120 型、YCD200 型和无顶压机构的 YCQ 型千斤顶。

【任务实施】

后张法预应力混凝土施工的工艺流程如图 6–20 所示。

一、孔道留设

构件预留孔道的直径、长度、形状由设计确定，如无规定，对于预应力粗钢筋，孔道直径应比预应力筋的接头处外径或需穿过孔道的锚具或连接器的外径大 10 ~ 15 mm；对于钢丝或钢绞线，孔道直径应比预应力束外径或锚具外径大 5 ~ 10 mm。

孔道留设的方法包括钢管抽芯法、胶管抽芯法及预埋管法。孔道形式包括直线、曲线和折线 3 种。其中，钢管抽芯法只可用于直线孔道，胶管抽芯法和预埋管法则可以适用于直线、曲线和折线孔道。

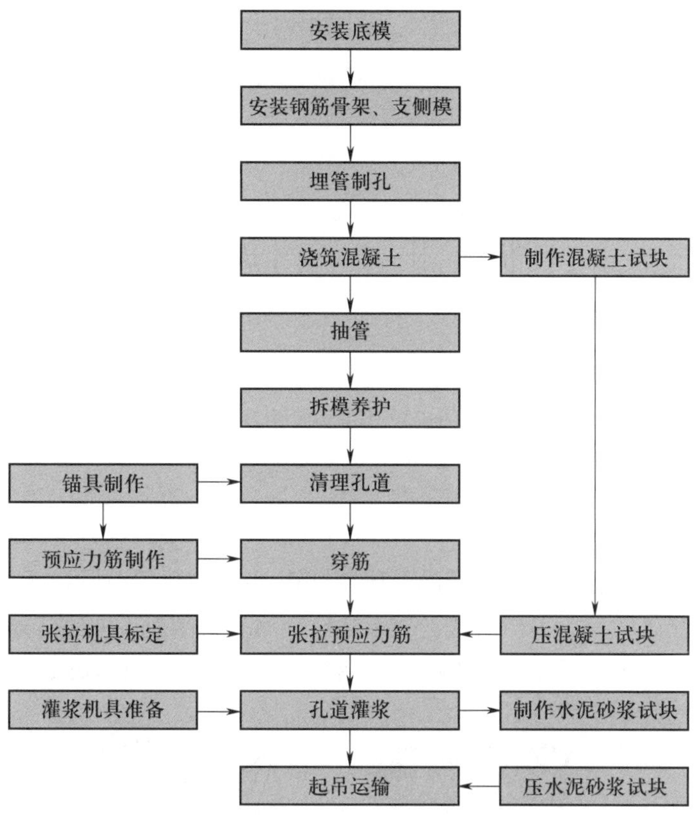

图 6–20　后张法预应力混凝土施工工艺流程

1. 钢管抽芯法

钢管抽芯法适用于直线孔道的留设。构件的模板和非预应力钢筋安装完成后，将钢管埋设在模板内需要留设孔道的位置，钢管的固定通常采用钢筋井字架固定，如图 6–21 所示。钢管要平直、表面光滑、位置准确，每根钢管的长度最好不超过 15 m，两端应各伸出构件约 500 mm。较长的构件可采用两根钢管，中间用套管连接，其连接方式如图 6–22 所示。

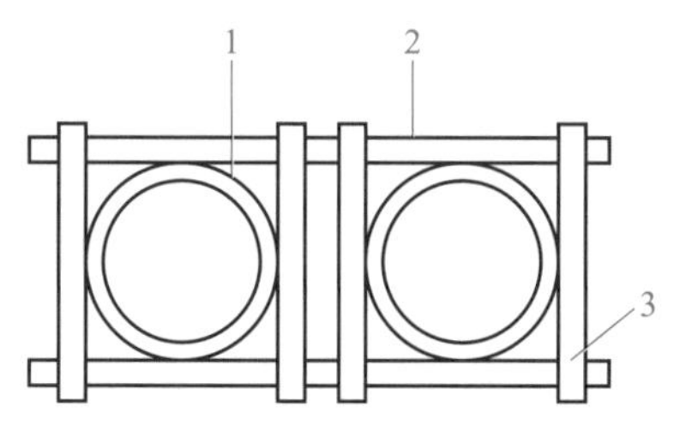

图 6–21　钢管的井字架固定

1—钢管；2—钢筋；3—焊点

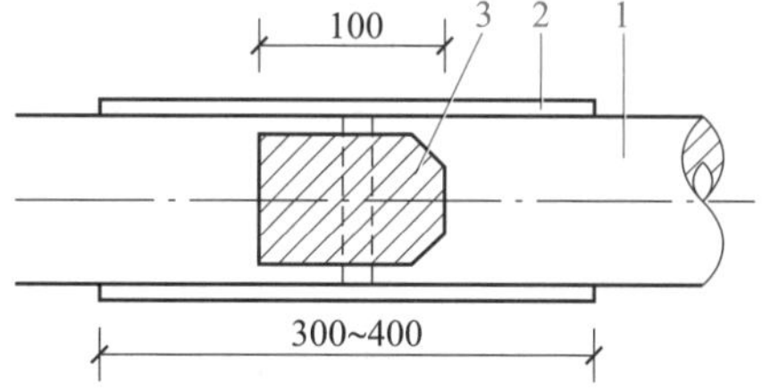

图 6–22　套管的连接方式

1—钢管；2—镀锌薄钢板套管；3—硬木塞

2. 胶管抽芯法

胶管抽芯法适用于直线、曲线和折线孔道的留设。胶管的弹性好，便于弯曲，包括 5

层或 7 层夹布胶管，以及钢丝网橡皮管，其中钢丝网橡皮管除在混凝土浇筑及养护过程中不需转动外，其余使用方法与钢管相同，如图 6–23 所示。

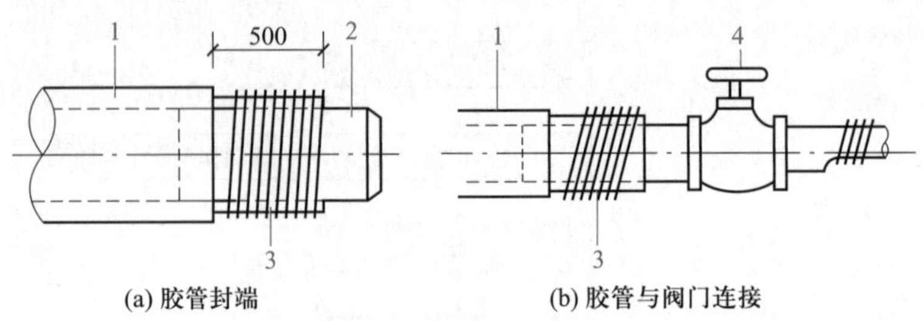

(a) 胶管封端　　(b) 胶管与阀门连接

图 6–23　胶管封端与连接

1—胶管；2—钢管堵头；3—20 低碳钢钢丝密缠；4—阀门

3. 预埋管法

预埋管法是利用与孔道直径相同的金属波纹管埋在构件中形成孔道，且无须抽出。金属波纹一般采用黑铁皮管、薄钢管或镀锌双波纹金属软管制成。波纹管外形按照每两个相邻的折叠咬口之间波纹的数量，分为单波纹和双波纹，如图 6–24 所示。

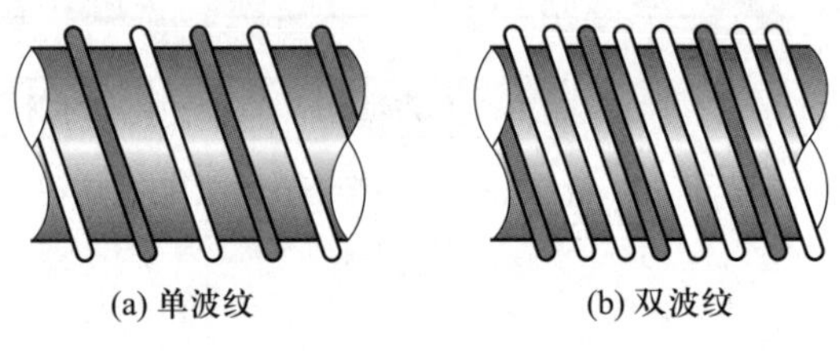

(a) 单波纹　　(b) 双波纹

图 6–24　波纹管外形

二、预应力筋的张拉

1. 混凝土的强度

预应力筋的张拉是后张法预应力构件制作的关键步骤，必须按照相关规范的规定施工。张拉时构件的混凝土强度应符合设计要求，若设计无要求，不应低于设计强度等级的 75%，确保在张拉过程中混凝土不会发生受压破坏。

2. 张拉控制应力及张拉程序

张拉控制应力应符合设计规定。在施工中预应力筋需要超张拉时，可比设计要求提高 3% ~ 5%，但其最大张拉控制应力不得超过表 6–1 的规定。

为了减少预应力筋的松弛损失等，后张法可与先张法一样采用超张拉。预应力筋的张拉程序应按设计规定进行，若设计无规定时，可按程序①或程序②进行：① $0 \rightarrow 103\%\sigma_{con}$；② $0 \rightarrow 105\%\sigma_{con}$（持续荷载 2 min）$\rightarrow \sigma_{con}$。

张拉顺序

3. 张拉顺序

预应力筋的张拉顺序应符合设计要求，当设计无具体要求时，可采取分批、分阶段对称张拉，并尽量减少张拉设备的移动次数。

4. 张拉方法

张拉方法

张拉方法包括一端张拉和两端张拉。两端张拉宜两端同时张拉，也可先在一端张拉，再在另一端补足张拉力。如有多根可一端张拉的预应力筋，宜将这些预应力筋的张拉端分别设在结构构件的两端，长度不大的直线预应力筋可一端张拉，曲线预应力筋应两端张拉。

5. 预应力值的校核和伸长值的测定

预应力值的校核和伸长值的测定

为了解预应力值建立的可靠性，需对张拉的预应力筋的应力及损失进行检验和测定，以便张拉时补足和调整预应力值。

预应力筋在张拉时，通过伸长值的校核，可以综合反映出张拉应力是否满足要求，孔道摩阻损失是否偏大，以及预应力筋是否有异常等现象。预应力筋张拉锚固后，实际预应力值与工程设计规定检验值的相对允许偏差为 ±5%。

三、孔道灌浆

孔道灌浆

预应力筋张拉、锚固完成后，应立即进行孔道灌浆工作，防止钢筋锈蚀，并增加结构的耐久性和整体性，提高结构的抗裂性能。

灌浆前孔道应用高压水冲洗、湿润，并用高压风吹去积在低点的水，孔道应畅通、干净。

【操作指导】

一、钢管抽芯法的注意事项

在混凝土浇筑和养护过程中，每间隔一定时间需要慢慢转动钢管，避免混凝土与钢管粘牢，直到混凝土初凝后、终凝前抽出钢管。若抽管过早，会造成坍孔事故，抽管太晚则会使混凝土与钢管黏结牢固，抽管困难。常温下抽管时间在混凝土浇筑后 3 ~ 6 h。抽管顺序宜先上后下，速度必须均匀，边抽边转，与孔道保持直线。抽管后应及时检查孔道情况，做好孔道清理工作。同时，可用木塞或白铁皮管制成孔，以此完成灌浆孔和排气孔的留设，孔径为 20 mm，孔距一般不大于 12 m。

二、胶管抽芯法的注意事项

夹布胶管在使用前，必须充水或充气。将胶管一端外表面削去 1 ~ 3 层胶皮或帆布，然后将外表带有粗丝扣的钢管插入胶管端头，再用铅丝把胶管和钢管连接处密缠牢固。胶管的另一端接上充水或充气用的阀门，采用上述同样的方法密封。抽管前，先放水或放气降压使胶管孔径变小，从而使胶管与混凝土脱离，抽出成孔。

胶管用钢管井字架固定，并与钢筋骨架绑扎牢固，胶管直线段的井字架间距一般为 0.5 m 左右，曲线段为 0.3 ~ 0.4 m。夹布胶管质软，在浇筑混凝土前，胶管中应充入压力为 0.6 ~ 0.8 MPa 的压缩空气或压力水，此时胶皮管直径可增大 3 mm 左右，然后浇筑混凝土，待混凝土初凝后，放出压缩空气或压力水，胶管孔径变小，并与混凝土脱离，随即抽出胶管，形成孔道。抽管顺序一般应为先上后下，先曲后直。

三、预埋管法的注意事项

每根金属波纹管的长度为 4～6 m，也可以根据实际需要进行现场制作。预埋管法节省了抽管工序，孔道留设的位置、形状也易保证，与混凝土黏结良好，可做成各种形状的孔道，而且金属波纹管具有重量轻、刚度好、弯折方便、连接简单、摩阻系数小的优点，故目前应用较为普遍。

四、后张法张拉注意事项

抽芯成型孔道中的直线预应力筋，长度大于 24 m 时应采用两端张拉，不大于 24 m 时可采用一端张拉；预埋波纹管孔道中的直线预应力筋，长度大于 30 m 时应采用两端张拉，不大于 30 m 可采用一端张拉。竖向预应力结构宜采用两端张拉。安装张拉设备时，应使直线预应力筋张拉力的作用线与孔道中心线重合，曲线预应力筋张拉力的作用线与孔道中心线末端的切线重合。

五、广联达智能张拉监测系统

后张法同样可采用广联达智能张拉监测系统完成对预应力筋张拉的监测。

无黏结预应力筋的制作、锚具和张拉设备以及施工工艺

【知识拓展】

一、无黏结预应力混凝土

后张法预应力混凝土构件中，预应力筋分为有黏结与无黏结两种。预应力筋经过张拉，通过灌浆使其与混凝土之间产生黏结力，使用过程中两者没有相对滑移，这样的预应力筋构件称为有黏结预应力构件。无黏结预应力构件施工时，先在预应力筋表面刷涂料并包裹塑料布，如同普通钢筋一样，铺设在安装好的模板内，浇筑混凝土，待混凝土达到规定的强度后，对预应力筋进行张拉锚固。预应力筋的张拉力完全通过构件两端的锚具传递给构件，因此它仍属于后张法。

无黏结预应力混凝土的优点包括不需预留孔道和灌浆、施工简单、摩擦损失小、易弯成曲线形状等，但对锚具的锚固能力要求较高，适用于现浇楼盖结构，如双向连续平板和密肋楼板。

灌浆用水泥浆的原材料、水泥浆的性能、制备及使用要求

二、预应力混凝土施工质量控制

（一）对原材料的质量控制

1. 预应力筋

预应力混凝土结构用的钢筋、钢丝、钢绞线的要求与先张法的要求一致。

2. 孔道灌浆材料

孔道灌浆材料的质量控制包括对灌浆用水泥浆的原材料、水泥浆的性能、制备及使用方面的要求。

（二）对机具设备的质量控制

对机具设备的质量控制方面与先张法的要求一致。

（三）对施工过程的质量控制

（1）预应力筋穿筋前，应检查钢筋或钢丝束的规格、数量、总长是否符合要求。穿筋时，带有端杆螺丝的预应力筋，应将丝扣保护好，以免损坏。钢筋束或钢丝束应将钢筋或钢丝顺序编号，并套上穿束器。先把钢筋或穿束器的引线由一端穿入孔道，在另一端穿出，然后逐渐将钢筋或钢丝束拉出到另一端。

（2）对后张法预应力结构构件，断裂或滑脱的数量严禁超过同一截面预应力筋总根数的 3%，且每束钢丝不得超过 1 根；对多跨双向连续板，其同一截面应按每跨计算。

（3）后张法预应力筋张拉锚固后，如遇特殊情况需卸锚时，应采用专门的设备和工具。

（4）预应力筋张拉时，应采取有效的安全防护措施，预应力筋两端正前方不得站人或行走。

（5）预应力筋张拉或放张时，应对张拉力、压力表读数、张拉伸长值及异常情况等做出详细记录。

（6）灌浆施工应符合的规定：① 宜先灌注下层孔道，后灌注上层孔道；② 灌浆应连续进行，直至排气管排出的浆体稠度与注浆孔处相同且没有出现气泡后，再顺浆体流动方向将排气孔依次封闭，全部封闭后，宜继续加压 0.5 ~ 0.7 MPa，并稳压 1 ~ 2 min 后封闭灌浆口；③ 当泌水较大时，宜进行二次灌浆或泌水孔重力补浆；④ 因故停止灌浆时，应用压力水将孔道内已注入的水泥浆冲洗干净。

（7）真空辅助灌浆应符合的规定：① 灌浆前，应先关闭灌浆口的阀门及孔道全程的所有排气阀，然后在排浆端启动真空泵抽出孔道内的空气，使孔道真空负压达到 0.08 ~ 0.10 MPa，并保持稳定，再启动灌浆泵开始灌浆；② 灌浆过程中，真空泵应保持连续工作，待浆体经过抽真空端时应关闭通向真空泵的阀门，同时打开位于排浆端上方的排浆阀门，待排出少许浆体后再关闭。

（8）孔道灌浆应填写灌浆记录。

（9）外露锚具及预应力筋应按设计要求采取可靠的防止损伤或腐蚀的保护措施。

复习思考题

1. 什么是预应力混凝土？预应力混凝土的优点及应用范围？

2. 简述先张法预应力混凝土构件的施工工艺，以及不同预应力筋的最大张拉控制应力。

3. 先张法预应力筋如何铺设、张拉与放张？

4. 后张法中的张拉程序有哪几种？

5. 后张法施工中孔道留设方法有哪些？ 各适用于什么情况？

6. 先张法和后张法中常用的张拉机具有哪些？

7. 孔道灌浆的作用是什么？对灌浆材料有何要求？

8. 分批张拉预应力筋时，如何弥补混凝土弹性压缩应力损失？

9. 简述无黏结预应力混凝土的施工工艺，并说明其应力筋的张拉端和锚固端如何处理。

模块四

装配式工程施工

2016年2月，国务院出台《关于大力发展装配式建筑的指导意见》，要求因地制宜发展装配式混凝土结构、钢结构和现代木结构等装配式建筑，力争用10年左右的时间，使装配式建筑占新建建筑面积的比例达到30%。

2016年9月，《国务院办公厅关于大力发展装配式建筑的指导意见》对大力发展装配式建筑和钢结构的重点区域、未来装配式建筑占比新建筑目标、重点发展城市作了进一步明确。2021年，中共中央办公厅、国务院办公厅印发了《关于推动城乡建设绿色发展的意见》。该意见指出“实现工程建设全过程绿色建造”“大力发展装配式建筑，重点推动钢结构装配式住宅建设，不断提升构件标准化水平，推动形成完整产业链，推动智能建造和建筑工业化协同发展。完善绿色建材产品认证制度，开展绿色建材应用示范工程建设，鼓励使用综合利用产品。”

项目7 装配式结构安装

【学习目标】

知识目标

1. 了解预制构件节点现浇连接的基本知识。
2. 掌握起重机的类型、工作特点及适用范围。
3. 掌握预制构件的施工现场吊装。

技能目标

1. 能够对起重机的3个参数进行计算，并根据工程要求选择蒸气起重机的类型、型号。
2. 熟悉预制构件吊装前的准备工作；掌握预制构件节点的钢筋连接施工、预制构件接缝构造连接施工。
3. 熟悉预制构件吊装与连接的质量检查与验收。

素养目标

1. 了解装配式建筑的发展趋势。
2. 培养精益求精的工匠精神。
3. 具有利用小组开展问题研究的合作精神。

【知识图谱】

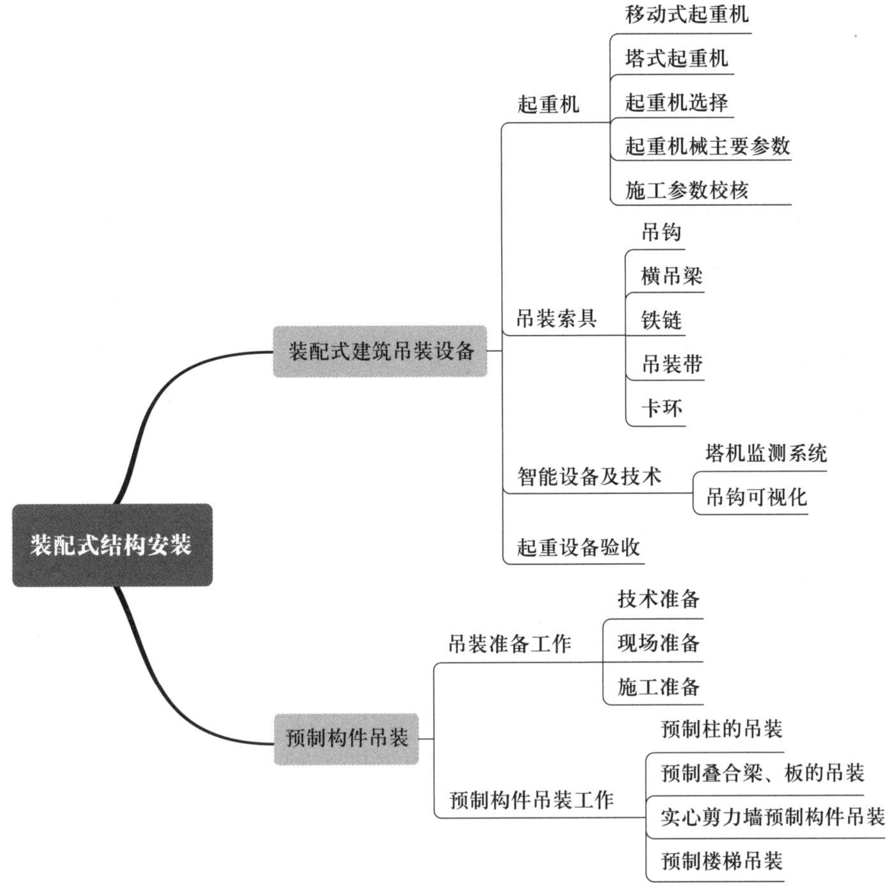

任务 7.1 装配式建筑吊装设备

【任务引入】

装配式建筑施工前要进行吊装作业，吊装作业需要用到起重机，因此要了解和认识常见的起重设备及应用范围。吊装作业除了要用到起重机，还需要使用吊装索具。

【知识准备】

一、起重机

（一）移动式起重机

常见的移动式起重机有汽车式起重机和履带式起重机。

1. 汽车式起重机

汽车式起重机（图 7-1）是将起重机构安装在普通载重汽车或专用汽车底盘上的起重

机。其机动性能好，运行速度快，对路面的破坏性小，但不能负荷行驶，吊重物时必须伸支腿，对工作场地的要求较高。

图 7–1　汽车式起重机

汽车式起重机在使用时注意事项

起重机分类主要有 3 种。

（1）按起重量大小分为轻型、中型和重型 3 种。起重量在 20 t 以内的为轻型，起重量在 50 t 及以上的为重型；起重量在 20 ~ 50 t 之间的为中型。

（2）按起重臂形式分为桁架臂和箱形臂两种。

（3）按传动装置形式分为机械传动（Q）、电力传动（QD）、液压传动（QY）3 种。目前，液压传动的汽车式起重机应用较为广泛。

2. 履带式起重机

履带式起重机是指在行走的履带底盘上装有起重装置的起重机械，主要由动力装置、传动装置、行走机构、工作机械、起重滑车组、变幅滑车组及平衡重等组成。它具有起重能力较大、自行式、全回转、工作稳定性好、操作灵活、使用方便、在其工作范围内可载荷行驶作业、对施工场地要求不严等特点。它是结构安装工程中常用的起重机械，如图 7–2 所示。

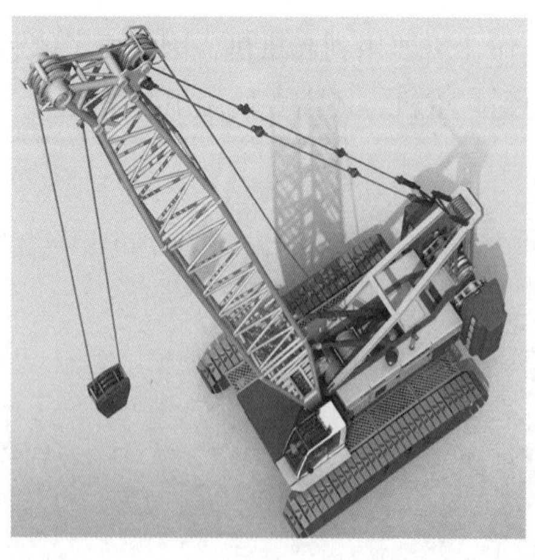

图 7–2　履带式起重机

按照传动方式的不同，履带式起重机可分为机械式、液压式（Y）和电动式（D）3 种。

履带式起重机在使用时注意事项

（二）塔式起重机

塔式起重机简称“塔吊”，它是一种具有竖立塔身，吊臂装在塔身顶端的转臂起重机。它由金属结构、工作机构和电气系统 3 部分组成。金属结构包括塔身、动臂和底座等；工作机构有起升、变幅、回转和行走 4 部分；电气系统包括电动机、控制器、配电柜、连接线路、信号及照明装置等，如图 7–3 所示。

图 7–3　塔式起重机示意图

按照行走机构、变幅方式、回转机构位置及爬升方式的不同，塔式起重机可分为轨道式、附着式和内爬式。目前，应用广泛的是自升式塔式起重机，如图 7–4 所示。它具有提升高度高、工作半径大、工作速度快、吊装速率高等特点。

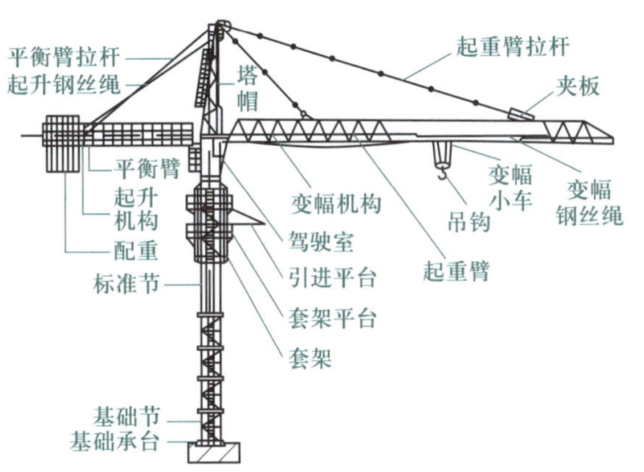

塔式起重机在使用时注意事项

图 7–4　自升塔式起重机示意图

（三）起重机选择

起重机的类型主要根据厂房的结构特点、跨度、构件重量、吊装高度来确定。一般中小型厂房跨度不大，构件的重量及安装高度也不大，可采用履带式起重机、轮胎式起重机或汽车式起重机，以履带式起重机应用最为普遍。缺乏上述起重设备时，可采用桅杆式起重机。重型厂房跨度大、构件重、安装高度大，根据结构特点可选用大型的履带式起重机、轮胎式起重机、重型汽车式起重机，以及重型塔式起重机、塔桅式起重机等。

类型确定之后，还需要进一步选择起重机的型号及起重臂的长度。起重机的型号应根据吊装构件的尺寸、重量及吊装位置而定。在具体选用起重机型号时，应使所选起重机的3个工作参数，即起重量、起重高度、起重半径均满足结构吊装的要求。

（四）起重机械主要参数

1. 起重量

起重机的起重量，必须大于所安装构件的重量与索具重量之和，即

$$Q \geqslant Q_1+Q_2 \tag{7-1}$$

式中：Q——起重机的起重量；

Q_1——构件重量；

Q_2——索具重量。

2. 起重高度

如图7–5所示，起重机的起重高度（停机面至吊钩的距离）H的计算公式为

$$H \geqslant h_1+h_2+h_3+h_4 \tag{7-2}$$

式中：H——起重机的起重高度；

h_1——安装支座的顶面高度；

h_2——安装间隙，应不小于0.3 m；

h_3——绑扎点至起吊后构件底面的距离；

h_4——索具高度，即绑扎点至吊钩中心的距离。

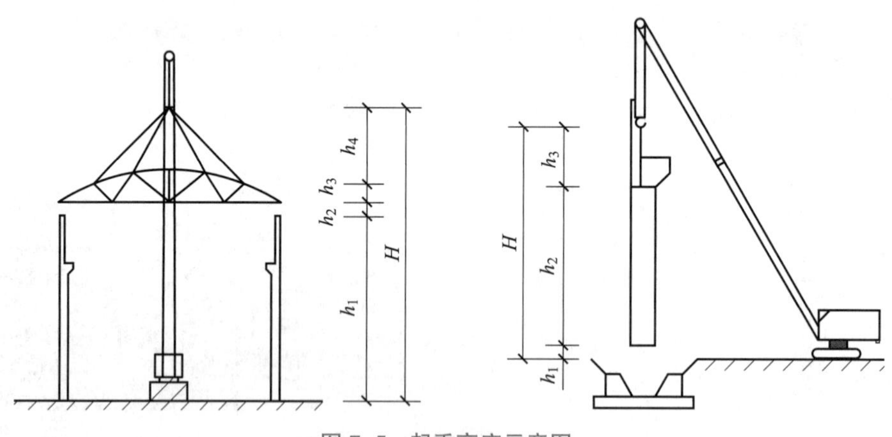

图7–5　起重高度示意图

3. 起重半径

起重半径是起重机的工作半径，即起重机处于水平地面时回转中心到吊装屋架钩头所在位置的垂直距离。

起重半径的选择按以下 3 种情况考虑。

① 起重机能够开到吊装位置附近吊装时，对起重半径没有特殊要求，按计算的起重量、起重高度查阅起重机性能表选择起重机的型号及臂长，并查得相应起重半径作为起吊该构件的起重半径，以此作为吊装该构件时起重机开行路线和停机点确定的依据。

② 起重机不能开到吊装位置附近吊装时，需根据要求的最小起重半径、起重量、起重高度查阅起重机性能表选择起重机的型号及臂长。

③ 当起重机的起重臂需跨过已安装的结构去吊装构件时，为避免起重臂与已安装结构相碰，则采用数解法或图解法求出起重机的最小臂长及起重半径。

（1）数解法

如图 7–6 所示，起重机臂长的计算公式为

$$L \geqslant L_1 + L_2 = \frac{h}{\sin \alpha} + \frac{f+g}{\cos \alpha} \qquad (7\text{–}3)$$

式中：L——起重臂长度（m）；

h——起重臂底铰至屋面板安装支座的高度（m）；

f——起重钩需跨过已安装好构件的距离（m）；

g——起重臂轴线与安装好结构间的水平距离（m），至少取 1 m；

α——起重臂的仰角；

E——起重臂底铰至停机面的距离（m）。

可知，当 $\alpha = \arctan \sqrt[3]{\frac{h}{f+g}}$ 时，起重臂长度最小。据此可选择适当起重臂长，按选择的起重臂长和 α 值计算出起重半径，计算公式为 $R=F+L\cos \alpha$。

再根据 R 和 L 复核 Q 和 H，以确定起重机的停机点。

（2）图解法

如图 7–7 所示，作图法求起重机最小臂长的步骤如下。

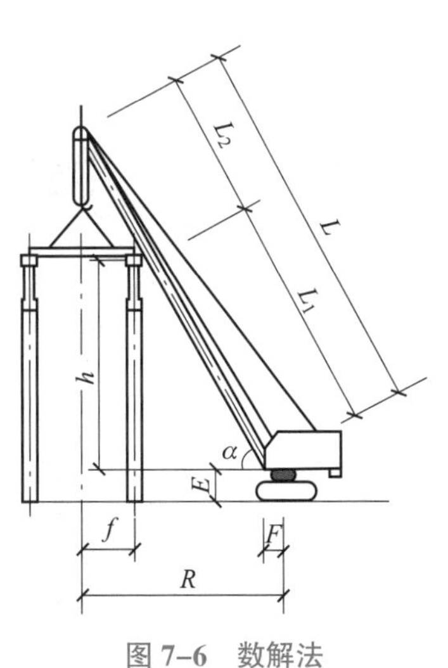

图 7–6　数解法

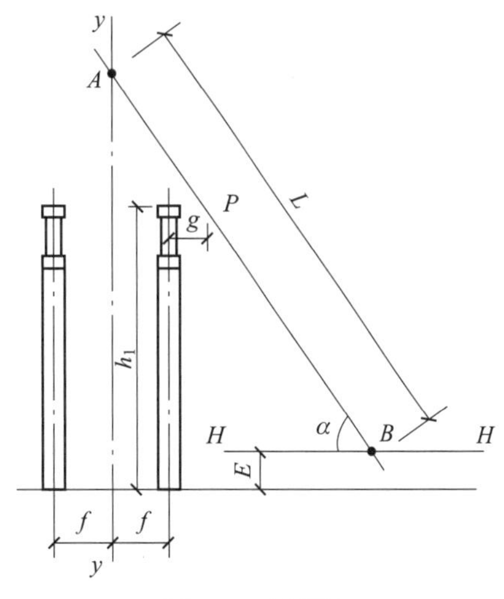

图 7–7　图解法

① 按一定比例尺画出厂房一个节间的纵剖面图，并画出起重机吊装屋面板时起重钩位置处垂线 y–y、平行于停机面的水平线 H–H，该线距停机面的距离为 E（E 为起重臂下铰点至停机面的距离）。

② 在垂线 y–y 上定出起重臂上定滑轮中心点 A（A 点距停机面的距离为 h_1+d，d 为吊钩至定滑轮中心的最小距离，不同型号的起重机数值不同，一般为 2.5 ~ 3.5 m。

③ 自屋架顶面向起重机方向水平量出一距离 g=1 m，定出一点 P。

④ 连接 AP 延长线与 H–H 相交于一点 B，AB 即为最小臂长，AB 与 H–H 轴的夹角 α 即为起重臂的仰角。

⑤ 根据求得的最小臂长 L_{min}（即 AB 长度），查起重机性能表（或曲线），从规定的几种臂长中选择一种臂长满足 $L \geqslant L_{min}$，即为吊装屋面板时应选的起重臂长度。

（五）施工参数校核

案例所给建筑图纸中，试设计以下两种情况下所需的起重机械设备及对应参数（表 7–1）：① 混凝土装配式施工方案；② 框架现浇混凝土施工方案。

表 7–1　施工参数表

序号	项目	参考公式	方案 1 参数	方案 2 参数
1	起重机械			
2	起重量 Q	$Q \geqslant Q_1+Q_2$		
3	起重高度 H	$H \geqslant h_1+h_2+h_3+h_4$		
4	起重半径 L	$L \geqslant L_1+L_2=\dfrac{h}{\sin\alpha}+\dfrac{f+g}{\cos\alpha}$		
5	滑轮组拉力 S	$S=KQ$		

二、吊装索具

装配式建筑施工前，需要进行吊装作业，吊装作业除了要用起重机，还需要一些吊装索具。常用吊装索具如下。

1. 吊钩

吊钩按制造方法可分为锻造吊钩和片式吊钩。在建筑工程施工中，通常采用锻造吊钩，它由优质低碳镇静钢或低碳合金钢锻造而成，锻造吊钩又可分为单钩和双钩，如图 7–8（a）、图 7–8（b）所示。单钩一般用于小的起重量，双钩多用于较大的起重量。单钩形式多样，建筑工程中常选用有保险装置的旋转钩，如图 7–8（a）所示。

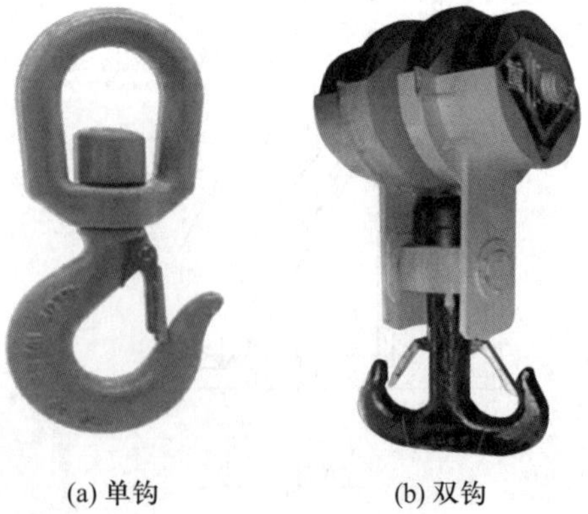

(a) 单钩　(b) 双钩

图 7–8　吊钩样式

2. 横吊梁

横吊梁俗称“铁扁担”“扁担梁”，常用于梁、柱、墙板、叠合板等构件的吊装，可以防止起吊受力对构件造成的破坏，便于构件更好地安装、校正。常用的横吊梁有框架吊梁［图 7–9（a）］、单根吊梁［图 7–9（b）］。

(a) 框架吊梁

(b) 单根吊梁

图 7–9　吊梁

3. 铁链

铁链主要用于起吊轻型构件、拉紧缆风绳及拉紧捆绑构件的绳索等，如图 7–10 所示。目前，受部分起重设备行程精度的限制，可采用铁链进行构件的精确就位。

4. 吊装带

目前常规吊装带（合成纤维吊装带）一般采用高强度聚酯长丝制作，如图 7–11 所示。其根据外观分为环形穿芯、环形扁平、双眼穿芯、双眼扁平四类，吊装能力分别在 1 ~ 300 t 之间。

一般采用国际色标来区分吊装带的吨位，即紫色为 1 t、绿色为 2 t、黄色为 3 t、灰色为 4 t、红色为 5 t、橙色为 10 t，对于吨位大于 12 t 的均采用橘红色进行标识，同时带体上均有荷载标识标牌。

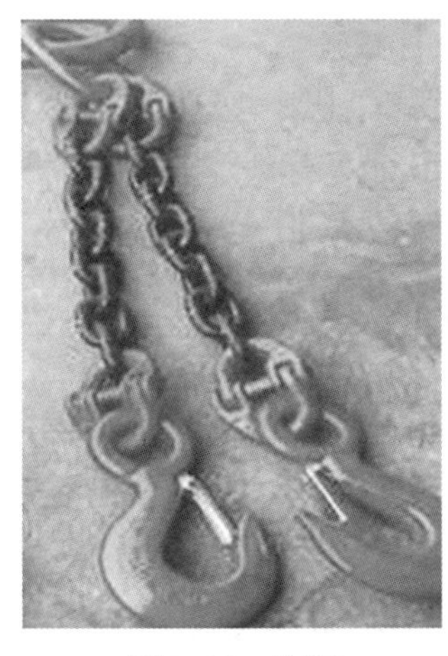

图 7–10　铁链

图 7–11　吊装带

5. 卡环

卡环按弯环形式分，有 D 形卡环和弓形卡环，如图 7-12 所示。

卡环按销子与弯环的连接形式分有螺栓式卡环和活络卡环。螺栓式卡环的销子和弯环采用螺纹连接；活络式卡环的孔眼无螺纹，可直接抽出。螺栓式卡环使用较多，但在柱子吊装中多采用活络式卡环。

(a) D形卡环

(b) 弓形卡环

图 7-12　卡环

【任务实施】

起重机在施工前需要进行试运行，并做好试运转记录，包括以下内容。

1. 起重机试运转前检查

（1）液压系统、变速箱、各润滑点及运动机构，所加润滑油的性能、规格和数量应符合随机技术文件的规定。

（2）制动器、起重量限制器、液压安全溢流装置、超速限速保护、超电压及欠电压保护、过电流保护装置等，应按随机技术文件的要求进行调整和整定。

（3）限位装置、电气系统、联锁装置和紧急断电装置，应灵敏、正确、可靠。

（4）电动机的运转方向、手轮、手柄、按钮和控制器的操作指示方向，应与机构的运动及动作的实际方向要求相一致。

（5）钢丝绳端的固定及其在取物装置、滑轮组和卷筒上的缠绕，应正确、可靠。

（6）缓冲器、车挡、夹轨器、锚定装置等应安装正确、动作灵敏、安全可靠。

2. 起重机空载试运转

（1）各机构、电气控制系统及取物装置在规定的工作范围内，应正常动作；各限位器、安全装置、联锁装置等执行动作应灵敏、可靠；操作手柄、操作按钮、主令控制器与各机构的动作应一致。

（2）起升机构和取物装置上升至终点和极限位置时，其减速终点开关和极限开关的动作应准确、可靠、及时报警断电。

（3）小车运行至极限位置时，其终点低速保护、极限后报警和限位应准确、可靠。

（4）大车运行应符合的规定：① 移动时应有报警声或警铃声；② 移动至大车轨道端部极限位置时，端部报警和限位应准确、可靠；③ 两台起重机间的防撞限位装置应有效、可靠；④ 供电的集电器与滑触线应接触良好、无掉脱和产生火花；⑤ 供电电缆卷筒应运转灵活，电缆收放应与大车移动同步，电缆缠绕过程不得有松弛，电缆长度应满足大车移动的需要，电缆卷筒终点开关应准确、可靠；⑥ 大车运行与夹轨器、锚定装置、小车移动等联锁系统应符合设计要求。

（5）起重机空载试运转应分别进行各挡位下的起升、小车运行、大车运行和取物装置的动作试验，次数不应少于 3 次。

3. 起重机静载试运转

（1）起重机的静载试验应符合的规定：① 起重机应停放在厂房柱子处；② 将小车停在起重机的主梁跨中或有效悬臂处，无冲击地起升额定起重量 L25 倍的荷载距地面 100 ~ 200 mm 处，悬吊停留 10 min 后，应无失稳现象；③ 卸载后，起重机的金属结构应无裂纹、焊缝开裂、油漆起皱、连接松动和影响起重机性能与安全的损伤，主梁无永久变形；④ 主梁经检验有永久变形时，应重复试验，但不得超过 3 次；⑤ 小车卸载后开到跨端或支腿处，检测起重机主梁的实有上拱度或悬臂的实有上翘度，其值不小于表 7–2 的规定。

表 7–2　起重机主梁实有上拱度或悬臂实有上翘度的最小值

起重机类别	检测部位	最小值 /mm
手动单梁起重机、手动双梁起重机、手动悬挂起重机、电动制芦桥式起重机、通用桥式起重机、拴金起重机、电动葫芦门式起重机、通用门式起重机	主梁跨中 S/10 的范围内	0.7S/1000
电动单梁起重机、电动悬挂起重机	主梁跨中 S/10 的范围内	0.8S/1000
电动葫芦芦门式起直机、通用门式起重机、悬臂起重机	有效悬臂处	0.7L_0/350

注：1. S 为起重机的跨度（mm），L_0 为有效悬臂的长度（mm）。

2. 起重机主梁上拱度和悬臂上翘度的检测，应符合规范规定。

（2）起重机静载试验后，应以额定起重量在主梁跨中和有效悬臂处检测起重机的静刚度，静刚度值应符合随机技术文件的规定，其检测应符合下列规定：① 将空载小车开到跨端或支腿处，在主梁跨中或有效悬臂处应定出测量基准点；② 再将小车开至主梁跨中或有效悬臂处，应起升额定起重量的荷载距离地面 200 mm，并应待荷载静止后检测；③ 起重机主梁或悬臂的静刚度值，应以测量基准点垂直向下移动的距离计。

4. 起重机动载试运转

（1）各机构的动载试运转应分别进行；当有联合动作试运转要求时，应符合随机技术文件的规定。

（2）各机构的动载试运转应在全行程上进行；试验荷载应为额定起重量的 1.1 倍；累计起动及运行时间，电动的起重机不应少于 1 h，手动的起重机不应少于 10 min；各机构的动作应灵敏、平稳、可靠，安全保护、联锁装置和限位开关的动作应灵敏、准确、可靠。

（3）门式起重机大车运行时，荷载应在跨中。

（4）柱式悬臂起重机在任何工况下，不应有悬臂自主回转和小车失控运行的情况。

（5）卸载后，起重机的机构、结构应无损坏、永久变形、连接松动、焊缝开裂和油漆起皱，液压系统和密封处应无渗漏。

【操作指导】

一、塔机监测系统

塔吊监测系统视频

塔机监测系统是集互联网技术、传感器技术、嵌入式技术、数据采集及存储技术、数据库技术等高科技技术为一体的综合性新型系统，如图 7–13 所示。它能实现多方实时监管、区域防碰撞、塔群防碰撞、防倾翻、防超载、实时报警、实时数据无线上传及记录、数据黑匣子等功能，特别是在对接 BIM+ 智慧工地平台（图 7–14）后，运用塔机监控信息平台（图 7–15），可以作出塔机运行过程的工效分析，帮助项目准确掌握塔机的运力和工作饱和度，为现场管理提供决策依据。

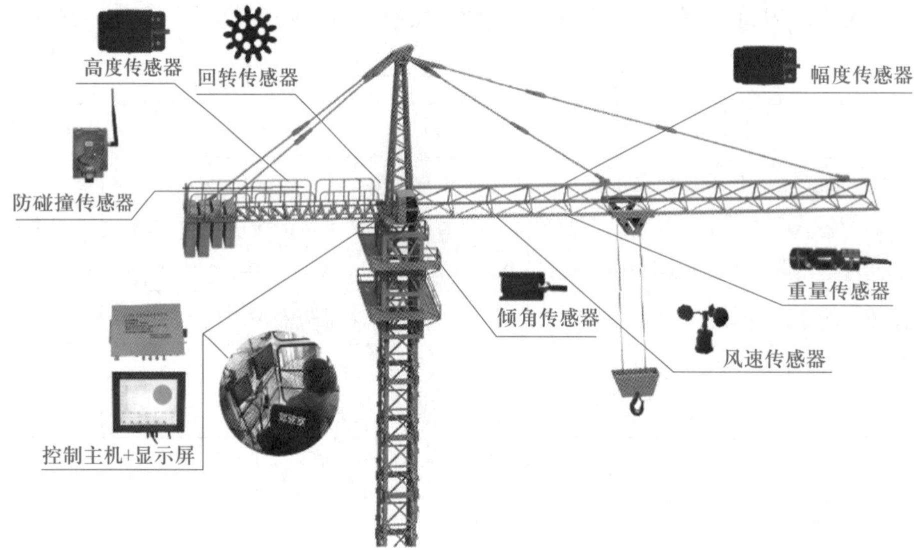

塔机监测系统组成

图 7–13　塔机监测系统

图 7–14　BIM+ 智慧工地平台

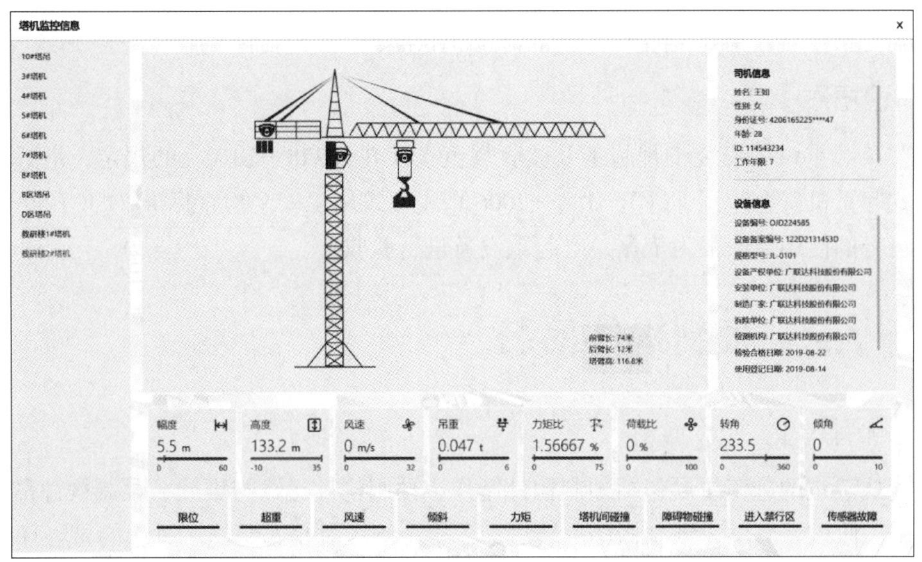

图 7–15　塔机监控信息平台

二、吊钩可视化

塔机高度较高时，驾驶员基本处于盲吊，完全依靠地面人员的工作指令进行操作，极易因沟通不畅而产生安全隐患；在有建筑物遮挡的时候形成隔物吊，使作业安全隐患更加突出；地面人员与驾驶员依靠对讲机沟通，很容易造成判断误差，导致误操作；驾驶员在高空作业时，基本处于脱管状态，一旦出现安全事故，缺少对事故裁决有用的信息。通过在塔机加装传感器及摄像头等物联网智能硬件，能帮助塔机驾驶员清楚地看到吊装全过程的视频监控，避免盲吊，降低事故发生的概率，解决了塔吊机驾驶员在作业过程中因为视觉盲区或与信号工沟通不畅而造成的吊装安全隐患；同时，一旦发生安全事故，视频记录将作为还原事故过程的依据，如图 7–16 所示。

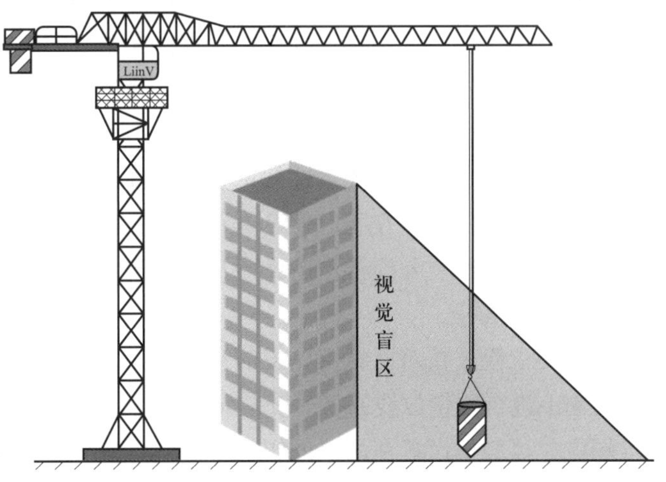

图 7–16　可视化系统解决方案

群塔方案视频

验收的规范指标

通过 BIM+ 智慧工地平台，可实时查看塔机运行数据及吊钩监控画面，实现同屏观看，直观了解现场情况。

【知识拓展】

按照《起重设备安装工程施工及验收规范》（GB 50278—2010）的规定，塔式起重机以《塔式起重机安全规程》（GB 5144—2006）、《建筑施工安全检查标准》（JGJ 59—2011）及塔机自身的使用说明书为依据，对起重设备进行验收。

任务 7.2　预制构件吊装

【任务引入】

装配式建筑的施工主要包括预制构件制作、预制构件运输与堆放、预制构件吊装与连接 3 个施工阶段。其中，预制构件吊装贯穿了整个施工过程，是施工过程的核心环节。

【知识准备】

一、吊装准备工作——技术准备

（1）预制构件进场存放后根据施工流水计划在构件上标出吊装板顺序号，标注顺序号应与图纸上序号一致。构件的进场顺序应该根据现场安装顺序确定，进入现场的构件应进行严格的检查，主要检查外观质量和构件的型号规格是否达到合格品要求及是否符合安装顺序。

（2）所有构件吊装前必须在基层或者相关构件上将各个截面的控制线放好，这有利于提高吊装效率和控制质量。同时，根据工程项目的构件分布图，制订项目的安装方案，并合理地选择吊机的型号和相位；根据吊机的位置和临时堆场设置情况，规划临时运输路线。

（3）预制构件吊装前根据构件类型准备吊具。吊装模数化通用吊装梁，应根据各种构件吊装时不同的起吊位置，设置模数化吊点，确保预制构件在吊装时保持钢丝绳竖直，避免产生水平分力导致构件旋转。吊装前必须整理吊具，对吊具进行安全检查，这样可以保证吊装质量，同时也保证吊装安全。

（4）装配式结构正式施工前宜选择有代表性的单元或部件进行预制构件试生产和试安装，根据试验结果及时调整、完善施工方案，确定单元施工的循环施工步骤。

（5）构件吊装前，应检查构件装配连接构造详图，包括构件的装配位置、节点连接详细构造及临时支撑设计计算校核等。

（6）装配施工前应按要求检查核对已施工完成的现浇结构质量，根据设计图纸在预制构件和已施工的现浇结构上进行测量放线并做好安装定位标志。

（7）构件临时堆场应尽可能地设置在吊机的辐射半径内，减少现场的二次搬运，同时构件临时堆场应平整坚实，有排水设施。

（8）预制楼板应考虑水电管线预留位置，管线直径，线盒位置、尺寸，留槽位置等因素，需要将所有埋件埋设准确，连接面清理干净。

构件进场检查

二、吊装准备工作——现场准备（见二维码）

三、吊装准备工作——施工准备

构件运输

施工准备除针对安装施工过程中需要的材料、人、工具、机械设备以及施工现场等准备外，还要做好以下准备。

构件堆放

（1）预制构件、安装用材料及配件应按标准规定进行进场检验，未经检验或不合格的产品不得使用。

（2）吊装设备应满足预制构件吊装重量和作业半径的要求，进场组装调试时其安全性必须符合施工要求。

（3）合理规划构件运输通道和存放场地，设置必要的现场临时存放架，并制订成品保护措施。

【任务实施】

预制构件吊装工作

预制构件的吊装施工应严格按照事先编制的装配式结构施工方案的要求组织实施。预制构件卸货时一般堆放在可直接吊装区域，避免出现二次搬运情况。这样不仅能降低机械使用费用，同时也可减少预制构件在搬运过程中出现破损的情况。如果因场地条件限制，无法一次性堆放到位，可根据现场实际情况，选择塔吊或汽车吊在场地内进行二次搬运。

预制构件的吊装施工包括预制柱、预制梁、预制剪力墙板、预制外挂墙板、预制叠合楼板、预制楼梯、预制阳台板和预制空调板等主要预制构件的吊装流程以及施工要点等内容，预制构件吊装一般流程如图 7-17 所示。

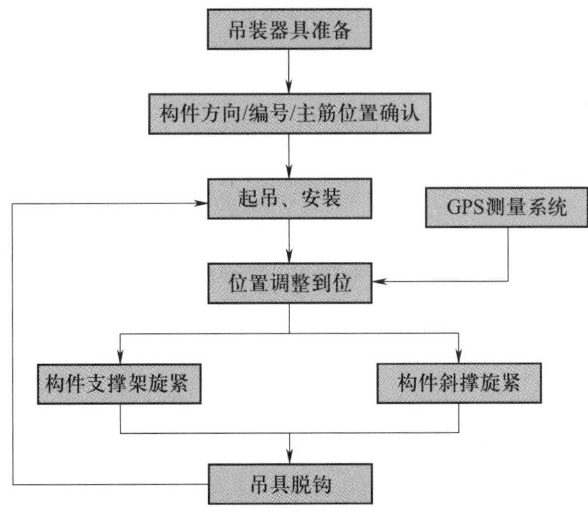

图 7-17　预制构件吊装的一般流程

【操作指导】

一、预制柱的吊装

预制柱作为框架结构体系中的主要受力构件之一，其安装与连接直接关系建筑物质量。预制柱的安装需要严格控制，对其中各流程要进行严格把控。预制柱安装流程如图 7–18 所示。

图 7–18　预制柱安装操作流程

1. 施工准备

（1）柱续接下层钢筋位置、高程复核（图 7–19），底部混凝土面清理干净，预制柱吊装位置测量放样及弹线。

（2）吊装前应对预制柱进行外观质量检查，尤其要对主筋续接套筒质量进行检查以及对预制立柱预留孔内部进行清理。

（3）吊装前应备齐安装所需的设备和器具，如斜撑、固定用铁件、螺栓、柱底高程调整铁片（10 mm、5 mm、3 mm、2 mm 4 种基本规格进行组合）、起吊工具、垂直度测定杆、铝梯或木梯等。铁片安装时应考虑完成立柱吊装后立柱的稳定性并以垂直度可调为原则。

（4）在预制立柱顶部架设预制主梁的位置，应进行放样，设置明晰的标识，并放置柱头第一片箍筋，避免因预制梁安装时与预制立柱的预留钢筋发生碰撞而无法吊装。

图 7-19　下层钢筋高程复核

（5）应事先确认预制立柱的吊装方向、构件编号、水电预埋管、吊点与构件质量等内容。

2. 工程施工与成品保护

工程施工与成品保护

（1）弹出构件轮廓控制线，并对连接钢筋位置进行再确认。通过控制安装精度，以保证在施工中更加方便快捷地安装构件。

（2）预埋高度调节螺栓（图 7-20）。为控制预制柱底层与基层满足 2 cm 的封仓高度，预埋高度的调节螺栓应满足以下要求。

图 7-20　柱底高度调节螺栓

① 吊装前用水冲洗，使基层构件线清晰。

② 利用水准仪对 3 个预埋螺栓标高进行调节，达到标高要求并使之满足 2 cm 的高度差，如图 7-21 所示。

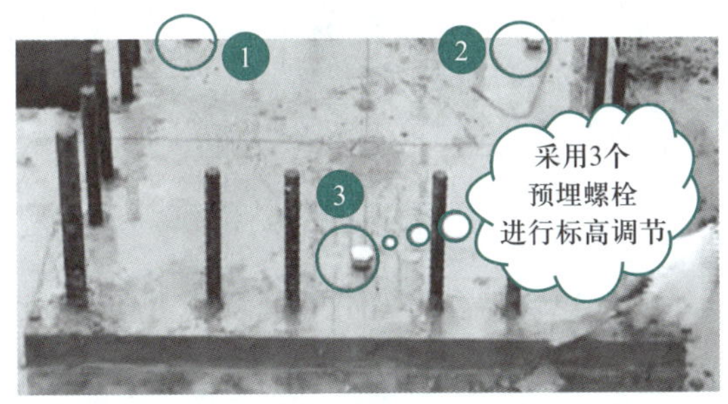

图 7-21　调节预埋螺栓高度

③ 确认构件安装区域内无高度超过 2 cm 的杂物。

（3）预制框架柱安装具体步骤如下。

① 吊机慢速起吊，如图 7–22 所示。

图 7–22　预制柱起吊

② 吊机起吊下放时应平稳，并对准引导钢筋。

③ 柱的 4 个面放置镜子，观察下方连接钢筋是否均插入上方的连接套筒内，如图 7–23 所示。

图 7–23　预制柱安装

④ 查看构件与基层是否满足 2 cm 缝隙要求，如不满足继续调整。

（4）预制框架柱垂直度调整，保证预制柱垂直度在 ±2 mm 内。

① 采用两台经纬仪，通过基层轴线对构件的垂直度进行测设，如图 7–24 所示。

图 7–24　垂直度调整

② 对垂直度调整，通过斜支撑对螺栓进行调整（5 ~ 12 mm）。

（5）预制框架柱固定，保证预制柱牢固不发生倾斜。

① 柱子垂直度满足 ±5 mm 后，采用斜支撑对柱子进行支撑固定，如图 7–25 所示。

图 7–25　斜支撑临时固定

预制框架柱封仓方法

② 三面支撑完成后，用梯子撤掉吊车吊钩。

（6）预制框架柱封仓。

预制框架柱封仓前准备：用气泵压缩空气检查每个灌浆孔、出浆孔，确保无杂质并且保持通畅；用吹风机对柱基底进行二次清理；封仓前对封仓进行湿润。

制备灌浆料

（7）封堵出浆口。为保证灌浆无气泡，浆料饱满，要求做到：接头灌浆时，待上方的排气孔连续流出浆料后，再用专用橡胶塞封堵。按照浆料排出先后顺序，依次封堵灌排浆孔，封堵时灌浆泵（枪）要一直保持压力，直至所有灌排浆孔出浆并封堵牢固，然后再停止灌浆。在浆料初凝前检查灌浆接头，对漏浆处及时进行处理。

预制框架柱灌浆

（8）灌浆后节点保护。灌浆料强度达到 35 MPa 时，方可进入下一道工序，否则不得扰动构件。

灌浆后构件需求

二、预制叠合梁、板的吊装

预制柱安装完成后，开始对预制梁或预制叠合梁、板进行安装。

预制板吊装、安装过程遵守标准

1. 施工准备

（1）认真编制独立可调式钢支柱的施工方案，并做好施工操作安全、技术交底资料工作。

（2）组织独立可调式钢支柱的材料进场，进场后按计划堆放。

（3）叠合墙板安装完成后开始搭设钢支柱，钢支柱必须严格按照设计方案放线安装。

2. 工程施工及验收

支撑安装流程

（1）支撑体系安装

支撑安装流程：按尺寸放置钢支柱→放置钢支柱折叠三脚架→调整钢支柱上部支撑头高度→安装工字梁→微调高度并固定。

质量控制要点如下。

① 楼层上下层钢支柱应在同一中心线上，独立钢支柱水平横纵向应与梁底脚手架承重支撑的水平横纵杆连接。

② 调节钢支柱的高度，应留出浇筑载荷所形成的变形量，跨度大于 4 m 时中间的位置要适当起拱。

③ 支架立杆应竖直设置，2 m 高度的垂直允许偏差为 12 mm。

④ 当梁支架立杆采用单根立杆时，立杆应设在梁模板中心线处，其偏心距不应大于 15 mm。

（2）预制叠合梁吊装

测量放线

1）测量放线（见二维码）

2）梁底支撑搭设要求如下。

① 根据构件位置及方案确定支撑位置及数量。

② 对支撑高度进行调整。

③ 待叠合梁吊装完成后再放置三脚架固定。

叠合梁吊运安装要求如下。

① 根据结构图，按照设计说明给出的吊装顺序吊装。整体吊装原则：先主梁再次梁，根据钢筋搭接顺序，谁的钢筋在下谁先吊装，如图 7-26 所示。

② 根据预埋件确定两点吊装，吊索水平夹角不宜小于 45°。

③ 叠合梁安装过程通过线坠及位置控制线调整高度及位置。

④ 将梁放入已经支好的支撑结构上，并微调梁的左右位置。

⑤ 梁安装完毕后再次确认下支撑与梁底是否牢固接触。

注意：吊装前在预制框架柱上弹出预制叠合梁控制边线；吊装顺序应根据钢筋搭接的上下位置关系确定。

（3）预制叠合板吊装

吊装要点如下。

① 预制叠合板吊装应按顺序依次铺开，不宜间隔吊装；根据施工图纸，检查叠合板构件类型，确定安装位置，并对叠合板吊装顺序进行编号；根据施工图纸，弹出叠合板水平及标高控制线，并对控制线进行复核。

图 7-26　叠合梁吊运安装

② 吊装前，与叠合板生产厂家沟通好叠合板的供应，确保吊装顺利进行。

③ 楼板吊装前，应将支座基础面及楼板底面清理干净，避免点支撑。

④ 吊装时，先吊铺边缘窄板，然后按照顺序吊装剩下板块。

⑤ 合板起吊时，必须采用模数化吊装梁吊装，要求吊装时 4 个吊点均匀受力，起吊缓慢，保证与叠合板平稳起吊。每块楼板起吊用 4 个吊点，吊点位置为格构梁上弦与腹筋交接处，如图 7-27 和图 7-28 所示，距离板端为整个板长的 1/5 ~ 1/4。

图 7-27　叠合板专用吊具

图 7-28　吊装定位控制

⑥ 装锁链采用专用锁链和 4 个闭合吊钩，平均分担受力，多点均衡起吊，单个锁链长度为 4 m。

⑦ 每块预制叠合板吊装就位后偏差不得大于 3 mm，累计误差不得大于 10 mm。

⑧ 叠合板吊装过程中，在作业层上空 300 mm 处略作停顿。根据叠合板上位置调整叠合板方向进行定位。吊装过程中注意避免叠合板上的预留钢筋与框架柱上的竖向钢筋

预制叠合板吊装注意事项

碰撞，叠合板稳停慢放，以免吊装放置时冲击力过大导致板面损坏。

⑨ 叠合板就位校正时，采用楔形小木块嵌入调整，不得直接使用撬棍调整，以免出现半边损坏。

预制叠合板施工中的成品保护要求如下：

① 预制叠合板进场堆放时，每层之间采用的垫木垫放在起吊位置下方。

② 吊装叠合板以及叠合板混凝土浇筑前，需对叠合板的叠合面及桁架钢筋进行检查验收，桁架钢筋不得变形、弯曲。

③ 叠合板吊装完成后，不得集中堆放重物，施工区不得集中站人，不得在叠合板上蹦跳、重击，以免造成叠合板损坏。

（4）附加钢筋安装

楼板铺设完毕后，板的下边缘不应出现高低不平的情况，也不应出现空隙，局部无法调整和避免的支座处出现的空隙做封堵处理，支撑可以做适当调整，使楼板的底面保持平整、无缝隙。

预制楼板安装调平后，即可进行附加钢筋及楼板下层横向钢筋的安装，具体安装根据招标方提供的图纸进行，钢筋均应由施工单位提前加工制作，并现场安装。

（5）水电管线敷设及预埋

① 叠合板部位的机电线盒和管线根据深化设计图纸要求，布设机电管线，如图 7–29 所示。

② 楼板上层钢筋安装完成后，进行水电管线的敷设与连接工作，为便于施工，叠合板在工厂生产阶段已将相应的线盒及预留洞口等按设计图纸预埋在预制板中，施工过程中各方必须做好成品保护工作。

③ 待机电管线铺设完毕、清理干净后，根据叠合板上方钢筋间距控制线进行钢筋绑扎，保证钢筋搭接和间距符合设计要求。同时利用叠合板桁架钢筋作为上部钢筋的马凳，确保上部钢筋的保护层厚度。

（6）楼板上层钢筋安装

① 水电管线敷设完毕后，钢筋工即可进行楼板上层钢筋的安装，如图 7–30 所示。

图 7–29　水电管线敷设及预埋

图 7–30　楼板上层钢筋安装

② 楼板上层钢筋设置在格构梁上弦钢筋上并绑扎固定，以防止偏移和混凝土浇筑时上浮。

③ 对已铺设好的钢筋、模板进行保护，禁止在底模上行走或踩踏，禁止随意扳动、切断格构钢筋。

（7）预制楼板底部接缝处理

预制叠合板底部接缝处理

在墙板和楼板混凝土浇筑之前，应派专人对预制楼板底部接缝及其与墙板之间的缝隙进行检查，对一些缝隙过大的部位进行支模封堵处理，以免影响混凝土的浇筑质量。待钢筋隐蔽验收检查合格，叠合面清理干净后再浇筑叠合板混凝土。

三、实心剪力墙预制构件吊装

按照标准化进行设计，根据结构、建筑的特点将预制实心剪力墙、预制叠合梁、预制叠合楼板、预制楼梯等构件进行拆分，并制订生产及吊装顺序，在工厂内进行标准化生产，现场采用 60 t 塔吊进行构件安装。预制实心剪力墙纵向钢筋连接采用半灌浆套筒连接，预制实心剪力墙钢筋定位通过自制的固定钢模具进行调整。对于预制实心剪力墙与预制叠合梁，节点采用现浇混凝土。叠合板与叠合梁采用搭接的方式连接，叠合板间采用刀口设计，用防水砂浆找平。

对于装配式实心剪力墙体系，其他施工过程主要完成实心剪力墙及预制叠合板的吊装施工。因此，以下主要介绍预制实心剪力墙以及预制叠合板吊装工艺过程。

预制实心剪力墙安装施工操作流程：弹出构件轮廓控制线，并对连接钢筋进行位置再确认→调节预埋螺栓高度→预制实心剪力墙分仓→预制实心剪力墙安装→预制实心剪力墙固定→预制实心剪力墙封缝→预制实心剪力墙灌浆→灌浆后节点保护。

1. 施工准备

弹出构件轮廓控制线，并对连接钢筋进行位置再确认。

（1）放插筋钢模板控制轴线，如图 7–31 所示。

图 7–31　构件轮廓控制线

① 钢筋去除泥浆，基层浇筑前可采用保鲜膜保护。

② 对同一层内的预制实心墙轮廓线，控制累计误差在 ±2 mm 内。

（2）插筋位置通过钢模板再确认轴线加构件轮廓线，如图 7-32 所示。

① 采用钢模具对钢筋位置进行确认。

② 严格按照设计图纸要求检查钢筋长度。

（3）吊装前准备，放轴线、轮廓线、分仓线（图 7-33）。

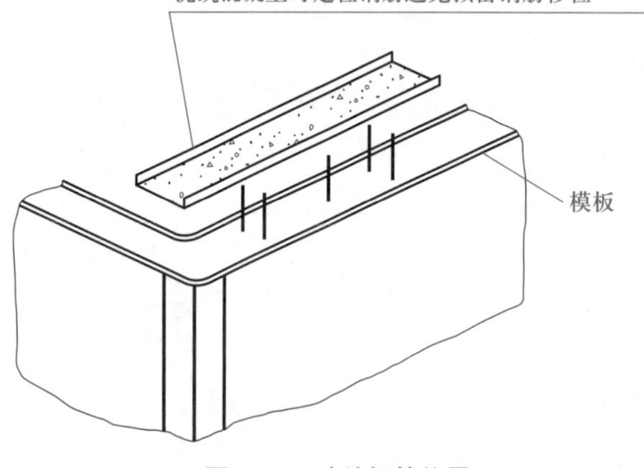

图 7-32　确认钢筋位置

图 7-33　分仓线图示

2. 工程施工、验收及成品保护

（1）调节预埋螺栓高度

① 对于实心墙板，基层初凝时用钢钎做麻面处理，吊装前用风机清理浮灰。

② 采用水准仪对预埋螺栓标高进行调节，达到标高要求并使之满足 2 cm 高差，如图 7-34 所示。

图 7-34　预埋螺栓调节

预制实心剪力墙分仓

③ 对基层地面平整度进行确认。

（2）预制实心剪力墙分仓（见二维码）

（3）预制实心剪力墙安装

① 吊机起吊、下放时应平稳。

② 预制实心墙两边放置镜子，确认下方连接钢筋均准确插入构件的灌浆套筒内。

③ 检查预制构件与基层预埋螺栓是否压实且无缝隙，如不满足继续调整。

（4）预制实心剪力墙固定

① 墙体垂直度误差满足不大于 ±5 mm 后，在预制墙板上部 2/3 高度处用斜支撑通过连接对预制构件进行固定，斜撑底部与楼面用地脚螺栓锚固，其与楼面水平夹角不应小于 60°，墙体构件用不少于 2 根斜支撑进行固定。

② 垂直度的细部调整可通过两个细部斜撑上的螺纹套管调整来实现，两边要同时调整，如图 7–35 所示。

图 7–35　固定完成

③ 在确保两个墙板斜撑安装牢固后方可解除吊钩。

（5）预制实心剪力墙封缝

① 嵌缝前，对基层与柱接触面用专用吹风机清理，并做润湿处理，如图 7–36 所示。

② 选择专用封仓料和抹子，在缝隙内先压入 PVC 管或泡沫条，填抹 1.5 ~ 2 cm 深（确保不堵套筒孔），将缝隙填塞密实后，抽出 PVC 管或泡沫条，如图 7–37 所示。

图 7–36　清理和湿润

图 7–37　封缝处理

③ 填抹完毕确认封仓强度达到要求（常温 24 h，约 30 MPa）后再灌浆。

（6）预制实心剪力墙灌浆

① 灌浆前，逐个检查各接头灌浆孔和出浆孔，确保孔路畅通及仓体密封性。

② 灌浆泵接头插入灌浆孔后，封堵其他灌浆孔及灌浆泵上的出浆口，待出浆孔连续流出浆体后，暂停灌浆机，立即用专用橡胶塞封堵。

③ 至所有排浆孔出浆并封堵牢固后，拔出插入的灌浆孔，立即用专用的橡胶塞封堵，然后插入排浆孔，继续灌浆，将其灌满后立即拔出封堵。

④ 正常灌浆要在加水搅拌开始的 20 ~ 30 min 内完成。

（7）灌浆后节点保护

检查验收：灌浆料凝固后，取下灌排浆孔封堵胶塞，检查孔内凝固的灌浆料上表面，应高于排浆孔下边缘 5 mm 以上。灌浆料强度没有达到 35 MPa 时，不得扰动。

四、预制楼梯吊装

预制楼梯吊装施工操作流程：预制楼梯板安装的准备→弹出控制线并复核→楼梯上、下口做细石混凝土找平灰饼→楼梯板吊装→楼梯板就位校正→连接灌浆→检查验收。其安装过程如图 7–38 所示。

图 7–38　楼梯安装流程

1. 工程准备

吊装前，对预制楼梯进场验收，如图 7–39 所示。安装楼梯垫块，并进行标高调整；检查支撑架是否搭设完毕，顶部高程是否正确；做好梁位线的弹线及验收工作。

图 7–39　楼梯进场验收

2. 工程施工

（1）楼梯找平层。构件安装前，应将水泥砂浆找平层清扫干净，并在梯段上、下口梯梁处铺 2 cm 厚 M10 水泥砂浆找平层（M10 水泥砂浆采用成品干拌砂浆），坐浆安装，以保证构件与梯梁之间的良好结合与密实。

找平层施工完毕后，应对找平层标高用拉线、尺量的方法进行复核，标高允许偏差为 5 mm。

（2）楼梯安装。根据施工图纸，弹出楼梯安装控制线，对控制线及标高进行复核。楼梯侧面距结构墙体预留 10 mm 孔隙，为后续塞防火岩棉预留空间。

① 在楼梯段上下口梯梁处铺 15 mm 厚水泥砂浆找平，上铺 5 mm 厚聚乙烯板，砂浆找平层标高要控制准确。

② 预制楼梯板采用水平吊装，吊装时，应使踏步呈水平状态，便于就位。吊装吊环用螺栓将通用吊耳与楼梯板预埋内螺纹连接，使钢丝绳吊具及倒链连接吊装。起吊前检查卸扣卡环，确认牢固后方可继续缓慢起吊，如图 7–40 所示。

③ 预制楼梯板就位时，楼梯板要从上向下垂直安装，在作业面上空 300 mm 处略作停顿，施工人员手扶楼梯板调整方向，将楼梯板的边线与梯梁上的安放位置线对准，放下时要稳停慢放，严禁快速猛放，以免冲击力过大造成楼板面振折或裂缝，如图 7–41 所示。

图 7–40　起吊

图 7–41　楼梯就位

④ 楼梯板基本就位后，根据控制线，利用撬棍微调楼梯板，直到位置正确，搁置平实。安装楼梯板时应特别注意标高位置，校正后再脱钩，如图 7–42 所示。

3. 预制楼梯板与现浇部位连接灌浆

楼梯板安装完成、检查合格后，在预制楼梯板与休息平台连接部位采用灌浆料进行灌浆，灌浆要求从楼梯板的一侧向另外一侧灌注，待灌浆料从另一侧溢出后表示灌满。充填完毕 40 min 内不得移动橡胶塞，灌浆材料充填结束后 4 h 内应加强养护，不得施加有害的振动、冲击等影响，对横向构件连接部位混凝土的浇灌也应在 1 d 后进行。

图 7–42　位置调整、收钩

其余保护措施

4. 预制楼梯板安装及成品保护

（1）预制楼梯板进场后堆放不得超过 4 层，堆放时垫木必须垫放在楼梯吊装点下方。

（2）在吊装前预制楼梯采用多层板钉成整体踏步台阶形状，应保护踏步面不被损坏，并且将楼梯两侧用多层板固定做保护。

（3）在吊装预制楼梯前，要将楼梯预留灌浆圆孔处砂浆、灰土等杂质清除干净，确保预制楼梯灌浆质量。

复习思考题

1. 汽车式起重机在使用时需要注意什么？
2. 履带式起重机在使用时需要注意什么？
3. 塔式起重机在使用时需要注意什么？
4. 简述预制楼板吊装注意事项。
5. 预制柱怎样安装？流程是什么？
6. 实心剪力墙预制构件吊装后，灌浆注意事项是什么？

项目 8
装配式 + 智能化装修

【学习目标】

知识目标

1. 了解装配式装修的必要性。
2. 理解装配式装修深化设计、管理、施工一体化手段。
3. 掌握装配式智能装修施工。

技能目标

1. 能够与其他专业配合完成新建建筑装配式内装修的设计、生产运输、施工安装、质量验收及使用维护。

2. 会应用装配式装修施工中运用到的智能施工技术；知道装配式建筑中卧室、卫生间的装修施工顺序。

3. 完成装配式、智能化装修的质量检查与验收。

素养目标

1. 了解装配式装修的当前政策及发展趋势。
2. 培养精益求精的工匠精神。
3. 形成建筑全生命周期的整体性、系统性思维。

【知识图谱】

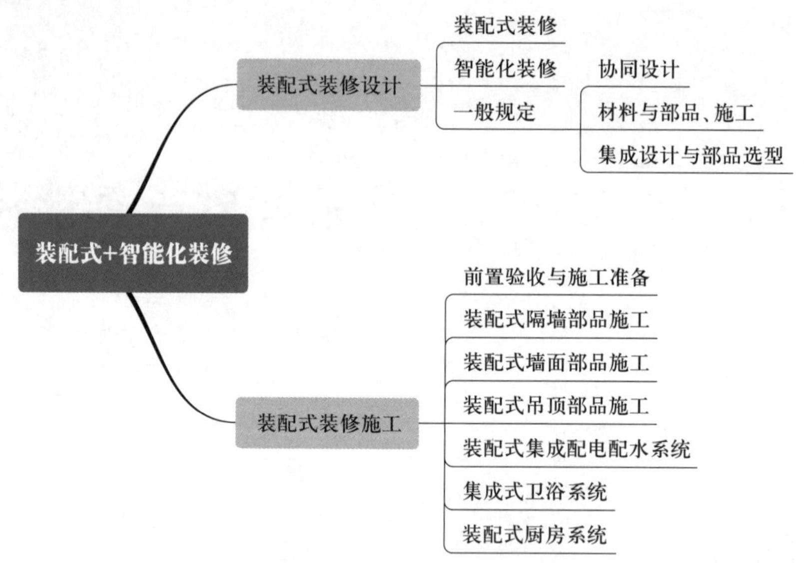

任务 8.1　装配式装修设计

【任务引入】

当下，人们对建筑环境的要求持续提升，传统的装修施工方式已不能满足社会发展的需求，在装配式主体结构完工后，开展装修设计会面临湿作业量大、工序复杂、环境污染等问题。

（1）资源浪费：传统的室内装修施工，注重改造毛坯房，会产生较多建筑垃圾。

（2）环境污染大：建筑装修时间长，产生大量废弃物与垃圾，且噪声污染巨大。

（3）质量把控不过关：装修公司为了提升经济效益，会选用质量不过关的材料，并且在装修期间改变建筑结构功能，严重影响居住体验，还会产生不良隐患。

（4）装修工艺复杂：传统的建筑装修中，设计和施工相互分离，整个施工操作流程复杂，且管线材料摆放无序。

（5）传统的装修施工中，湿作业量非常多，背离了装配式建筑发展的理念。

建筑行业快速发展，装修一体化关注度明显提升。装配式装修，被称为工业化装修，通过标准连接方式，将工厂预制构件、部件集合起来，运输至施工现场，并且遵循标准化程序，以干作业方式进行装修操作。装配式装修一体化技术，能够减少现场作业量，避免材料浪费，同时可促进建筑工业化发展进程，不断提升接受度。

装配式装修是装配式建筑的重要组成部分，而发展装配式装修，是装饰行业碳达峰、碳中和的必要要求。

【知识准备】

一、装配式装修

装配式装修（图 8–1）和装配式建筑一样，经过前期精细化设计，选用标准化部品部件进行安装。但装配式装修系统设计是遵循管线与结构分离的原则，运用集成化设计方法，统筹隔墙和墙面系统、吊顶系统、楼地面系统、厨房系统、卫生间系统、收纳系统、内门窗系统、设备和管线系统等，将工厂化生产的部品部件以干式工法为主进行施工安装的装修建造模式。

装配式装修的特征如下。

（1）标准化设计：建筑设计与装修设计一体化模数，BIM 模型协同设计；验证建筑、设备、管线与装修零冲突。

（2）工业化生产：产品统一部品化、部品统一型号规格、部品统一设计标准。

（3）装配化施工：由产业工人现场装配，通过工厂化管理规范装配动作和程序。

（4）信息化协同：部品标准化、模块化、模数化，测量数据与工厂智造协同，现场进度与工程配送协同。

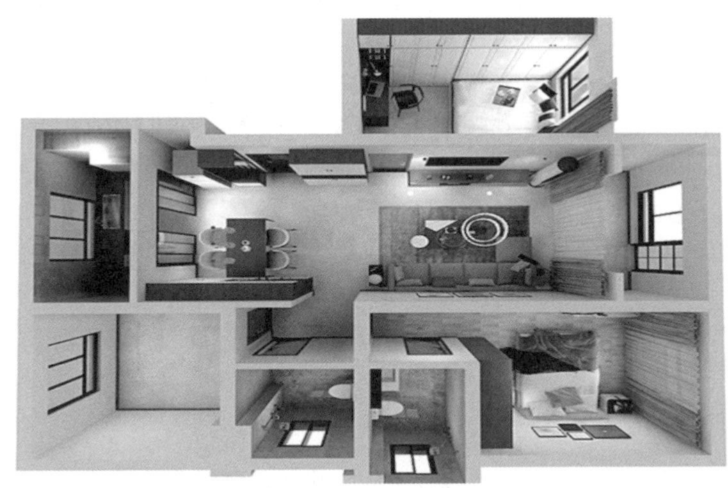

图 8–1　装配式装修

二、智能化装修

基于云计算、人工智能的智能生产平台，利用工业 4.0 智能制造工厂打通前端的研发设计下单和后端的生产制造，将装配式云平台系统内的所有信息转化为工厂生产所需的图纸及编码，并协调云平台上的所有供应商进行同步管理，从而根据项目实际进度需求进行全程协同，把生产技术与信息技术紧密结合起来，实施全程数字化服务，最大程度地满足消费者的个性化需求与大规模高效率制造的需求。将提升家庭的生活质量，生活效率，生活的方便性、舒适性，提升家庭的理财能力等定义为智能化装修（图 8–2、图 8–3）。

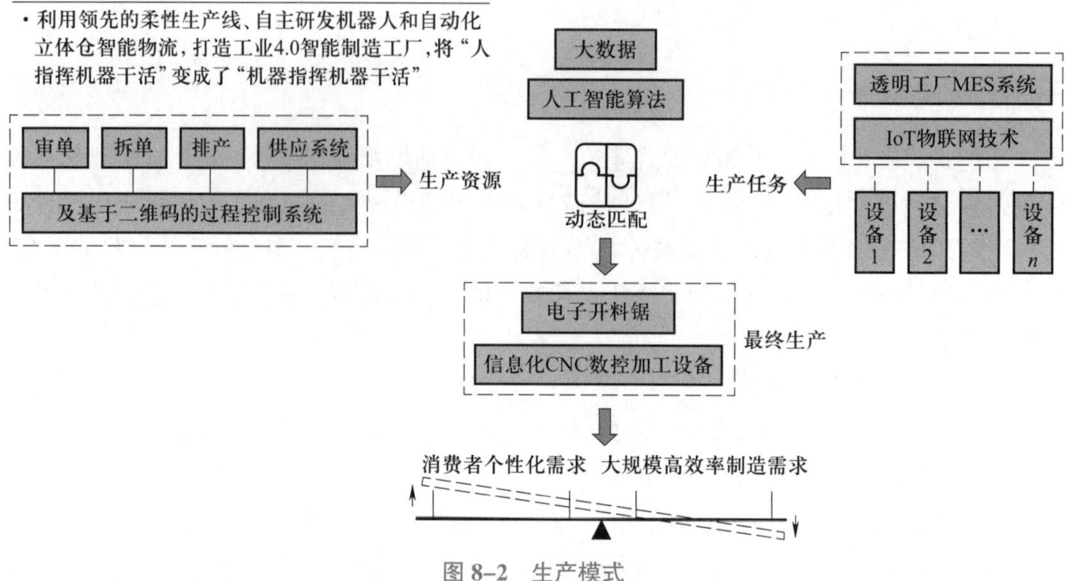

图 8–2　生产模式

施工标准化：在整装全流程数字化，以及供应链整合的协同下，未来随着施工工艺的应用和装配式产品的逐步成熟，将逐步降低对施工工人的依赖，进一步提升施工标准化的程度，最终实现工业化整装。

装配式建筑智能装修发展

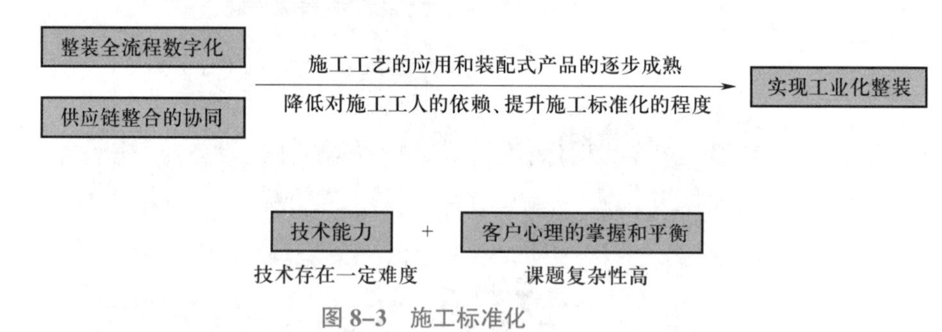

图 8–3　施工标准化

【任务实施】

装配式装修的设计与传统的装修设计不同，相比于传统设计，装配式装修的设计应总体策划，一般需要与建筑设计同步协同进行，同时还要与结构系统、外围护系统及设备管线系统进行一体化集成设计。总之，装配式装修集成设计应协调建筑、结构、给水排水、供暖、通风和空调、燃气、电气、智能化等各专业的要求，进行同步协同设计，并统筹设计、生产、安装和运维各阶段的需求。

装配式装修应采用工厂化生产的部品部件，按照模块化和系列化的方法，少规格、多组合的原则，进行标准化设计，同时兼顾建筑全生命周期内使用功能可变性，考虑多场景使用需求。

装配式装修设计明确部品部件和设备管线等材料的主要性能指标，应满足结构受力、抗震、安全防护、防火、防水、防静电、防滑、节能、隔声、环境保护、卫生防疫、适老化、无障碍等方面的需求。

装配式装修设计流程宜按照技术策划、方案设计、部品集成与选型和深化设计 4 个阶段进行。具体地，线上设计师可用 VR 技术、虚拟成像技术，为客户的房屋进行虚拟装修，生成一个立体，接近真实装修结果的效果图，用户与设计师沟通修改，直至用户满意；设计师生成部品部件施工图，发到工厂生产，工厂按图生产装修装配部件和零件并完成安装。

【操作指导】

一、材料与部品、施工

装配式装修应采用节能、绿色、环保材料，优选质量稳定、品质高、耐用性强、抗菌防霉的部品；采用绿色施工模式，减少现场切割作业和建筑垃圾，如图 8-4 所示。

图 8-4 “智能 + 绿色”构建装修新产业链

装配式装修应与土建工程、设备和管线安装工程明确施工界面，并宜采用同步穿插施工的组织方式，提升施工效率。

装配式装修工程宜采用建筑信息模型（BIM）技术，实现全过程的信息化管理和专业协同，保证工程信息传递的准确性与质量可追溯性。

二、集成设计与部品选型

装配式装修对楼地面系统、隔墙系统、吊顶系统、楼地面系统、集成式厨房、集成式卫生间、收纳系统、厨房系统、卫生间系统、门窗系统、设备和管线系统等进行集成设计。装配式装修样板间如图 8-5 所示。内装集成设计和部品选型按照标准化、模数化、通用化的要求，以少规格、多组合的方式，实现内装系列化和多样化。除满足使用功能外，集成设计应着重解决部品的规格、组合方式、安装顺序、衔接措施，并应按照生产和安装的要求优化设计。

集成设计按照技术策划确定的原则进行，实现设备管线与结构分离。管线优先敷设在楼地面架空层、吊顶、墙体夹层、龙骨之间；也可以结合踢脚线、装饰线脚进行敷设。应优先确定功能复杂、空间狭小、管线集中的建筑空间的部品集成设计。集成设计应充分考虑装修基层结构、部品部件生产和安装过程中的偏差，宜采用可调节构造和部件纠正或隐藏偏差。

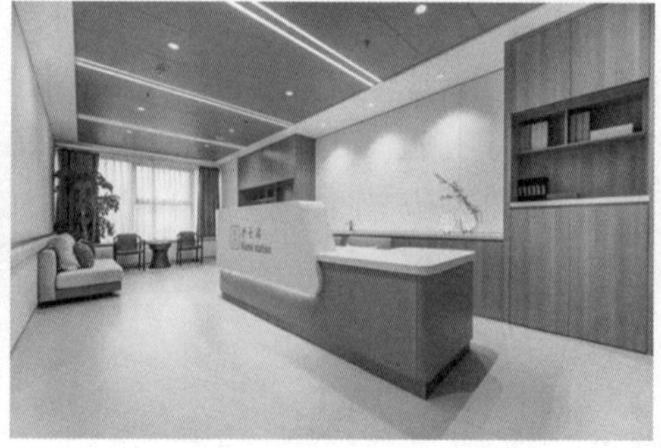

图 8-5　装配式装修样板间

【知识拓展】

装配式装修和静音施工将是装修发展方向。相比传统装修，装配式装修可以节约 20% 材料和 70% 工时。其可拆卸、可更换、可回收的部件属性，令后期可实现维修与升级，降低了内装的综合成本。同时，装配式装修的干法施工工艺，免去了涂料、溶剂、胶黏剂在家装过程中的使用，也从源头上缓解了甲醛、苯、DMF 等有害化学物质的装修后遗症问题。未来，在绿色环保、健康装饰的趋势下，建筑装饰行业的工业化、智能化、数字化必将是未来发展的方向，装配式装修必将成为大势所趋。

任务 8.2　装配式装修施工

【任务引入】

装配式装修施工是以工厂化的手段来解决复杂的装修施工，凡是可以工厂化组合、融合、结合的事情都不必留给现场。装配式装修将部品制造集中于工厂，有利于从源头上通过部品定制，规避现场二次加工带来的材料浪费；通过柔性生产与精益供应，消除了部品配送中的时间浪费与周转浪费；通过干式工法消除了粉尘、噪声、垃圾等环境污染，让装修现场变得简单。

【知识准备】

装配式装修施工前需进行的前置验收与施工准备工作如下。

一、图纸会审

图纸会审与交底工程施工进场后，组织工程技术人员熟悉和审查施工图纸并整理成会审问题清单，由设计人员进行交底，明确设计图纸交代不清的内容，尤其是较为复杂、特殊功能的部分以及各细部装修做法等。检查各专业设计图纸相互间有无矛盾，平、立、剖面图之间有无矛盾，标注有无遗漏等，为顺利按图施工扫清障碍。

细化专项施工方案，组织相关专业的工程技术人员编制实施性施工方案和项目试验计划，向有关施工人员做好一次性方案和分项工程技术交底工作。根据工程特点，对重点、关键施工部位提出科学、可行的技术措施。

二、现场勘测

现场勘测时应首先确认施工界面，对施工区域进行整理，现场不应堆积施工材料和其他材料，主体施工的临时孔洞应封堵，不能封堵的应做好安装防护措施。外窗应安装完成，未安装外窗的应做好安全防护措施，电梯井、消防井、给排水井、电井应做好安全防护，避免物品和人员坠落。现场施工应局部符合项目规定的安全措施。结构主体应符合相应规范要求，对于浇筑超标或超过技术要求的位置应处理到位。主体应按图纸进行填充和封堵，填充物体强度和其他技术要求应符合施工要求（应具备室内施工的基本强度）。

三、清理现场，根据图纸放线

现场模板和外墙临时固定设施应拆除，因施工要求不能拆除的（如外挂电梯和塔吊固定件）应不影响测量放线工作的展开。放线应在主体结构的水平线和中心控制线的基础上进行（部分项目，如旧改项目应找同一楼层单元统一控制线）。

装配式装修的现场放线有别于传统装修的现场放线工作，是基于设计图纸的全屋放线和测量，在复核设计方案的同时，为技术人员确认各部品精准规格尺寸和后续工厂定制生产提供基础技术资料。施工及放线流程如图 8–6、图 8–7 所示。

平面布置 → 计划跟踪 → 构件验收 → 隔墙系统 → 强弱电、管线系统 → 墙地面铺装系统 → 木制品、门窗系统 → 整体厨房系列 → 整体卫浴系列 → 整套家电系列 → 配饰

图 8–6　装配式装修施工流程

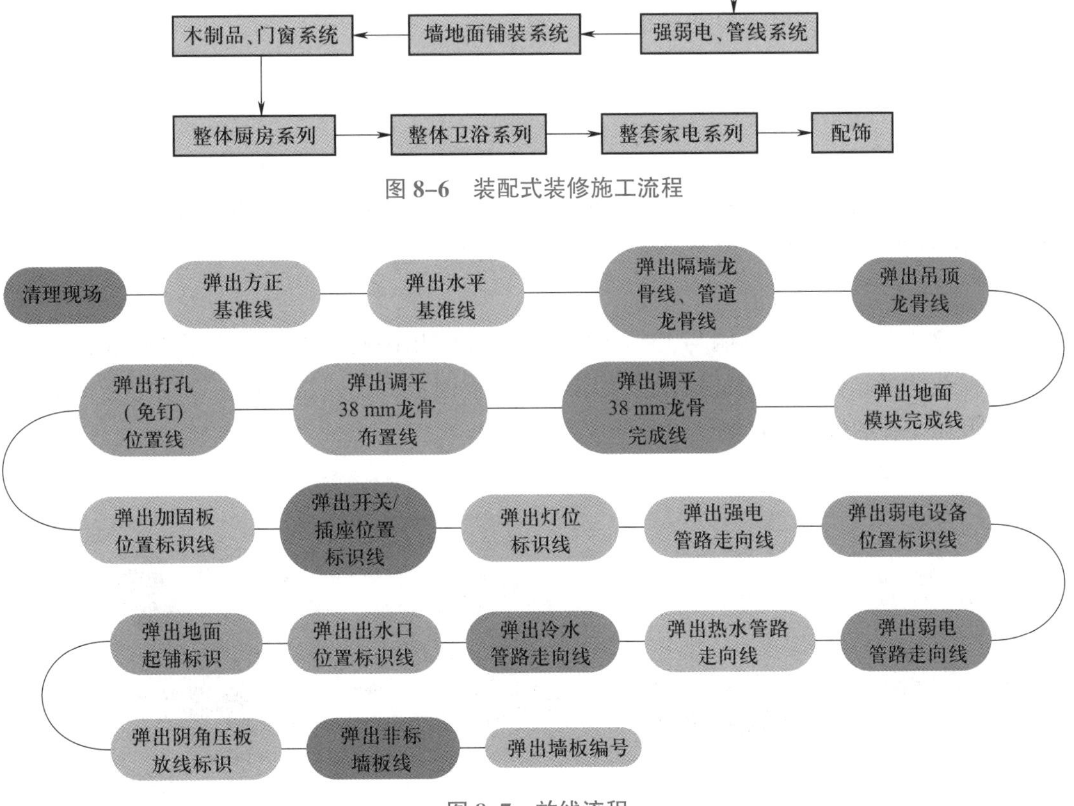

图 8–7　放线流程

【任务实施】

部品订货及进场计划。根据现场放线所获得各部品的准确规格尺寸，制订部品订货计划。墙板、地板、吊顶板、地暖、给水、排水、窗套等定制产品，由设计师出具按照户型的定制产品材料表，确保每个户型每个产品有唯一编号。需要提前将轻钢龙骨、铝型材、窗帘杆、橱柜及其五金、水管、套装门、窗套、地暖模块、涂装墙板、包覆顶板、涂装地板智能分选并分户智能打包。

【操作指导】

一、装配式隔墙部品施工

1. 技术准备

熟悉施工图纸与现场，做好技术、环境、安全交底。

2. 材料准备、要求

以优质的连续热镀锌板带为原材料，经冷弯工艺轧制而成的建筑用金属骨架。规格：天地龙骨为 U 形 50 mm 龙骨；竖向主龙骨为 C 形 50 mm 龙骨；横向龙骨为 C 形 38 mm 龙骨。

辅料：塑料膨胀螺栓、自攻螺丝钉。

3. 施工工具

冲击钻、手锤、充电手枪钻、水平仪、墨盒等。

4. 作业条件

施工部位放线完成。

5. 施工流程

弹线→安装天地龙骨→安装竖向边框龙骨→安装竖向龙骨→门、窗口加固→安装一侧横向龙骨→水电管线预埋→填充岩棉→安装另一侧横向龙骨。

6. 操作工艺

（1）弹线、分档：在隔墙与上、下及两边基体的相接处，按龙骨的宽度弹线找方正，应做到弹线清楚、位置准确；按设计要求，结合罩面板的长、宽分档，以确定竖向龙骨、横撑及附加龙骨的位置，如图 8–8 所示。

图 8–8　弹线、分档操作过程

（2）安装天地龙骨：先检查天地龙骨的弯曲度，然后沿弹线位置安装天地龙骨。使用塑料膨胀螺栓安装，先将龙骨两端头固定，第 1 个固定点距离端头不大于 100 mm，再依次固定中间部分，固定点间距不应大于 600 mm。安装应牢固，龙骨对接应保持平直。

（3）安装竖向边框龙骨。施工步骤同安装天地龙骨。

（4）安装竖向龙骨：竖向龙骨使用自攻螺丝钉安装于天地龙骨槽内，安装应垂直，龙骨间距不应大于 400 mm 且须依据设计图纸安装，在排布龙骨时应避开水电预埋端口。门窗上下位置和横档交接处也应按 400 mm 间距均匀添加竖龙骨。

（5）门、窗口应采用双排竖向龙骨加固，双排竖向龙骨采用口对口并列形式。壁挂空调、电视、热水器、吊柜、集分水器、散热器、排油烟机、门顶、窗帘杆等安装位置根据设计图纸进行加固。

（6）安装一侧横向龙骨、电线预埋管和给水配套施工。为了便于隔墙填充岩棉板，故先安装一侧横向龙骨，应先安装居室一侧的横向龙骨。从墙板安装的下端向上 120 mm 左右中心线安装第 1 根，最上面从墙板上段向下 100 mm 中心线安装最高一根横向龙骨，中间均匀分布且间隔不超过 600 mm。在门头和窗户上下位置最少应均匀分布 2 根以上横向龙骨，且未能和其他横向龙骨连接的一根向两侧多延伸出 50 ~ 100 mm。在安装横向龙骨的同时应安装好水电预埋件，确认好水电管线走向和预埋板的位置，横向龙骨应避开有冲突的位置。

（7）填充隔声材料。在竖向龙骨的空间内填充岩棉或玻璃纤维，推荐袋装密封的隔声材料。填充时应尽量密实，隔声材料的填充应从结构地面到结构顶面，在卫生间侧应有防潮隔湿的措施。

（8）安装另一侧横向龙骨。参照已安装的一侧横向龙骨的对称位置在另一侧安装好横向龙骨。结构墙和已填充的墙体上只安装一次横向龙骨，不安装竖向龙骨。

隔墙部品龙骨安装如图 8–9 所示。

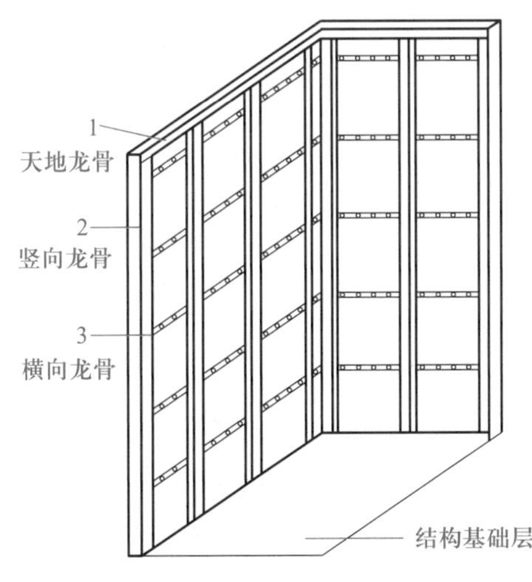

图 8–9　隔墙部品龙骨安装

二、装配式墙面部品施工

1. 技术准备

与隔墙部品施工相同。

2. 材料准备、要求

复合墙板部品：采用 10 mm 厚复合墙板部品，其饰面层采用 UV 漆涂装或覆膜。板材侧面开槽以满足工字形铝型材密拼插接使用。标准板宽 900 mm，长度根据设计图纸定制。

工字形铝型材、钻石形阳角条应有产品质量合格证；外观应表面平整，棱角挺直，过渡角及切边不允许有口和毛刺，表面不得有严重的污染、腐蚀和机械损伤。

辅助材料：小头燕尾螺丝、磷化自攻螺丝钉、结构胶等。

3. 施工工具、作业条件

与隔墙部品施工相同。

4. 施工流程及步骤

（1）根据排版图整理好材料，了解安装技术要求和安装质量要求。按图纸编号，从小至大依次安装墙板，整理材料时也应从小到大依次整理好墙板，并核对尺寸。

（2）检查板子两侧拉槽内是否有异物堵塞，若有，应用美工刀疏通拉槽。

（3）从一侧开始安装墙板。从一个房间内阳角位置（如无阳角则从阴角位置）、门边、窗边开始安装第一块墙板，墙板平面接缝处采用工字形铝型材，阳角处采用钻石形铝型材，使用小头燕尾螺丝与横向龙骨连接，螺丝头要沉入横向龙骨凹槽内，以免影响下一块墙板安装。接口尽量留在平面，不应留在阴角位置，否则胶固化后缝隙不能调整。安装墙板时，先检查墙板需要安装的位置是否有水电预埋口，如有需要，在该位置开好相应的孔洞。确认安装位置尺寸合适后，按照水平方向间隔 300 mm 且同一块板不少于 2 点，将硅酮（聚硅氧烷）结构密封胶以点状涂于横向龙骨上，每个胶点预计 5 ~ 8 g（8 mm 膏体挤出 20 ~ 25 mm 长度），如图 8-10 所示。

图 8-10　墙面部品龙骨安装

（4）扣上工字形铝材。贴好墙板，确认好和上一块墙板的缝隙严密后，在板竖边垂直情况下，用 ϕ3.5 mm × 13 mm 十字平头燕尾螺丝把工字形铝材长翼固定在横向龙骨上，如图 8–11 所示。

图 8–11 内墙装饰板安装

（5）清理：用软布擦拭表面，注意有无胶打到外面的情况，若有应清理干净。

三、装配式吊顶部品施工

装配式天花系统吊顶（图 8–12）是定制的石膏板成品吊顶，即将传统石膏板吊顶技术与现代集成化的吊顶技术相结合，可实现顶棚装修质的飞跃，是现场施工项目的重大技术变革。

优点：由于产品的工厂化、施工的模块化和集成化，能够自己动手 DIY 装修；吊顶和贴砖不再受制于专业工人的技术水平，现场仅需 2 人按照说明书安装，即可达到装修的精度和保证质量。

图 8-12　装配式天花系统吊顶

四、装配式集成配电配水系统

装配式集成配电系统需要提前预留检修口、电气接口、冷热给水接口（阀门）、排气管接口。

预留的检修口位置为整体卫浴的天花板上，大小为 350 mm × 350 mm 的检修口 1 个。其中预留的电气接口（国内常用的 86 型通用接线盒）、冷热给水接口（阀门）、排气管接口（*D*100 金属软管并预装连通管，卡码连接）要求在预留的检修口上方；装配式集成配水系统又分为给水（为冷热水堵头并安装检修阀门）和排水系统。

其中排水系统又分为污水系统和废水系统。污水系统需按马桶尺寸在土建施工时预留精准位置，且排气接口为 *D*100 金属软管并预装连通管，卡码连接。废水系统，即预装统一排水口收集浴缸、洗手盆的排水，在总排水口（尺寸 150 mm × 150 mm，兼作卫生间地漏）上要求有篦子（类似洗菜盆的过滤篦子）用于收集、清理毛发。

优点：易操作，功效高；质量可靠，隐患少；全部接头布置于顶内，便于翻新维修。

五、集成式卫浴系统

集成式卫生间的设计应包括卫生间楼地面、吊顶、墙面、洁具设备及管线的设计，宜选择集成度高的整体卫生间产品，并应与内装修工程的其他系统进行协同设计。集成式卫浴系统如图 8-13 所示。

六、装配式厨房系统

装配式厨房系统由厨房结构、厨房家具、厨房设备、厨房设施组成，如图 8-14 所示，是基本建筑材料、配件等按规定模数协调组合、工厂化加工而成，所选用材料要满足相关规范要求。装配式厨房系统应符合《装配式整体厨房应用技术标准》(JGJ/T 477—2018)的规定。

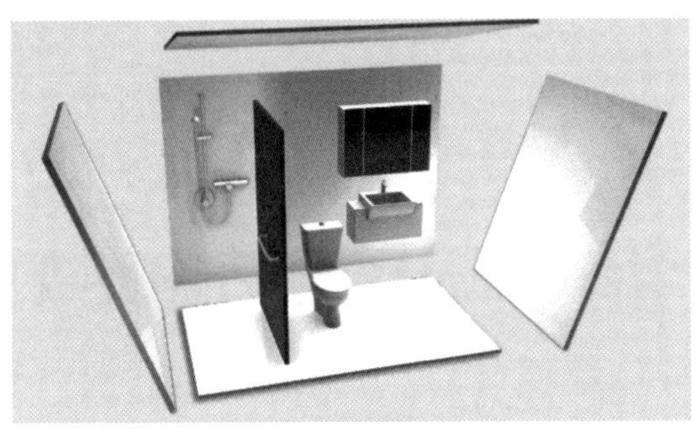
图 8-13　集成式卫浴系统

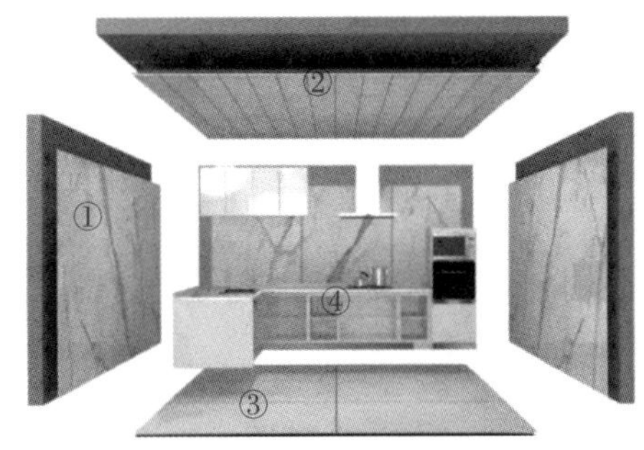

图 8-14　装配式厨房系统

成品保护与环境保护

优点：柜体与墙体预留挂件，契合度高；胶衣台面耐磨、抗污、抗裂、抗老化，无放射性；整体厨房全部干法作业，现场装配率高；无需排烟道，节省厨房空间。

复习思考题

1. 什么是装配式装修？
2. 装配式 + 智能化装修体现在哪些方面？

项目 9 钢结构施工

【学习目标】

知识目标

1. 了解钢结构工程质量验收相关要求。
2. 理解钢结构构件的制作流程及制作工艺具体内容。
3. 熟悉钢结构不同连接方式的特点、分类及制作工艺。
4. 熟悉钢结构的节点连接。

能力目标

1. 能够根据规范，对钢结构构件各制作工艺的具体施工是否规范做出评价。
2. 能够根据规范，对钢结构构件各制作工艺结果予以评定验收。

素养目标

1. 履行职业道德准则和行为规范，具有社会责任感。
2. 具有质量意识、环保意识、安全意识、工匠精神、创新思维。

【知识图谱】

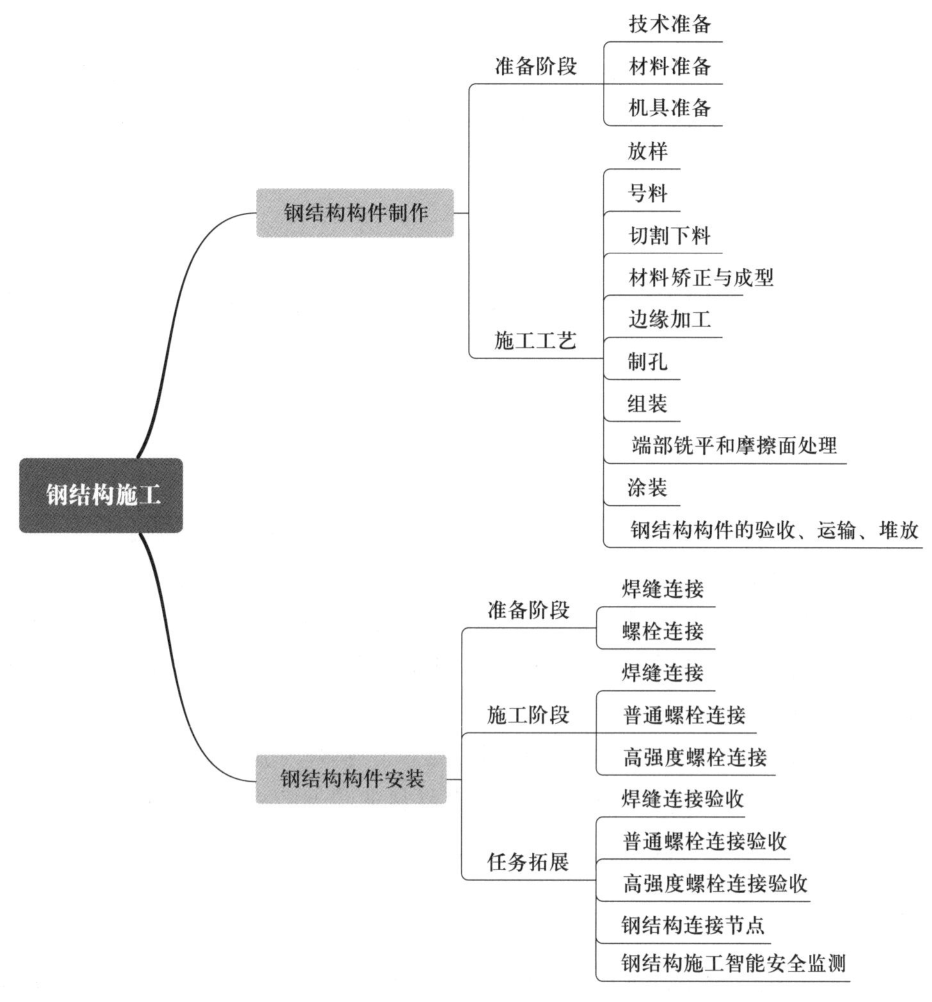

任务 9.1　钢结构构件制作

【任务引入】

钢铁产业始终是我国重点发展的产业。随着 1978 年改革开放政策的实行，我国的经济建设获得了飞速的发展，钢产量也逐年增加。2021 年我国粗钢产量达 10.328 亿吨，占全球钢铁产量比重达到 52.95%，进一步确立了我国世界钢铁大国的地位。多年来，我国钢铁产业脚踏实地，逐步实现了从小到大、由弱转强的历史性转变，彻底改变了钢材供不应求的局面。

与其他结构材料相比，钢结构具有：钢材强度高，结构质量轻；材质均匀，塑性、韧性好；具有良好的加工性能和焊接性能；密闭性好；钢材的可重复适用性好；钢材耐热但不耐火；耐腐蚀性差；钢结构的低温冷脆倾向等特点。基于上述特点，钢结构广泛应用于大跨度结构、工业厂房、受动力荷载影响的结构、多层和高层建筑、高耸结构、可拆卸的结构、密封结构等。

【知识准备】

为了便于对整个制作过程进行控制、管理，使制作过程能有序进行，优质高效地完成制作任务，在钢结构构件制作前，应完成技术准备、材料准备、机具准备等工作，并满足作业条件。

技术准备

一、技术准备

技术准备包括施工图审查、施工详图设计、工艺规程设计、技术交底，以及工艺装备制作等准备工作。

二、材料准备

钢结构构件制作所需材料应满足下列要求。

（1）钢结构使用的钢材、焊接材料、涂装材料和紧固件等应具有质量证书，必须符合设计要求和现行标准的规定。

（2）进厂的原材料，除必须有生产厂的出厂质量证明书外，并应按合同要求和有关现行标准在甲方、监理的见证下，进行现场见证取样、送样、检验和验收，做好检查记录，并向甲方和监理提供检验报告。

（3）在加工过程中，如发现原材料有缺陷，必须经检查人员和主管技术人员研究处理。

（4）材料代用应由制造单位事先提出附有材料证明书的申请书，向甲方和监理报审后，经设计单位确认后方可代用。

机具准备表

三、机具准备

钢结构在制作前，除了进行技术和材料两大方面的准备工作外，还应结合工程设计及实际情况进行机具准备工作。主要机具包括以下 4 类。

（1）运输设备，如塔式起重机、门式起重机、桥式起重机等。

（2）加工设备，如剪板机、喷砂机、卷板机、翼缘矫正机、数控三维钻床、端面铣床等。

（3）焊接设备，如交流焊机、二氧化碳焊机、埋弧焊机等。

（4）检测设备，如超声波探伤仪、焊缝检验尺、漆膜测厚仪、游标卡尺、钢卷尺等。

【任务实施】

钢结构构件制作及检验流程如图 9–1 所示。

一、放样

放样是钢结构制作工艺中的第一道工序，放样尺寸准确能够避免后续各道加工工序的

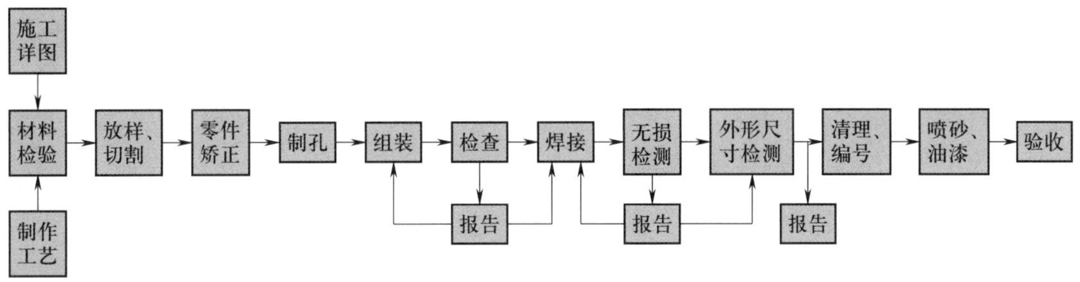

图 9–1　钢结构构件制作及检验流程

累计误差，进而保证整个工程的质量。放样以图纸为依据，具体内容包括：核对图纸的安装尺寸和孔距；以 1∶1 的大样放出节点；核对各部分的尺寸；制作样板和样杆，作为下料、弯制、铣、刨、制孔等加工的依据等。

放样时以 1∶1 的比例在放样台上利用几何作图方法弹出大样，放样经检查无误后，用 0.50 ~ 0.75 mm 的铁皮或塑料板制作样板，用木杆、钢皮或扁铁制作样杆，当长度较短时可用木尺杆。样板、样杆上应注明工号、图号、零件号、数量，以及加工边和坡口部位，弯折线和弯折方向，孔径和滚圆半径等。然后用样板、样杆进行号料。样板、样杆应妥善保存，直至工程结束后方可销毁。放样应采用经过计量检定的钢尺，并将标定的偏差值计入量测尺寸。尺寸划法应先量全长后分尺寸，不得分段丈量相加，避免误差积累。

二、号料

号料（也称画线）以放样为依据，利用样板、样杆在板料及型钢上画出孔的位置和零件形状的加工界线。号料的具体工作内容包括：检查核对材料；在材料上画出切割、铣、刨、弯曲、钻孔等加工位置；打冲孔；标注出零件的编号等。常采用的号料方法有 4 种，分别是集中号料法、套料法、统计计算法及余料统一号料法。主要零件应根据构件的受力特点和加工状况，按工艺规定的方向进行号料。号料后，零件和部件应按施工详图和工艺要求进行标识。

不同设备机械切割比较

三、切割下料

切割下料的目的是将放样和号料的零件形状从原材料上进行下料分离。钢材切割的方法包括机械切割法、气割法、等离子切割法等，其中气割法是目前广泛使用的切割方法。

钢材矫正与弯曲成型注意事项

四、材料矫正与成型

在钢结构制作过程中，由于原材料变形、切割变形、焊接变形、运输变形等经常影响构件的制作及安装，为保证钢结构的制作及安装质量，应对不符合国家标准的材料、构件进行矫正。矫正就是造成新的变形去抵消已经发生的变形，可采用机械矫正、加热矫正、加热与机械联合矫正等方法。

弯曲加工成型是根据构件形状的需要，利用加工设备和一定的工、模具，把板材或型钢弯制成一定形状的工艺方法。按加热程度分为冷弯和热弯。冷弯是指在常温下进行的弯曲加工，适用于一般薄板、型钢等的加工；热弯是将钢材加热至 950 ~ 1100 ℃，在模具上进行的弯曲加工，适用于厚板及形状较复杂的构件、型钢等的加工。弯曲加工按加工方法不同分为压弯、滚弯、拉弯、顶弯等。

五、边缘加工

在钢结构加工中很多构件都需要进行边缘加工，例如，钢吊车梁翼缘板的边缘、钢柱脚和肩梁承压支承面、焊接对接口、坡口的边缘、尺寸要求严格的加强肋、隔板、腹板、有孔眼的节点板，以及其他图纸要求的加工面和由于切割方法产生硬化等缺陷的边缘等。

边缘加工常用的方法包括铲边、刨边、铣边、切割等。对加工质量要求不高并且工作量不大的采用铲边加工边缘，包括手工铲边和机械铲边。刨边使用的是刨边机，由刨刀来切削板材的边缘。铣边机比刨边机工效高、能耗少、质量优。切割机械有碳弧气刨、半自动与自动气割机、坡口机等方法。

六、制孔

钢结构的制孔包括铆钉孔、普通螺栓连接孔、高强度螺栓孔、地脚螺栓孔等，制孔通常采用钻孔和冲孔两种方法。钻孔有人工钻孔和机床钻孔两种方式，其中人工钻孔适用于直径较小、料较薄的孔，机床钻孔则具有施钻方便快捷、精度高的特点。冲孔在冲床上进行，只能冲较薄的钢板，孔径的大小一般大于钢材的厚度，冲孔的周围会产生冷硬现象，因其生产效率高，但质量较差的特点，只适用在不重要的部位。除此以外，还可以采用铣孔、铰孔、镗孔、锪孔等方法，对直径较大或长形孔也可采用气割制孔。制孔过程中，孔壁应保持与构件表面垂直，机械或气割制孔后，应清除孔周边的毛刺、切屑等杂物，孔壁应圆滑，无裂纹和大于 1.0 mm 的缺棱。

钢结构构件组装方法及适用范围

七、组装

钢结构的组装也称为钢结构的拼装、装配、组立，它是按照施工图的要求，把已加工完成的零件装配成独立的构件。钢结构组装的方法包括地样法、仿形复制装配法、立装法、卧装法、胎模装配法等。

八、端部铣平和摩擦面处理

受力较大的钢构件需要进行端部铣平。如柱或支座底板，经过端部铣平后，构件所传的力由承压面直接传递给底板，可以减小连接焊缝的焊脚尺寸，其工序应在矫正合格后进行。

钢构件摩擦面处理是指使用高强度螺栓连接时，钢材表面经过加工处理，使其抗滑移系数符合设计的要求，其数值一般为 0.45 ~ 0.55。摩擦面的处理可采用喷砂、喷丸、酸洗、砂轮打磨等方法，处理好的摩擦面严禁有飞边、毛刺、焊疤和污损等，不得涂油漆，在运输过程中防止摩擦面损伤。

构件出厂前应按批做试件抗滑移系数检验，试件的处理方法应与构件相同，检验的最小数值应符合设计要求，并附 3 组试件供安装时复验抗滑移系数。

防腐涂装施工工艺及要求

防火涂装施工工艺及要求

九、涂装

（一）防腐涂装施工工艺

防腐涂装工程施工工艺流程：基面处理→底漆涂装→面漆涂装→检查验收。

（二）防火涂装施工工艺

防火涂装工程施工工艺流程：施工准备→调配涂料→涂装施工→检查验收。

十、钢结构构件的验收、运输、堆放

（一）钢结构构件的验收

钢结构构件制作完成后，应根据《钢结构工程施工质量验收标准》（GB 50205—2020）及其他相关规范、规程的规定进行成品验收。钢结构零件及钢部件可按相应的钢结构制作工程或钢结构安装工程检验批的划分原则，划分为一个或若干个检验批进行验收。

（二）构件的运输

钢结构构件应根据具体的安装顺序，将构件分单元成套供应。运输构件时，应根据构件的长度、质量、断面形状选用车辆，构件在运输车辆上的支点、两端伸长的长度及绑扎方法均应保证构件不产生永久变形、不损伤涂层。对节点板、高强度螺栓连接面等重要部分要有适当的保护措施，零星部件要按同一类别用螺栓和铁丝紧固成束或包装发运。

（三）构件的堆放

构件一般堆放在工厂或现场的堆放场。构件堆放场地应平整坚实，无水坑、冰层，地面平整干燥，并应排水通畅，有较好的排水设施，同时有车辆进出的回路。

构件应按种类、型号、安装顺序划分区域，插竖标志牌。构件底层垫块要有足够的支承面，不允许垫块有大的沉降量，堆放的高度应有计算依据，以最下面的构件不产生永久变形为准，不得随意堆高。钢结构产品不得直接置于地上，要垫高 200 mm。

不同类型的钢构件一般不堆放在一起。同一工程的钢构件应分类堆放在同一地区，便于装车发运。相同型号的钢构件叠放时，各层钢构件的支点应在同一垂线上，并应防止钢构件被压坏和变形。

【操作指导】

钢结构构件出厂时，应提交产品的质量证明（构件合格证）及下列技术文件。

（1）钢结构施工详图，设计更改文件，制作过程中的技术协商文件。

（2）钢材、焊接材料、高强度螺栓、涂装材料的质量证明书及必要的试验报告。

（3）高强度螺栓连接质量检验记录，包括构件摩擦面处抗滑移系数的试验报告。

（4）焊接工艺评定报告、焊缝无损检验报告。

（5）涂装工艺评定报告。

（6）主要构件验收记录，构件组装质量检验记录。

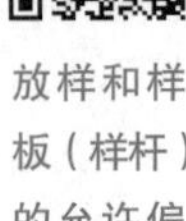

放样和样板（样杆）的允许偏差

【知识拓展】

根据《钢结构工程施工质量验收标准》（GB 50205—2020）、《钢结构工程施工规范》（GB 50755—2012）、《钢结构通用规范》（GB 55006—2021）等国家标准，对上述钢结构构件制作工艺过程的允许偏差及其他尺寸作了如下规定。

号料的允许偏差

一、放样

放样应根据施工详图和工艺文件进行，并应按要求预留余量。放样和样板（样杆）的偏差应符合相应规范的规定。

气割的允许偏差

二、号料

应根据施工详图和工艺文件进行号料，应按要求预留余量。号料的偏差应符合相应规范的规定。

机械剪切的允许偏差

三、切割下料

气割的偏差应符合相应规范的规定，通过观察检查或用钢尺、塞尺检查，按切割面数抽查 10%，且不应少于 3 个。

机械剪切的偏差应符合相应规范的规定，检查数量与检查方法同气割法。

钢管杆件加工的允许偏差

钢网架（桁架）用钢管杆件宜用管子车床或数控相贯线切割机下料，下料时应预放加工余量和焊接收缩量，焊接收缩量可由工艺试验确定。钢管杆件加工的偏差应符合相应规范的规定，检查数量与检查方法同气割法。

四、材料矫正与成型

矫正后的钢材表面，不应有明显的痕或损伤，划痕深度不得大于 0.5 mm，且不应超过钢材厚度允许负偏差的 1/2。钢材矫正后的偏差和钢管弯曲成型的偏差应符合相应规范的规定。

钢材矫正后的允许偏差

五、边缘加工

边缘加工的偏差应符合规范要求。

六、制孔

A、B 级螺栓孔（Ⅰ类孔）应具有 H12 的精度，孔壁表面粗糙度 Ra 不应大于 12.5 μm，其孔径的偏差应符合相应规范的规定。

钢管弯曲成型的允许偏差

C 级螺栓孔（Ⅱ类孔），孔壁表面粗糙度 Ra 不应大于 25 μm，其偏差应符合相应规范的规定。选用游标卡尺或孔径量规检查，按钢构件数量抽查 10%，且不应少于 3 件。螺栓孔孔距的偏差应符合相应规范的规定，选用钢尺检查，检查数量要求按钢构件数量抽查 10%，且不应少于 3 件。

边缘加工的允许偏差

七、组装

焊接 H 型钢组装尺寸的偏差应符合相应规范的规定，选用钢尺、角尺、塞尺等检查，按钢构件数量抽查 10%，且不应少于 3 件。

焊接连接组装尺寸的偏差应符合相应规范的规定，检查方法同上。

A、B 级螺栓孔径的允许偏差

八、端部铣平和摩擦面处理

端部铣平选用钢尺、角尺、塞尺等检查，按铣平面数量抽查 10%，且不应少于 3 个。端部铣平的偏差应符合相应规范的规定。

C 级螺栓孔径的允许偏差

钢结构制作和安装单位应分别进行高强度螺栓连接摩擦面（含涂层摩擦面）的抗滑移系数试验和复验，现场处理的构件摩擦面应单独进行摩擦面抗滑移系数试验，其结果应满足设计要求。

检查数量要求如下：检验批可按分部工程（子分部工程）所含高强度螺栓用量划分，每 5 万个高强度螺栓用量的钢结构视为一批，不足 5 万个高强度螺栓用量的钢结构视为一批。选用两种及两种以上表面处理（含有涂层摩擦面）工艺时，每种处理工艺均需检验抗滑移系数，每批 3 组试件，检查其摩擦面抗滑移系数试验报告及复验报告。

螺栓孔孔距的允许偏差

九、涂装

涂装前钢材表面除锈等级应满足设计要求，并符合国家现行标准的规定。处理后的钢材表面不应有焊渣、焊疤、灰尘、油污水和毛刺等。当设计无要求时，钢材表面除锈等级应符合规范要求。检查方法包括通过铲刀检查和现行国家标准《涂覆涂料前钢材表面处理 表面清洁度的目视评定 第 1 部分：未涂覆过的钢材表面和全面清除原有涂层后的钢材表面的锈蚀等级和处理等级》（GB/T 8923.1—2011）规定的图片对照观察检查。检查数量按构件数量抽查 10%，且同类构件不应少于 3 件。

焊接 H 型钢组装尺寸的允许偏差

防腐涂料、涂装遍数、涂装间隔、涂层厚度均应满足设计文件、涂料产品标准的要求。当设计对涂层厚度无要求时，涂层干漆膜总厚度要求如下：室外不应小于 150 μm，室内不应小于 125 μm。检查数量：按照构件数量抽查 10%，且同类构件不应少于 3 件。检验方法为用干漆膜测厚仪进行检查，每个构件检测 5 处，每处的数值为 3 个相距 50 mm 测点涂层干漆膜厚度的平均值，漆膜厚度的允许偏差应为 −25 μm。

焊接连接组装尺寸的允许偏差

端部铣平的允许偏差

膨胀型防火涂料的涂层厚度应符合耐火极限的设计要求；非膨胀型防火涂料的涂层厚度，80% 及以上面积应符合耐火极限的设计要求，且最薄处厚度不应低于设计要求的 85%。检查数量按同类构件数量抽查 10%，且均不应少于 3 件。

任务 9.2　钢结构构件安装

各种底漆或防锈漆要求最低的除锈等级

【任务引入】

钢结构是由若干构件组合而成的整体，组成结构的构件往往又是由一定数量的板件或型钢等零件组合而成。不管是零件组合成构件，或是构件组合成结构，都必须通过一定的连接方式使其成为一个共同工作的整体。合理的连接设计与施工对于结构能否安全承载非常重要。

钢结构常用的连接方式有焊缝连接和螺栓连接，如图 9–2 所示。

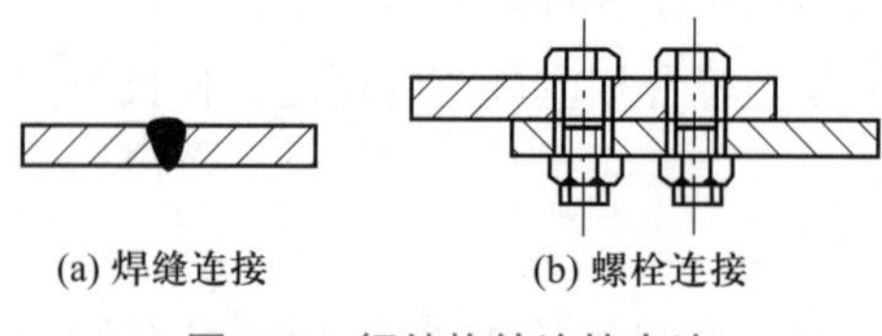

图 9–2　钢结构的连接方法

【知识准备】

一、焊缝连接

1. 焊缝连接的特点

焊缝连接是钢结构主要的连接方式之一，具有构造简单、用料经济、截面无削弱、制作加工方便、可自动化操作、连接的密闭性好、结构刚度大等优点，同时也具有焊缝附近局部材质变脆、焊接残余应力和焊接变形使受压构件承载力降低、对裂纹敏感、低温冷脆问题较为突出等缺点。

2. 焊缝形式

根据截面形式的不同，焊缝可分为角焊缝和对接焊缝，如图 9–3、图 9–4 所示。

3. 焊缝连接形式

焊缝形式

按被连接钢材的相互位置，焊缝连接形式可分为对接、搭接、T 形连接和角部连接，如图 9–5 所示。

4. 施焊位置

焊缝按施焊位置分为平焊（又称俯焊）、横焊、立焊及仰焊，如图 9–6 所示。其中平焊焊接方便；横焊和立焊对焊工操作水平有较高的要求；仰焊的操作条件最差，焊缝质量不易保证，因此应尽量避免采用仰焊。

5. 施工准备

（1）材料要求

① 钢材应按施工图的要求选用，其性能和质量必须符合国家标准和行业标准的规定，

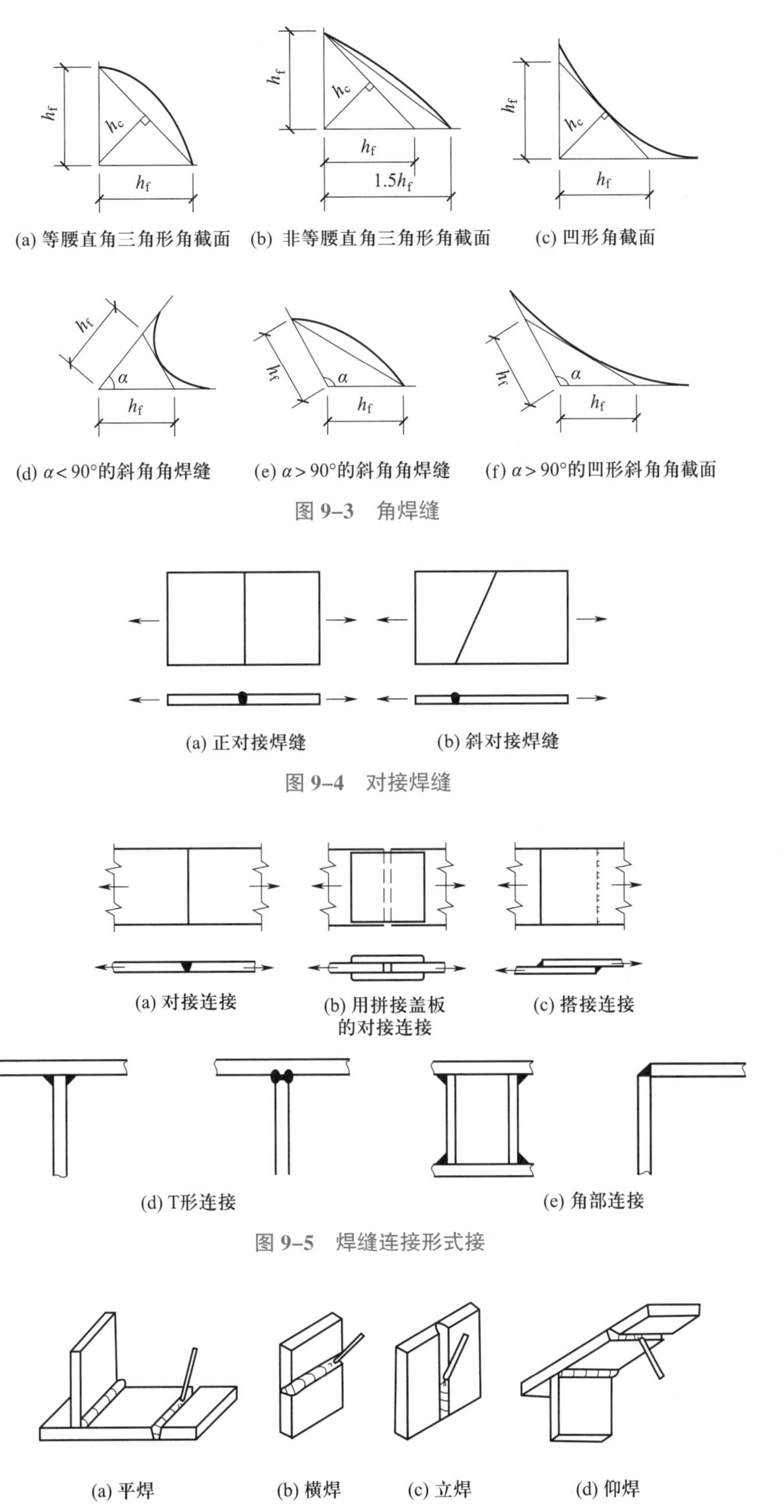

(a) 等腰直角三角形角截面　(b) 非等腰直角三角形角截面　(c) 凹形角截面

(d) $\alpha<90°$的斜角角焊缝　(e) $\alpha>90°$的斜角角焊缝　(f) $\alpha>90°$的凹形斜角角截面

图 9-3　角焊缝

(a) 正对接焊缝　(b) 斜对接焊缝

图 9-4　对接焊缝

(a) 对接连接　(b) 用拼接盖板的对接连接　(c) 搭接连接

(d) T形连接　(e) 角部连接

图 9-5　焊缝连接形式接

(a) 平焊　(b) 横焊　(c) 立焊　(d) 仰焊

图 9-6　焊缝施焊位置

并应具有质量证明书或检验报告。如果用其他钢材和焊材代换时，须经设计单位同意，并按相应工艺文件施焊。

焊条选用原则

② 焊条选用原则：焊缝金属的性能要符合使用要求（达到设计要求）；尽量降低成本，尽量选用生产率高、成本低的焊条，即“低成本”原则。

③ 焊剂的选择与母材的成分、性能与焊丝相匹配。

焊剂的选择

④ CO_2 气体纯度不低于99.5%，含水量和含氧量不超过0.1%，气路系统中应设置干燥器和预热装置。当压力低于10个大气压时，不得继续使用。目前我国常用的 CO_2 气体保护焊焊丝是H08Mn2SiA，它适用于焊接低碳钢和抗拉强度为500 MPa级的低合金结构钢。

⑤ 不同板厚的钢板对接接头的两板厚度差（t_1-t_2）应符合表9–1的规定，超过其规定时应将焊缝焊成斜坡状，其坡度最大允许值为1∶2.5；或将较厚板的一面或两面及管材的内壁或外壁在焊前加工成斜坡，其坡度最大允许值应为1∶2.5。不同宽度的板材对接时，应根据工厂及工地条件采用热切割、机械加工或砂轮打磨的方法使之平缓过渡，其连接处最大允许坡度值应为1∶2.5。

表9–1　不同厚度钢材对接的允许厚度差

较薄板厚度 t_1/mm	≥2～5	>5～9	>9～12	>12
允许厚度差 t_1-t_2/mm	1	2	3	4

不同焊接方式的机械设备

（2）主要机具

常用的焊接方式主要包括手工电弧焊、埋弧焊（包括埋弧自动焊或半自动焊）以及 CO_2 气体保护焊等，不同焊接方式的机械设备也有所不同。

二、螺栓连接

螺栓连接分为普通螺栓连接和高强度螺栓连接。螺栓连接具有易于安装、施工进度和质量容易保证、拆装维护方便等优点，同时也具有如下缺点：一是因开孔对构件截面有一定削弱，有时在构造上还须增设辅助连接件，用料增加，构造繁杂；二是需要制孔，拼装和安装时需对孔，工作量增加，且对制造的精度要求较高。

螺栓或铆钉的孔距、边距和端距容许值

螺栓的排列原则为简单整齐、规格统一、布置紧凑，具体排列方式有并列和错列两种，如图9–7所示。并列简单整齐，连接板尺寸较小，但对构件截面削弱较大；错列对截面削弱较小，但螺栓排列不如并列紧凑，连接板尺寸较大。钢板上螺栓的最大和最小间距应符合规范要求。

1. 普通螺栓连接

（1）普通螺栓连接材料

钢结构普通螺栓连接是将普通螺栓、螺母、垫圈机械地和连接件连接在一起的连接形式。

① 普通螺栓：按照普通螺栓的形式，可将其分为六角头螺栓、双头螺栓和地脚螺栓等。

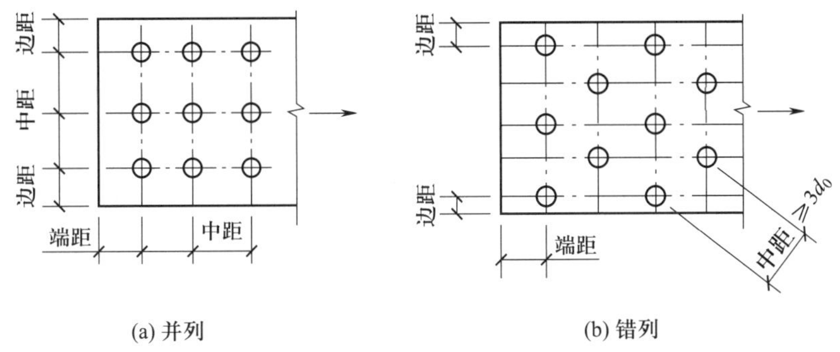

图 9–7　钢板上的螺栓排列

普通螺栓

常用钢结构螺栓连接的垫圈的分类

② 螺母：钢结构中选用的螺母应与相匹配的螺栓性能等级一致，当拧紧螺母达到规定程度时，不允许发生螺纹脱扣现象。为此，可选用栓接结构，用六角螺母及相应的栓接结构大六角头螺栓、平垫圈，使连接副能防止因超拧而引起的螺纹脱扣。

③ 垫圈：根据形状及使用功能，常用钢结构螺栓连接的垫圈可分为圆平垫圈、方形垫圈、斜垫圈、弹簧垫圈。

（2）自攻钉、拉铆钉、射钉

连接薄钢板采用的自攻钉、拉铆钉、射钉等其规格尺寸应与被连接钢板相匹配。

（3）主要机具

① 普通螺栓主要施工机具为普通扳手。根据螺栓的不同规格、不同操作位置可选用双头呆扳手、单头梅花扳手、套筒扳手、活扳手、电动扳手等。

② 自攻钉施工根据其不同种类（规格），可采用十字形螺丝刀、电动螺丝刀、套筒扳手等。

③ 拉铆钉施工机具主要有手电钻、拉铆枪等。

④ 射钉施工机具主要为射钉枪。

2. 高强度螺栓连接

高强度螺栓一般采用 45 号钢、40B 钢和 20MnTiB 钢加工制作，根据外形可分为大六角头型和扭剪型两种，如图 9–8 所示。高强度螺栓从性能等级上可分为 8.8 级和 10.9 级，以 10.9 级 C 级普通螺栓为例，“10”表示螺栓的最低抗拉强度为 1 000 MPa，“.9”表示屈强比为 0.9，其屈服强度为 1 000 MPa × 0.9=900 MPa。安装时通过特别的扳手，以较大的扭矩上紧螺帽，使螺杆产生很大的预拉力。

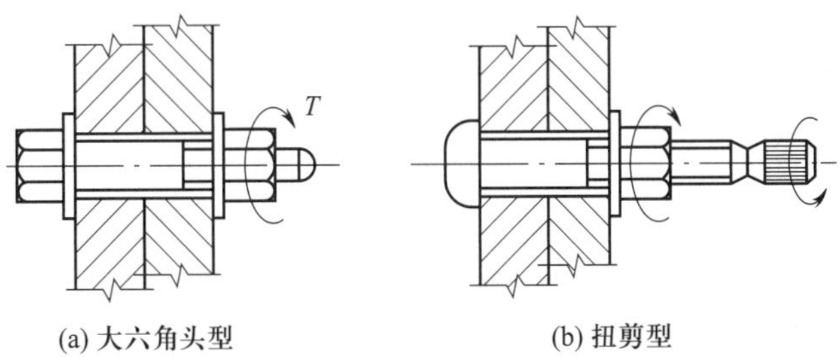

图 9–8　高强度螺栓

大六角头型高强度螺栓也称为扭矩型高强度螺栓，一个连接副由一个螺栓、一个螺母和两个垫圈组成。高强度螺栓连接副应同批制作，保证扭矩系数的稳定。

扭剪型高强度螺栓的一个连接副由一个螺栓、一个螺母和一个垫圈组成。它与大六角高强度螺栓的不同之处在于它的丝扣端头设置了一个梅花头。

高强度螺栓根据设计准则分为摩擦型连接和承压型连接两种。摩擦型通过被连接件间的摩擦阻力传递剪力，它的设计准则是剪力不超过摩擦力；承压型先是通过被连接件间的摩擦力传力，到摩擦力被克服后，靠螺栓杆的剪切、挤压来传力，其设计准则是螺杆被剪断或钢板被挤压破坏为承载能力极限状态。

（1）材料准备

① 高强度螺栓的规格数量应根据设计的直径要求，按长度分别进行统计，根据施工实际需要的数量、施工点位的分布情况、构件加工质量和运输损坏情况、现场的储运条件、工程难度等因素，考虑 2% ~ 5% 的损耗，进行采购。

② 高强度螺栓连接副必须经过以下试验且符合规范要求时方可出厂：材料的炉号、制作号、化学性能与力学性能证明试验；螺栓的楔负荷试验；螺栓的保证荷载试验；螺母及垫圈的硬度试验；连接件的扭矩系数试验（注明试验温度），即大六角头连接件的扭矩系数平均值和标准偏差，扭剪型连接件的紧固轴力平均值和变异系数；紧固轴力系数试验；产品规格、数量、出厂日期、装箱单。

（2）机具准备

高强度螺栓机具准备包括扭矩型电动高强度螺栓扳手、扭剪型电动高强度螺栓扳手、角磨机等电动工具，以及钢丝刷、手工扳手、棘轮扳手等手动工具。

【任务实施】

一、焊缝连接

1. 工艺流程

拼装→焊接→校正→二次下料→制孔→装焊其他零件→校正→打磨→打砂→油漆→搬运→贮存→运输。

2. 焊接方法

在钢结构制作和安装领域中，广泛使用的是电弧焊。电弧焊包括手工电弧焊、埋弧焊（包括埋弧自动焊或半自动焊）以及 CO_2 气体保护焊等。

（1）手工电弧焊

手工电弧焊的优点和缺点

手工电弧焊是最常用的一种焊接方法。通电后，在涂有药皮的焊条和焊间产生电弧，电弧提供热源，使焊条中的焊丝熔化，滴落在焊件上被电弧所吹成的小凹槽熔池中。由电焊条药皮形成的熔渣和气体覆盖着熔池，防止空气中的氧、氮等气体与熔化的液体金属接触，避免形成脆性易裂的化合物，焊缝金属冷却后把被连接件连成一体。

（2）埋弧焊（自动或半自动）

埋弧焊是电弧在焊剂层下燃烧的一种电弧焊方法。焊丝送进和焊接方向的移动有专门机构控制的称为埋弧自动电弧焊；而焊丝送进有专门结构控制，焊接方向的移动靠工人操作的称为埋弧半自动电弧焊。

埋弧焊的优点和缺点

（3）CO_2 气体保护焊

CO_2 气体保护焊焊接工艺是利用 CO_2 气体作为保护介质的一种电弧熔焊方法。它直接依靠保护气体在电弧周围形成局部的保护层，以防止有害气体的侵入并保证了焊接过程的稳定性。CO_2 气体保护焊接操作方式可分为自动焊和半自动焊。

CO_2 气体保护焊的优点和缺点

3. 常用焊接方法的选择

焊接施工应根据钢结构的种类、焊缝质量要求、焊缝形状和位置以及厚度等选定焊接方法。

不同焊接类型的特点及适用范围

二、普通螺栓连接

1. 普通螺栓连接工艺

普通螺栓连接施工工艺流程如图 9–9 所示。

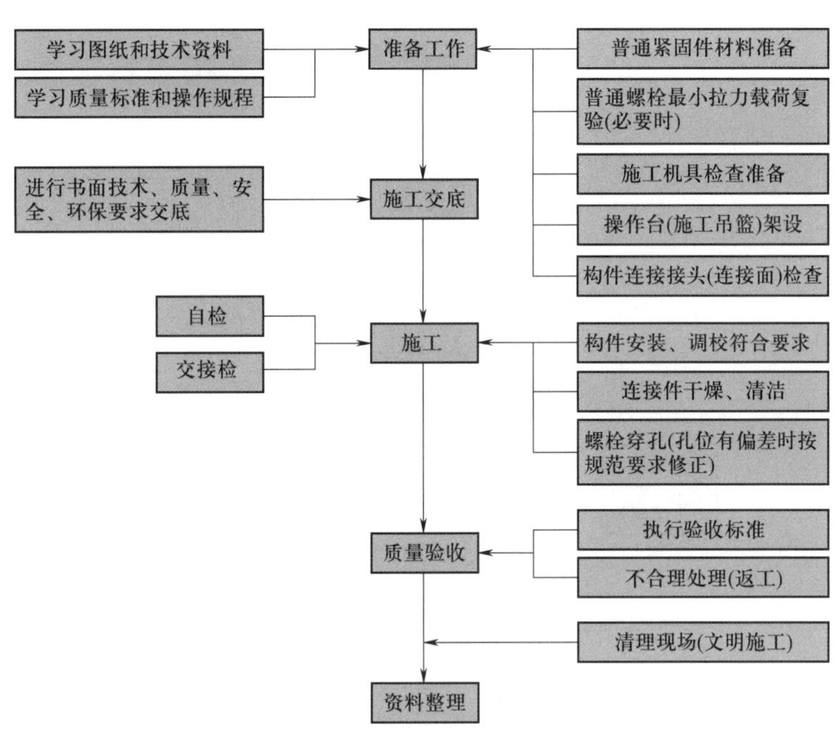

图 9–9　普通螺栓连接施工工艺流程

2. 普通螺栓的安装顺序

为使普通螺栓连接接头中的螺栓受力均匀，螺栓的紧固次序应从中间开始，对称向两边进行；对于大型接头应采用复拧，即两次紧固方法，保证接头内各个螺栓能均匀受力。

3. 职业健康安全质量要求

（1）项目应建立安全管理体系并认真开展安全管理工作。

（2）高空作业操作平台（或施工吊篮）的制作及架设应有经审批的施工方案。

（3）上下多层立体交叉作业时应有可靠防护措施，避免高空落物伤人。

三、高强度螺栓连接

1. 高强度螺栓连接工艺

高强度螺栓连接施工工艺流程如图 9-10 所示。

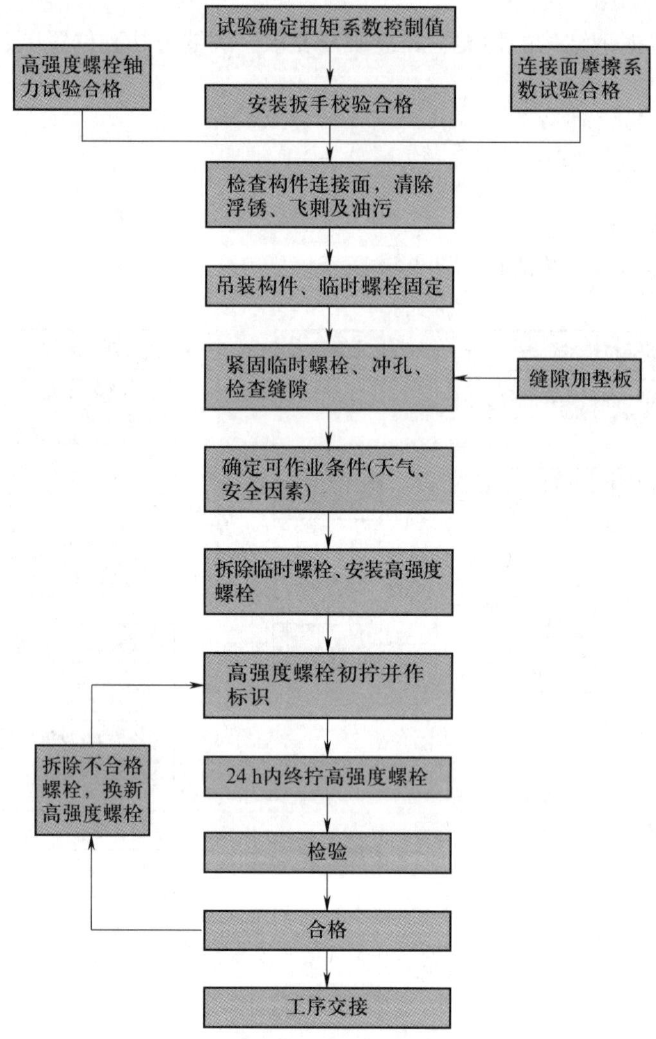

图 9-10　高强度螺栓连接施工工艺流程

2. 高强度螺栓的紧固方法

高强度螺栓的紧固方法是使用专门扳手拧紧螺母，使螺杆内产生要求的拉力，其中大六角头高强度螺栓一般用扭矩法或转角法拧紧，扭剪型高强度螺栓紧固也分初拧和终拧二次进行。

3. 高强度螺栓的安装顺序

一个接头上的高强度螺栓，应从螺栓群中部开始安装，逐个拧紧。初拧、复拧、终拧都应从螺栓群中部开始向四周扩展逐个拧紧，每拧一遍均应用不同颜色的油漆做上标记，防止漏拧。

接头若既有高强度螺栓连接又有电焊连接时，是先紧固还是先焊接，应按设计要求规定的顺序进行，设计无规定时，按先紧固后焊接（即先栓后焊）的施工工艺顺序进行，即先终拧完高强度螺栓再焊接焊缝。

高强度螺栓的紧固顺序为从刚度大的部位向不受约束的自由端进行，同一节点内从中间向四周进行，以使板间密贴。

【操作指导】

一、普通螺栓作为永久性连接螺栓时紧固连接的规定

（1）螺栓头和螺母侧应分别放置平垫圈，螺栓头侧放置的垫圈不应多于 2 个，螺母侧放置的垫圈不应多于 1 个。

（2）承受动力荷载或重要部位的螺栓连接，设计有防松动要求时，应采取有防松动装置的螺母或弹簧垫圈，弹簧垫圈应放置在螺母侧。

（3）对工字钢、槽钢等有斜面的螺栓连接，宜采用斜垫圈。

（4）同一个连接接头螺栓数量不应少于 2 个。

（5）螺栓紧固后外露丝扣不应少于 2 扣，紧固质量检验可采用锤敲检验。

二、高强度螺栓施工注意事项

（1）高强度螺栓安装时应先使用安装螺栓和冲钉。在每个节点上穿入的安装螺栓和冲钉数量，应根据安装过程所承受的荷载计算确定，并应符合下列规定：① 不应少于安装孔总数的 1/3；② 安装螺栓不应少于 2 个；③ 冲钉穿入数量不宜多于安装螺栓数量的 30%；④ 不得用高强度螺栓兼作安装螺栓。

（2）高强度螺栓应在构件安装精度调整后进行拧紧，安装应符合下列规定：① 扭剪型高强度螺栓安装时，螺母带圆台面的一侧应朝向垫圈有倒角的一侧；② 大六角头高强度螺栓安装时，螺栓头下垫圈有倒角的一侧应朝向螺栓头，螺母带圆台面的一侧应朝向垫圈有倒角的一侧。

（3）高强度螺栓连接副的初拧、复拧、终拧，宜在 24 h 内完成。

三、高强度螺栓的紧固方法

高强度螺栓的紧固是用专门扳手拧紧螺母，使螺杆内产生要求的拉力。

1. 大六角头高强度螺栓的紧固方法

大六角头高强度螺栓一般用扭矩法或转角法拧紧。

扭矩法分初拧和终拧二次拧紧。初拧扭矩用终拧扭矩的 30% ~ 50%，再用终拧扭矩把螺栓拧紧。如板层较厚、板叠较多，初拧的板层达不到充分密贴，还要在初拧和终拧之间增加复拧，复拧扭矩和初拧扭矩相同或略大。

转角法也分初拧和终拧二次进行。初拧用定扭矩扳手以终拧扭矩的 30% ~ 50% 进行，使接头各层钢板达到充分密贴；再在螺母和螺栓杆上面通过圆心画一条直线，然后用扭矩扳手转动螺母一个角度，使螺栓达到终拧要求。转动角度的大小在施工前由试验确定。

2. 扭剪型高强度螺栓的紧固方法

扭剪型高强度螺栓紧固也分初拧和终拧二次进行。

初拧用定扭矩扳手，以终拧扭矩的 30% ~ 50% 进行，使接头各层钢板达到充分密贴，再用电动扭剪型扳手把梅花头拧掉，使螺栓杆达到设计要求的轴力。若存在板层较厚、板叠较多、安装时发现连接部位有轻微翘曲的连接接头等原因，使初拧的板层达不到充分密贴时应增加复拧，复拧扭矩和初拧扭矩相同或略大。

【知识拓展】

一、验收

1. 焊缝连接验收

（1）焊缝缺陷

焊接过程中产生于焊缝金属或附近热影响区钢材表面或内部的缺陷称为焊缝缺陷。常见的缺陷有裂纹、焊瘤、烧穿、弧坑、气孔、夹渣、咬边、未熔合、未焊透等，如图 9-11 所示。其中裂纹是焊缝连接中最危险的缺陷，钢材的化学成分不当、焊接工艺条件选择不合理、焊件表面油污未清除干净等因素都可能导致裂纹的出现。

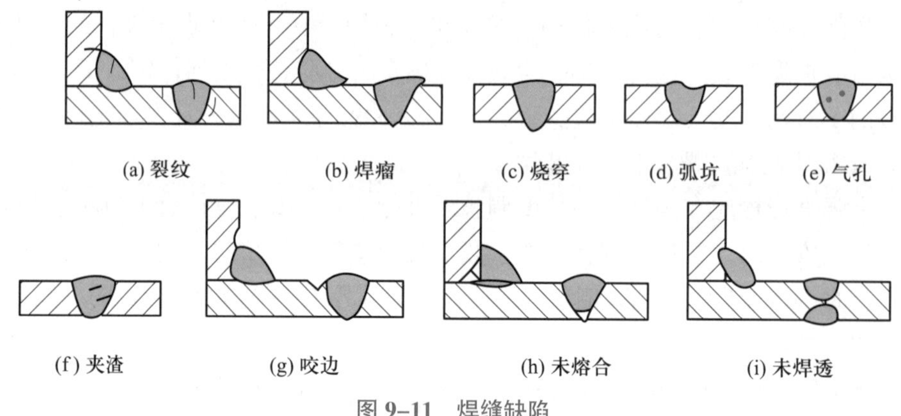

图 9-11　焊缝缺陷

（2）质量验收

一级、二级焊缝质量等级及无损检测要求

根据《钢结构工程施工质量验收标准》（GB 50205—2020），对钢结构焊接工程的验收规定如下。

① 设计要求的一、二级焊缝应进行内部缺陷的无损检测，其焊缝的质量等级和检测要求应符合相应规范的规定，通过检查超声波或射线探伤记录对焊缝进行全数检查。其中，二级焊缝检测比例的计数方法应按以下原则确定：工厂制作焊缝按照焊缝长度计算百分比，且探伤长度不小于 200 mm；当焊缝长度小于 200 mm 时，应对整条焊缝探伤；

现场安装焊缝应按照同一类型、同一施焊条件的焊缝条数计算百分比，且不应少于 3 条焊缝。

无疲劳验算要求的钢结构焊缝外观质量要求

② 对无疲劳验算要求以及有疲劳验算要求的钢结构焊缝，焊缝外观质量应符合规范要求，通过观察检查或使用放大镜、焊缝量规和钢尺检查，当有疲劳验算要求时，采用渗透或磁粉探伤检查。检查数量的要求为承受静荷载的二级焊缝每批同类构件抽查 10%；承受静荷载的一级焊缝和承受动荷载的焊缝每批同类构件抽查 15%，且不应少于 3 件。被抽查构件中，每一类型焊缝应按条数抽查 5% 且不应少于 1 条，每条应抽查 1 处，总抽查数不应少于 10 处。

有疲劳验算要求的钢结构焊缝外观质量要求

③ 无疲劳验算要求的钢结构对接焊缝与角焊缝外观尺寸允许偏差，以及有疲劳验算要求的钢结构焊缝外观尺寸允许偏差应符合规范要求。通过焊缝量规检查，检查数量同上。

无疲劳验算要求的钢结构对接焊缝与角焊缝外观尺寸允许偏差

2. 普通螺栓连接验收

根据《钢结构工程施工质量验收标准》（GB 50205—2020），对普通螺栓连接工程的验收规定如下。

（1）普通螺栓作为永久性连接螺栓时，当设计有要求或对其质量有疑义时，应进行螺栓实物最小拉力载荷复验，试验方法可按《钢结构工程施工质量验收标准》（GB 50205—2020）附录 B 执行，其结果应符合现行国家标准《紧固件机械性能　螺栓、螺钉和螺柱》（GB/T 3098.1—2010）的规定。每一规格螺栓应抽查 8 个，检查螺栓实物复验报告。

（2）连接薄钢板采用的自攻钉、拉铆钉、射钉等规格尺寸应与被连接钢板相匹配，并满足设计要求，其间距、边距等应满足设计要求。通过观察和尺量检查，检查数量的要求为按连接节点数抽查 1%，且不应少于 3 个。

有疲劳验算要求的钢结构焊缝外观尺寸允许偏差

（3）永久性普通螺栓紧固应牢固、可靠，外露丝扣不应少于 2 扣，通过观察和用小锤敲击检查，检查数量的要求为按连接节点数抽查 10%，且不应少于 3 个。

（4）自攻螺钉、拉铆钉、射钉等与连接钢板应紧固密贴，外观排列整齐。检查方法与数量同上一条。

3. 高强度螺栓连接验收

根据《钢结构工程施工质量验收标准》（GB 50205—2020），对高强度螺栓连接工程的验收规定如下。

（1）钢结构制作和安装单位应分别进行高强度螺栓连接摩擦面（含涂层摩擦面）的抗滑移系数试验和复验，现场处理的构件摩擦面应单独进行摩擦面抗滑移系数试验，其结果应满足设计要求。

（2）涂层摩擦面钢材表面处理应达到 Sa1/2，涂层最小厚度应满足设计要求。

（3）高强度螺栓连接副应在终拧完成 1 h 后、48 h 内进行终拧质量检查，检查结果应符合《钢结构工程施工质量验收标准》（GB 50205—2020）附录 B 的规定。

（4）对于扭剪型高强度螺栓连接副，除因构造原因无法使用专用扳手拧掉梅花头者外，均以螺栓尾部梅花头拧断为终拧结束。未在终拧中拧掉梅花头的螺栓数不应大于该节点螺栓数的 5%，对所有梅花头未拧掉的扭剪型高强度螺栓连接副应采用扭矩法或转角法进行终拧并做标记，且按上一条的规定进行终拧质量检查。

（5）高强度螺栓连接副的施拧顺序和初拧、终拧扭矩应满足设计要求并符合现行行业标准《钢结构高强度螺栓连接技术规程》（JGJ 82—2011）的规定。

（6）高强度螺栓连接副终拧后，螺栓丝扣外露应为 2～3 扣，其中允许有 10% 的螺栓丝扣外露 1 扣或 4 扣。

（7）高强度螺栓连接摩擦面应保持干燥、整洁，不应有飞边、毛刺、焊接飞溅物、焊疤、氧化铁皮、污垢等，除设计要求外摩擦面不应涂漆。

（8）高强度螺栓应能自由穿入螺栓孔，当不能自由穿入时，应用铰刀修正。修孔数量不应超过该节点螺栓数量的 25%，扩孔后的孔径不应超过 1.2d（d 为螺栓直径）。

次梁与主梁的连接节点

二、钢结构连接节点

钢结构是由钢构件和节点构成的。钢构件之间通过节点相连接，协同工作才能形成结构整体。如果节点处理不合理，即使钢构件能满足要求，若连接节点发生破坏，也会引起整个结构的破坏。因此，对于钢结构整体而言，连接节点与钢构件均十分重要。连接节点应满足下列要求：承载能力极限状态要求和可靠的构造保证；便于制作、运输、安装和维护；经济合理。

梁与柱的连接节点

各类节点的具体构造不尽相同，很难同时满足上述各项原则。总的来说，首先节点能够保证具有良好的承载能力，使结构或构件可以安全可靠地工作；其次是施工方便、经济合理。

钢结构的连接节点包括次梁与主梁的连接节点、梁与柱的连接节点、桁架与柱的连接节点，以及柱脚节点等。

桁架与柱的连接节点

三、钢结构施工智能安全监测

在施工过程中钢结构存在结构偏差、结构不稳定等问题，这些问题需要在施工中及时发现并加以处理，但是目前传统的人工监测还不能完好地满足需求。

柱脚节点

钢结构监测系统（图 9–12）是一种基于现代物联网技术的自动化监测系统，其原理是通过传感器采集结构位移及变形的信息，包括垂直度、弯曲变形、跨中挠度、应力应变等，并将数据在监测平台上实时显示。其工作流程包括数据采集、数据传输、数据处理和数据显示。

应力监测仪器（图 9–13）主要包括振弦式应变计和智能无线数据采集终端。它们与相应配套的软件系统、计算机及各种附件一起组成了应力应变及温度监测系统。振弦式应变计由前后端座、不锈钢护管、信号传输电缆、振弦及激振电磁线圈等组成。当被测结构物内部的应力发生变化时，应变计同步感受变形，变形通过前、后端座传递给振弦转变成振弦应力的变化，从而改变振弦的振动频率。电磁线圈激振振弦并测量其振动频率，频率信号经电缆传输至智能无线数据采集终端，再经由 4G 移动通信技术将数据发送至计算机数据采集平台进行计算，即可测出被测结构物内部的应变量。

钢结构变形及支座位移采用二维面阵激光位移计进行监测。

在吊装阶段采用二维面阵激光位移计（图 9–14）与拉绳式位移传感器进行监测。在稳固的柱子上安装激光发射器，在需测量桁架位移的部位安装接收光靶，尽量使得激光点落在激光靶中部。在光靶接收到激光发射器发射的激光时，光靶记录激光点在光靶上的初始位置，并将这个位置的坐标进行初始化，记为（X_0，Y_0），当桁架产生位移时，光靶接收到激光点的位置发生变化，该位置和初始位置在竖直方向的距离即为桁架的位移。采集的数据通过 4G 无线通信技术传输至采集平台，在整个阶段中监测频率采用 1 s/ 次，以确保整个构件处于安全可控的状态。

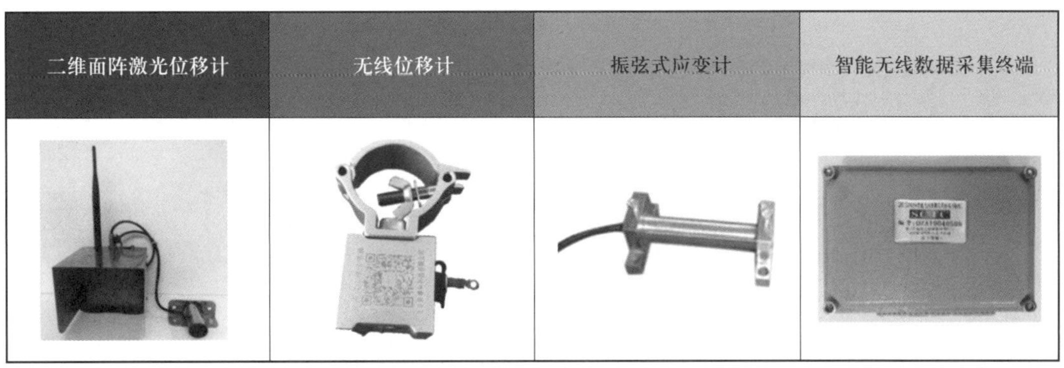

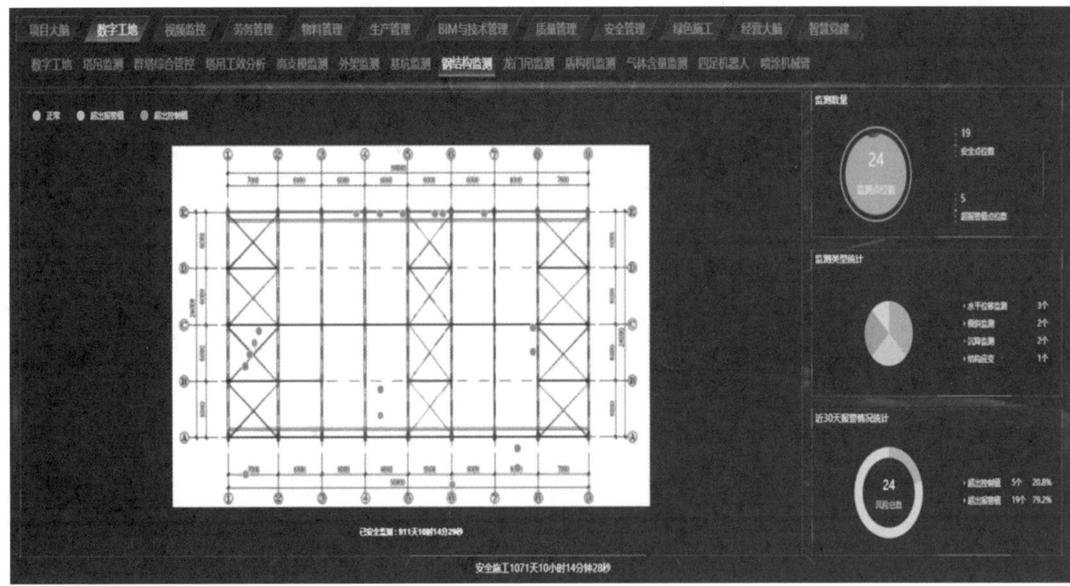

图 9–12　钢结构监测系统

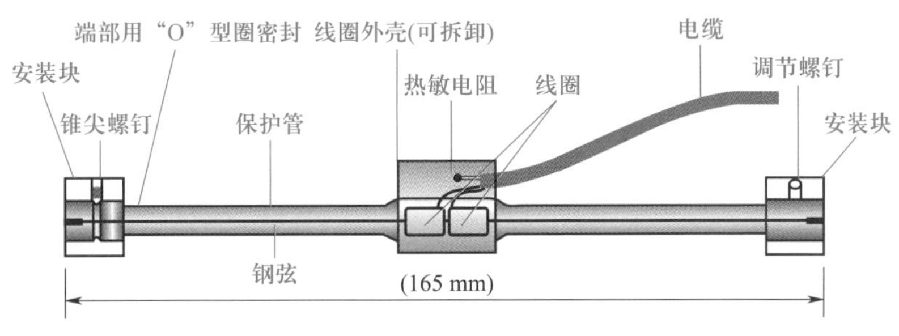

图 9–13　应力监测仪器

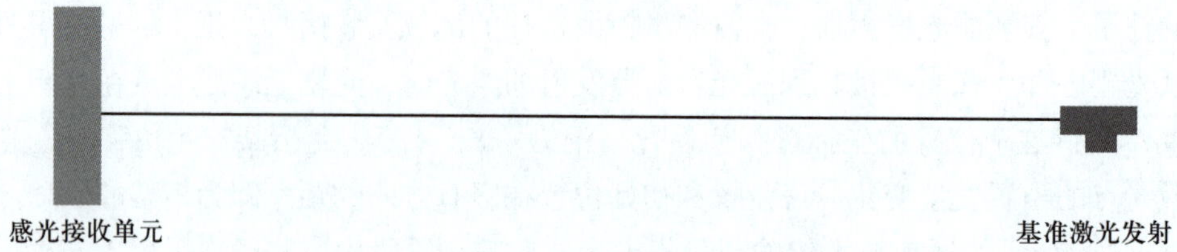

图 9-14　激光位移计

复习思考题

1. 放样和号料的主要内容是什么？
2. 简述钢结构构件制作的施工工序。
3. 简述钢结构防腐与防火的防护方法。
4. 钢结构防火涂料按涂层的厚度分为哪两类？主要施工方法是什么？
5. 钢结构的连接方法有哪些？各种连接方法各有何优缺点？
6. 简要说明常用的焊接方法和各自的优缺点。
7. 对接焊缝常用的坡口形式有哪些？
8. 简述焊缝的缺陷类型。
9. 简述一级、二级焊缝质量等级及无损检测要求。
10. 简述螺栓的常见布置形式和考虑的因素。
11. 简述高强度螺栓连接的安装工艺和紧固方法。
12. 摩擦型和承压型高强度螺栓的传力机理有何不同？

模块五

防水工程施工及节能减碳

中国制造、中国创造、中国建造共同发力，继续改变着中国的面貌。智能建造之于建筑业，相当于智能制造之于工业。发展智能建造，正是加快建造方式转变，推动建筑业高质量发展，打造“中国建造”升级版的优选路径。

2023 年 7 月，全国生态环境保护大会强调，全面推进美丽中国建设，加快推进人与自然和谐共生的现代化。今后 5 年是美丽中国建设的重要时期，要深入贯彻新时代中国特色社会主义生态文明思想，坚持以人民为中心，牢固树立和践行绿水青山就是金山银山的理念，把建设美丽中国摆在强国建设、民族复兴的突出位置，推动城乡人居环境明显改善、美丽中国建设取得显著成效，以高品质生态环境支撑高质量发展，加快推进人与自然和谐共生的现代化。

绿色发展离不开科技支撑，推进绿色低碳科技自立自强，把应对气候变化、新污染物治理等作为国家基础研究和科技创新重点领域，狠抓关键核心技术攻关，实施生态环境科技创新重大行动，培养造就一支高水平生态环境科技人才队伍，深化人工智能等数字技术应用，构建美丽中国数字化治理体系，建设绿色智慧的数字生态文明。

项目 10 防水工程施工

【学习目标】

知识目标

1. 了解建筑防水的分类与等级。
2. 理解卷材防水屋面的构造及施工工艺。
3. 掌握刚性防水屋面的构造及施工工艺。
4. 掌握地下建筑防水工程的构造及施工工艺。

能力目标

1. 具备屋面、地下防水材料的选择能力。
2. 具备屋面、地下防水工程施工流程的设计能力。

素养目标

结合国家环境保护政策，调查新型防水材料及其施工工艺。

【知识图谱】

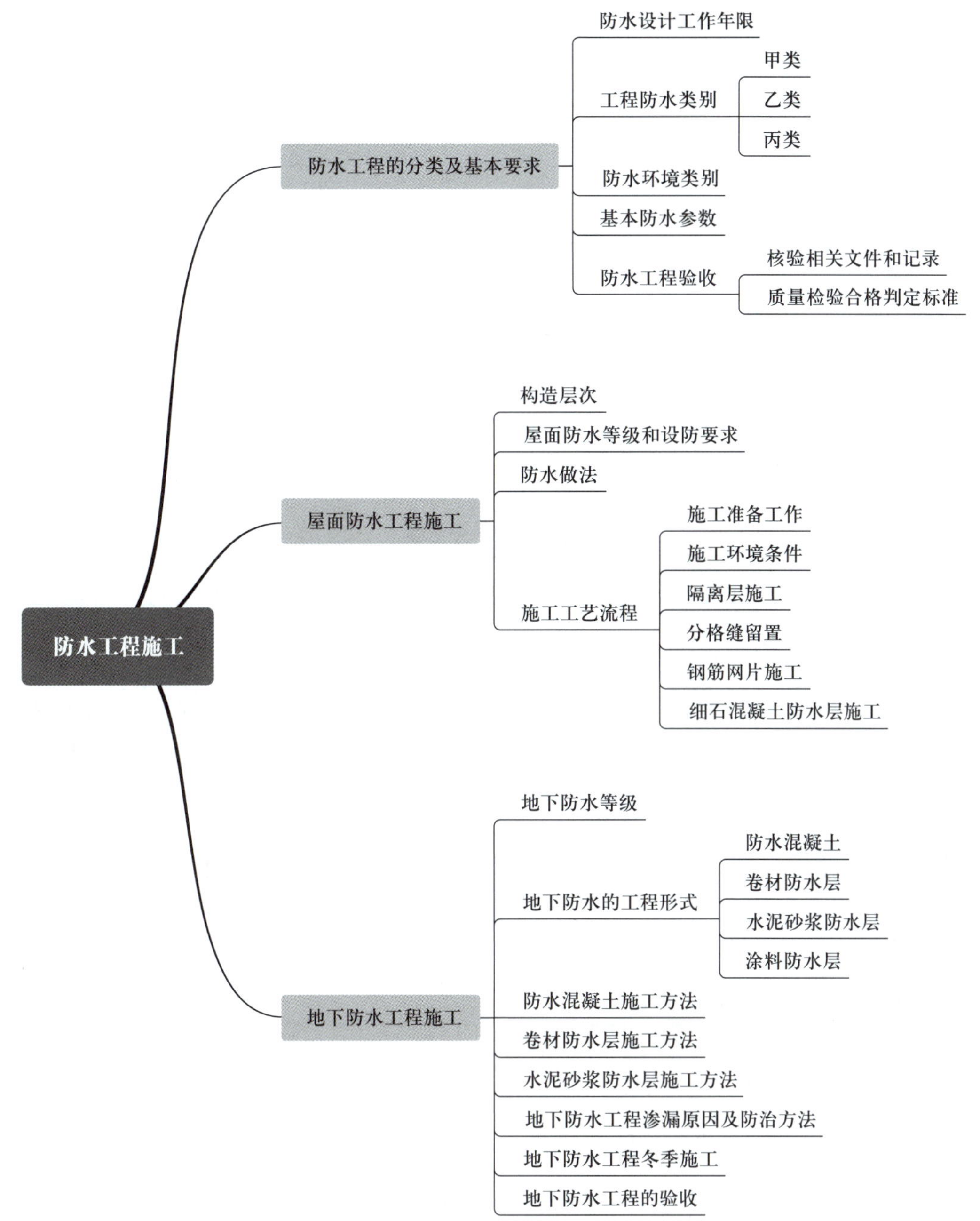

任务 10.1　防水工程的分类及基本要求

【任务引入】

为规范建筑与市政工程防水性能，保障人身健康和生命财产安全、生态环境安全、防水工程质量，满足经济社会管理需要，建筑与市政工程防水必须进行防水工程设计与施工。工程防水应遵循“因地制宜、以防为主、防排结合、综合治理”的原则。防水工程建设还应不断提出创新性的技术方法和措施，并论证是否符合有关性能的要求。

例如，在本教材所附工程案例中，需要针对地下水侵蚀、防潮等问题进行地下防水工程施工；针对降雨问题进行屋面防水工程施工；为满足室内的用水需求，进行室内防水工程施工等。

【知识准备】

一、工程防水设计工作年限

地下工程防水设计工作年限不应低于工程结构设计工作年限；屋面工程防水设计工作年限不应低于 20 年；室内工程防水设计工作年限不应低于 25 年。

二、工程防水类别

工程按其防水功能重要度分为甲类、乙类和丙类，具体划分见表 10–1。

表 10–1　工程防水类别

<table>
<tr><th colspan="2" rowspan="2">工程类型</th><th colspan="3">工程防水类别</th></tr>
<tr><th>甲类</th><th>乙类</th><th>丙类</th></tr>
<tr><td rowspan="4">建筑工程</td><td>地下工程</td><td>有人员活动的民用建筑地下室，对渗漏敏感的建筑地下工程</td><td>除甲类和丙类以外的建筑地下工程</td><td>对渗漏不敏感的物品、设备使用或贮存场所，不影响正常使用的建筑地下工程</td></tr>
<tr><td>屋面工程</td><td>民用建筑和对渗漏敏感的工业建筑屋面</td><td>除甲类和丙类以外的建筑屋面</td><td>对渗漏不敏感的工业建筑屋面</td></tr>
<tr><td>外墙工程</td><td>民用建筑和对渗漏敏感的工业建筑外墙</td><td>渗漏不影响正常使用的工业建筑外墙</td><td>—</td></tr>
<tr><td>室内工程</td><td>民用建筑和对渗漏敏感的工业建筑室内楼地面和墙面</td><td>—</td><td>—</td></tr>
</table>

三、防水环境类别

工程防水使用环境类别划分见表 10–2。

表 10–2　工程防水使用环境类别划分

<table>
<tr><th colspan="2" rowspan="2">工程类型</th><th colspan="3">工程防水使用环境类别</th></tr>
<tr><th>Ⅰ类</th><th>Ⅱ类</th><th>Ⅲ类</th></tr>
<tr><td rowspan="2">建筑工程</td><td>地下工程</td><td>抗浮设防水位标高与地下结构板底标高高差 $H \geqslant 0$</td><td>抗浮设防水位标高与地下结构板底标高高差 $H<0$</td><td>—</td></tr>
<tr><td>屋面工程</td><td>年降水量 $P \geqslant 1\,300$ mm</td><td>400 mm $\leqslant$ 年降水量 $P<1\,300$ mm</td><td>年降水量 $P<400$ mm</td></tr>
</table>

续表

<table>
<tr><td colspan="2" rowspan="2">工程类型</td><td colspan="3">工程防水使用环境类别</td></tr>
<tr><td>Ⅰ类</td><td>Ⅱ类</td><td>Ⅲ类</td></tr>
<tr><td rowspan="2">建筑工程</td><td>外墙工程</td><td>年降水量 $P \geqslant 1\ 300$ mm</td><td>400 mm $\leqslant$年降水量 $P<1\ 300$ mm</td><td>年降水量 $P<400$ mm</td></tr>
<tr><td>室内工程</td><td>频繁遇水场合，或长期相对湿度 $RH \geqslant 90\%$</td><td>间歇遇水场合</td><td>偶发渗漏水可能造成明显损失的场合</td></tr>
</table>

【任务实施】

一、防水工程的基本要求

防水施工前应依据设计文件编制防水专项施工方案。雨天、雪天或五级及以上大风环境下，不应进行露天防水施工。防水材料及配套辅助材料进场时应提供产品合格证、质量检验报告、使用说明书、进场复验报告。防水卷材进场复验报告应包含无处理时卷材接缝剥离强度和搭接缝不透水性检测结果。防水施工前应确认基层已验收合格，基层质量应符合防水材料施工要求。铺贴防水卷材或涂刷防水涂料的阴阳角部位应做成圆弧状或进行倒角处理。

二、防水卷材施工的相关规定

（1）卷材铺贴应平整顺直，不应有起鼓、张口、翘边等现象。

（2）同层相邻两幅卷材短边搭接错缝距离不应小于 500 mm，卷材双层铺贴时，上下两层和相邻两幅卷材的接缝应错开至少 1/3 幅宽，且不应互相垂直铺贴。

（3）同层卷材搭接不应超过 3 层，卷材收头应固定密封。

防水卷材最小搭接宽度应符合表 10–3 的规定。

表 10–3　防水卷材最小搭接宽度

防水卷材类型	搭接方式	最小搭接宽度 /mm
聚合物改性沥青类防水卷材	热熔法、热沥青	100
	自粘搭接（含湿铺）	80
合成高分子类防水卷材	胶黏剂、黏结料	100
	胶黏带、自黏胶	80
	单缝焊	60，有效焊接宽度不应小于 25
	双缝焊	80，有效焊接宽度 10 × 2+ 空腔宽
	塑料防水板双缝焊	100，有效焊接宽度 10 × 2+ 空腔宽

三、防水涂料施工的相关规定

（1）涂布应均匀，厚度应符合设计要求，且不应起鼓。

（2）搭接宽度不应小于 100 mm。

（3）当遇有降雨时，未完全固化的涂膜应覆盖保护。

（4）当设置胎体时，胎体应铺贴平整，涂料应浸透胎体，且胎体不应外露。

四、防水混凝土施工的相关规定

（1）运输与浇筑过程中严禁加水。

（2）应及时进行保湿养护，养护期不应少于 14 d。

（3）后浇带部位的混凝土施工前，交界面应做糙面处理，并应清除积水和杂物。

五、其他注意事项

管件穿越有防水要求的结构时应设置套管，套管止水环与套管应满焊。穿管后应将套管与管道之间的缝隙填塞密实，端口周边应填塞密封胶。

穿结构管道、构件等应在防水层施工前完成，应在防水层验收合格后进行下一道工序的施工。

中埋式止水带应固定牢固、位置准确，中心线应与截面中心线重合。浇筑和振捣混凝土不应造成止水带移位、脱落，并应对临时外露止水带采取保护措施。

防水层施工完成后，应采取成品保护措施。

六、防水层的绿色施工措施

（1）基层清理应采取控制扬尘的措施。

（2）基层处理剂和胶黏剂应选用环保型材料。

（3）液态防水涂料和粉末状涂料应采用封闭容器存放，余料应及时回收。

（4）当防水卷材采用热熔法施工时，应控制燃料泄漏；高温或封闭环境施工时，应加强通风。

（5）当防水涂料采用热熔法施工时，应采取控制烟雾措施。

（6）当防水涂料采用喷涂法施工时，应采取防止污染的措施。

（7）防水工程施工应配备相应的防护用品。

【操作指导】

一、防水混凝土的强度要求

防水混凝土的施工配合比应通过试验确定，其强度等级不应低于 C25，试配混凝土的抗渗等级应比设计要求提高 0.2 MPa。防水混凝土除应满足抗压、抗渗和抗裂要求外，还应采取减少开裂的技术措施，且满足工程所处环境和工作条件的耐久性要求。

二、防水卷材和防水涂料

防水材料耐水性测试试验应按不低于 23 ℃ ×14 d 的条件进行，试验后不应出现裂纹、分层、起泡和破碎等现象。当用于地下工程时，浸水试验条件不应低于 23 ℃ ×7 d，防水卷材吸水率不应大于 4%；防水涂料与基层的黏结强度浸水后保持率不应小于 80%，非固化橡胶沥青防水涂料应为内聚破坏。

沥青类材料的热老化测试试验应按不低于 70 ℃ ×14 d 的条件进行，高分子类材料的热老化测试试验应按不低于 80 ℃ ×14 d 的条件进行，试验后材料的低温柔性或低温弯折性温度升高不应超过热老化前标准值 2 ℃。

外露使用防水材料的人工气候加速老化试验应采用弧灯进行，340 nm 波长处的累计辐照能量不应小于 5 040 kJ/（m^2 · nm），外露单层使用防水卷材的累计辐照能量不应小于 1 008 kJ/（m^2 · nm），试验后材料不应出现开裂、分层、起泡、黏结和孔洞等现象。

防水卷材接缝剥离强度应进行热老化试验，实验条件不低于 70 ℃ ×7 d，浸水试验条件不应低于 23 ℃ ×7 d。搭接缝不透水性应在 0.2 MPa 条件下 30 分组不透水，热老化试验条件不应低于 70 ℃ ×7 d，浸水试验条件不应低于 23 ℃ ×7 d。

卷材防水层的最小厚度要求见表 10–4。

表 10–4　卷材防水层的最小厚度要求

<table>
<tr><th colspan="3">防水卷材类型</th><th>卷材防水层最小厚度 /mm</th></tr>
<tr><td rowspan="5">聚合物改性沥青类防水卷材</td><td colspan="2">热熔法施工聚合物改性防水卷材</td><td>3.0</td></tr>
<tr><td colspan="2">热沥青黏结和胶粘法施工聚合物改性防水卷材</td><td>3.0</td></tr>
<tr><td colspan="2">预铺反黏防水卷材（聚酯胎类）</td><td>4.0</td></tr>
<tr><td rowspan="2">自粘聚合物改性防水卷材（含湿铺）</td><td>聚酯胎类</td><td>3.0</td></tr>
<tr><td>无胎类及高分子膜基</td><td>1.5</td></tr>
<tr><td rowspan="5">合成高分子类防水卷材</td><td colspan="2">均质型、带纤维背衬型、织物内增强型</td><td>1.2</td></tr>
<tr><td colspan="2">双面复合型</td><td>主体片材芯材 0.5</td></tr>
<tr><td rowspan="2">预铺反粘防水卷材</td><td>塑料类</td><td>1.2</td></tr>
<tr><td>橡胶类</td><td>1.5</td></tr>
<tr><td colspan="2">塑料防水板</td><td>1.2</td></tr>
</table>

外涂型水泥基渗透结晶型防水材料的性能应符合现行国家标准《水泥基渗透结晶型防水材料》（GB 18445—2012）的规定，防水层的厚度不应小于 1.0 mm，用量不应小于 1.5 kg/m。聚合物水泥防水砂浆与聚合物水泥防水浆料的性能指标应符合表 10–5 的规定。

表 10–5　聚合物水泥防水砂浆与聚合物水泥防水浆料的性能指标

<table>
<tr><th rowspan="2">序号</th><th rowspan="2">项目</th><th colspan="2">性能指标</th></tr>
<tr><th>防水砂浆</th><th>防水浆料</th></tr>
<tr><td>1</td><td>砂浆试件抗渗压力（7 d）/MPa</td><td colspan="2">≥ 1.0</td></tr>
<tr><td>2</td><td>黏结强度（7 d）/MPa</td><td>≥ 1.0</td><td>≥ 0.7</td></tr>
<tr><td>3</td><td>抗冻性（25 次）</td><td colspan="2">无开裂、无剥落</td></tr>
<tr><td>4</td><td>吸水率 /%</td><td>≤ 4.0</td><td></td></tr>
</table>

【知识拓展】

防水工程验收时，应核验下列文件和记录：设计施工图、图纸会审记录、设计变更文件；材料的产品合格证、质量检验报告、进场材料复验报告；施工方案；隐蔽工程验收记录；工程质量检验记录、渗漏水处理记录；淋水、蓄水或水池满水试验记录；施工记录；质量验收记录。

主控项目应经抽查检验合格。一般项目应抽查检验合格，有允许偏差值的项目，其抽查点应有 80% 或以上在允许偏差范围内，且最大偏差值不应超过允许偏差值的 1.5 倍。

防水工程质量检验合格判定标准见表 10–6。

表 10–6　防水工程质量检验合格判定标准

<table>
<tr><th colspan="2" rowspan="2">工程类型</th><th colspan="3">工程防水类别</th></tr>
<tr><th>甲类</th><th>乙类</th><th>丙类</th></tr>
<tr><td rowspan="4">建筑工程</td><td>地下工程</td><td>不应有渗水，结构背水面无湿渍</td><td>不应有滴漏、线漏，结构背水面可有零星分布的湿渍</td><td>不应有线流、漏泥砂，结构背水面可有少量湿渍、流挂或滴漏</td></tr>
<tr><td>屋面工程</td><td>不应有渗水，结构背水面无湿渍</td><td>不应有渗水，结构背水面无湿渍</td><td>不应有渗水，结构背水面无湿渍</td></tr>
<tr><td>外墙工程</td><td>不应有渗水，结构背水面无湿渍</td><td>不应有渗水，结构背水面无湿渍</td><td>—</td></tr>
<tr><td>室内工程</td><td>不应有渗水，结构背水面无湿渍</td><td>—</td><td>—</td></tr>
</table>

任务 10.2　屋面防水工程施工

【任务引入】

新建、改建、扩建的工业与民用建筑及既有建筑改造屋面工程，主要包括基层与保护工程、保温与隔热工程、防水与密封工程、瓦面与板面工程、细部构造工程等内容。应遵循“材料是基础、设计是前提、施工是关键、管理是保证”的综合治理原则，积极采用新材料、新工艺、新技术，确保屋面防水及保温、隔热等使用功能和工程质量。

《屋面工程技术规范》（GB 50345—2012）适用于建筑屋面工程的设计和施工，《屋面工程质量验收规范》（GB 50207—2012）适用于建筑屋面工程的质量验收，屋面工程的设计与施工应配套使用这两本规范。

环境保护和建筑节能，已经成为当前全社会不容忽视的问题。屋面工程的施工还应符合国家和地方有关环境保护、建筑节能和防火安全等法律、法规的有关规定。

【知识准备】

一、屋面工程的基本要求

屋面工程的基本要求：具有良好的排水功能和阻止水侵入建筑物内的作用；冬季保温，减少建筑物的热损失和防止结露；夏季隔热，降低建筑物对太阳辐射热的吸收；适应主体结构的受力变形和温差变形；承受风、雪荷载的作用不产生破坏；具有阻止火势蔓延的性能；满足建筑外形美观和使用的要求。

二、屋面工程的基本构造层次

屋面工程的基本构造层次可根据建筑物的性质、使用功能、气候条件等因素进行组合。屋面工程的结构层包括混凝土基层和木基层；防水层包括卷材和涂膜防水层；保护层包括块体材料、水泥砂浆、细石混凝土保护层。有隔汽要求的屋面，在保温层与结构层之间设置隔汽层。常见的屋面构造层次见表 10–7。

表 10–7　常见的屋面构造层次

屋面类型	基本构造层次（自上而下）
卷材、涂膜屋面	保护层、隔离层、防水层、找平层、保温层、找平层、找坡层、结构层
	保护层、保温层、防水层、找平层、找坡层、结构层
	种植隔热层、保护层、耐根穿刺防水层、防水层、找平层保温层、找平层、找坡层、结构层
	架空隔热层、防水层、找平层、保温层、找平层、找坡层结构层
	蓄水隔热层、隔离层、防水层、找平层、保温层、找平层找坡层、结构层
瓦屋面	块瓦、挂瓦条、顺水条、持钉层、防水层或防水垫层、保温层、结构层
	沥青瓦、持钉层、防水层或防水垫层、保温层、结构层
金属板屋面	压型金属板、防水垫层、保温层、承托网、支承结构
	上层压型金属板、防水垫层、保温层、底层压型金属板、支承结构
	金属面绝热夹芯板、支承结构
玻璃采光顶	玻璃面板、金属框架、支承结构
	玻璃面板、点支承装置、支承结构

三、屋面防水等级和设防要求

屋面防水工程应根据建筑物的类别、重要程度、使用功能要求确定防水等级，并应按相应等级进行防水设防；对防水有特殊要求的建筑屋面，应进行专项防水设计。屋面防水等级和设防要求见表 10–8。

建筑屋面工程的防水做法要求

表 10–8　屋面防水等级和设防要求

防水等级	建筑类别	设防要求
Ⅰ级	重要建筑和高层建筑	两道防水设防
Ⅱ级	一般建筑	一道防水设防

【任务实施】

屋面防水工程施工应遵照“按图施工、材料检验、工序检查、过程控制、质量验收”的原则。

一、屋面卷材施工

1. 基本构造

卷材防水屋面是用胶黏剂将卷材逐层黏结铺设成一层整体不透水的覆盖层。卷材有一定的韧性，可以适应一定程度的胀缩和变形，其类型有沥青防水卷材、高聚物改性沥青防水卷材和合成高分子防水卷材等。其中，沥青防水卷材用沥青胶做粘贴层，高聚物改性沥青防水卷材则用改性沥青胶做粘贴层，合成高分子系列卷材需用特制的胶黏剂做粘贴层。卷材防水屋面分为保温屋面和不保温屋面，其结构如图 10–1 所示。

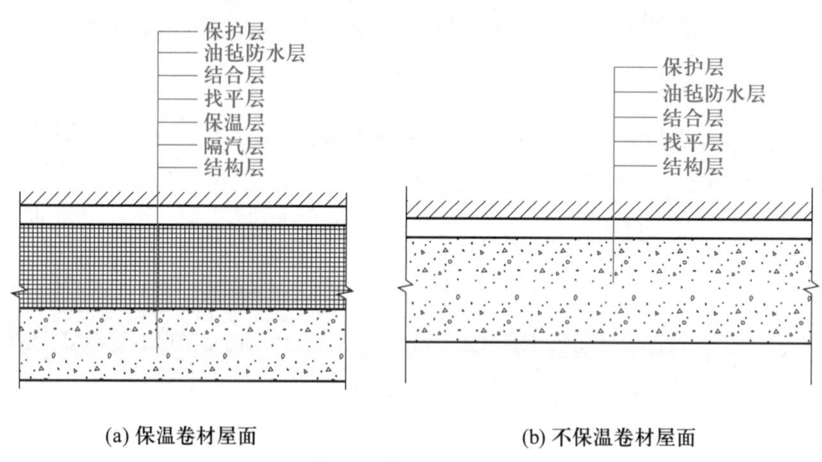

图 10–1　卷材防水屋面的构造示意图

2. 施工顺序

卷材铺贴应按“先高后低，先远后近”的顺序施工。高低跨屋面，应先铺高跨屋面，后铺低跨屋面；同高度大面积的屋面，应先铺离上料点较远的部位，后铺较近部位。

卷材大面积铺贴前，应先做好节点密封处理、附加层和屋面排水较集中部位（屋面与水落口连接处、檐口、天沟、檐沟、屋面转角处、板端缝等）的处理、分格缝的空铺条处理等，然后由屋面最低标高处向上施工。铺贴天沟、檐沟卷材时，宜顺天沟、檐沟方向铺贴，从水落口处向分水线方向铺贴，以减少搭接，如图 10–2 所示。为了保证防水层的整体性，减少漏水的可能性，屋面防水工程尽量不划分施工段；当需要划分施工段时，施工段的划分宜设在屋脊、天沟、变形缝等处。

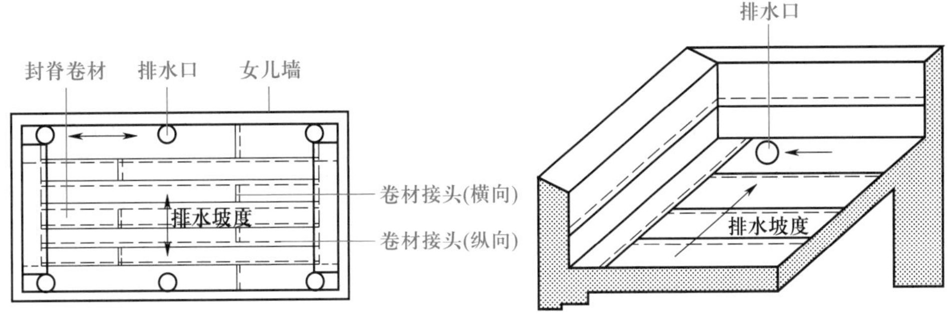

图 10–2　卷材配置示意图

3. 卷材与基层的连接方式

卷材与基层连接方式有 4 种：满粘、条粘、点粘、空铺。在工程应用中，可根据建筑部位、使用条件、施工情况而采用其中一种或两种，且应在图纸上注明其适用条件与具体施工方法，见表 10–9。

表 10–9　卷材与基层连接方式

铺贴方法	具体做法	适应条件
满粘法	又称全粘法，即在铺粘防水卷材时，卷材与基面全部粘贴牢固的施工方法，通常热熔、冷粘、自粘时使用这种方法粘贴卷材	屋面防水面积较小、结构变形不大、找平层干燥的屋面
空铺法	铺贴防水卷材时，卷材与基面仅在四周一定宽度内黏结，其余部分不黏结的施工方法。施工时檐口、屋脊、屋面转角、伸出屋面的出气孔、烟囱根等部位，采用满粘，粘贴宽度不小于 800 mm	适应于基层潮湿、找平层水汽难以排出及结构变形较大的屋面
条粘法	铺贴防水卷材时，卷材与屋面采用条状黏结的施工方法，每幅卷材黏结面不少于 2 条，每条黏结宽度不少于 150 mm，檐口、屋脊、伸出屋面管口等细部做法同空铺法	适应结构变形较大、基面潮湿、排汽困难的屋面
点粘法	铺贴防水卷材时，卷材与基面采用点粘的施工方法，要求每平方米范围内至少有 5 个黏结点，每点面积不少于 100 mm × 100 mm，屋面四周黏结，檐口、屋脊、伸出屋面管口等细部做法同空铺法	适应于结构变形较大、基面潮湿、排气有一定困难的屋面

4. 卷材防水层各类施工方法及其适用范围（表 10–10）

表 10–10　防水层施工方法及其适用范围

名称	做法	适应范围
热熔法	采用火焰加热熔化防水卷材底部热熔胶进行黏结的方法	底层涂有热熔胶的高聚物改性沥青防水卷材，如 SBS 和 APP 改性沥青防水卷材
热风焊接法	采用热空气焊枪加热卷材搭接缝进行黏结的方法	合成高分子防水卷材搭接缝焊接，如 PVC 高分子防水卷材

续表

名称	做法	适应范围
冷粘法	采用胶黏剂进行卷材与基面、卷材与卷材的黏结方法	高分子防水卷材、高聚物改性沥青防水卷材，如三元乙丙、氯化聚乙烯、SBS 改性沥青防水卷材
自粘法	采用带有自黏胶的防水卷材，无须涂刷胶黏剂，直接粘贴基面	自粘高分子防水卷材、自粘高聚物改性沥青防水卷材
机械钉压法	采用镀锌钢钉或铜钉固定防水卷材的方法	多用于木基面上铺设高聚物改性沥青防水卷材或穿钉后热风焊接搭接缝，局部固定基面的高分子防水卷材
压埋法	卷材与基面大部分不粘连，上面采用卵石压埋，但搭接缝及周边要全粘	用于空铺法、倒置式屋面

二、防水涂料

1. 基本构造

涂膜防水屋面是将以高分子合成材料为主体的涂料涂抹在经嵌缝处理的屋面板或找平层上，形成具有防水效能的坚韧涂膜，其构造如图 10–3 所示。

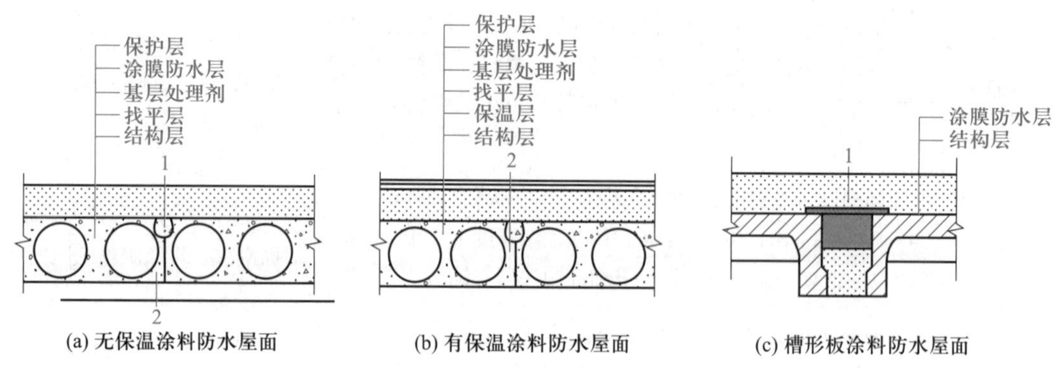

图 10–3　涂膜防水层面构造示意图

1—嵌缝油膏；2—细石混凝土

2. 施工顺序

涂膜防水层的施工顺序和卷材防水层施工顺序基本相同，在涂膜防水施工前也同样需要对结构层进行处理。需要注意的是，在板缝嵌填处理时，还需在板端缝处进行柔性密封处理。对非保温屋面的板缝上应留设深度不小于 20 mm 的凹槽，并嵌填嵌缝油膏。在油膏嵌填前应将板缝清理干净，随即满涂冷底子油一遍，待其干燥后，及时冷嵌或热灌油膏。油膏的覆盖宽度应超出板缝两边不少于 20 mm。嵌缝后，应沿缝及时做好保护层。

涂膜防水屋面的保温层及基层处理与卷材防水屋面的处理基本相同。当基层处理剂涂刷完毕，干燥后可进行涂膜防水处理。防水涂膜应分遍涂布，待涂布的涂料干燥成膜后，方可涂布后一遍涂料，前后两遍涂料的方向应相互垂直。涂布时，一般先将涂料直接分散倒在屋面基层上，用胶皮刮板来回刮涂，使它厚薄均匀一致、不露底、不存在气泡、表面平整。通常涂膜防水层的收头处应用防水涂料多遍涂刷或用密封材料封严。

防水涂料在施工时，对易开裂、渗水的部位应增设加胎体增强材料的附加层，常用的胎体增强材料有聚酯无纺布和化纤无纺布。对于铺设胎体增强材料，当屋面坡度小于15% 时，可平行于屋脊铺设；当屋面坡度大于 15% 时，应垂直于屋脊铺设，并由屋面最低处向上进行。胎体增强材料长边搭接宽度不得小于 50 mm，短边搭接宽度不得小于70 mm。采用两层胎体增强材料时，上下层不得垂直铺设，接缝应错开，其间距不应小于幅宽的 1/3。同时应沿找平层分格缝增设带有胎体增强材料的空铺附加层，其空铺宽度宜为 100 mm。

涂膜防水层在未做保护层前，不得在防水层上施工作业或直接堆放物品。雨天或在涂层干燥结膜前可能下雨时，均不得施工。不宜在气温高于 35 ℃及日均气温 5 ℃以下时施工。

三、刚性防水屋面

1. 基本构造

刚性防水屋面是指利用刚性防水材料做防水层的屋面。与前述的卷材及涂膜防水屋面相比，刚性防水屋面所用材料易得、价格便宜、耐久性好、维修方便，但刚性防水层材料的表观密度大、抗拉强度低、极限拉应变小，易受混凝土或砂浆的干湿变形、温度变形和结构变形的影响而产生裂缝。因此，刚性防水屋面主要适用于防水等级为Ⅲ级的屋面防水，也可用作Ⅰ、Ⅱ级屋面多道防水设防中的一道防水层；不适用于设有松散保温层的屋面、大跨度和轻型屋盖的屋面，以及受到振动或冲击的建筑屋面。并且，刚性防水层的节点部位应与柔性材料复合使用，才能保证防水的可靠性。

刚性防水屋面的一般构造形式如图 10–4 所示。其种类主要有普通细石混凝土防水屋面、补偿收缩混凝土防水屋面、纤维混凝土防水屋面、预应力混凝土防水屋面等。现重点介绍普通细石混凝土防水屋面施工。

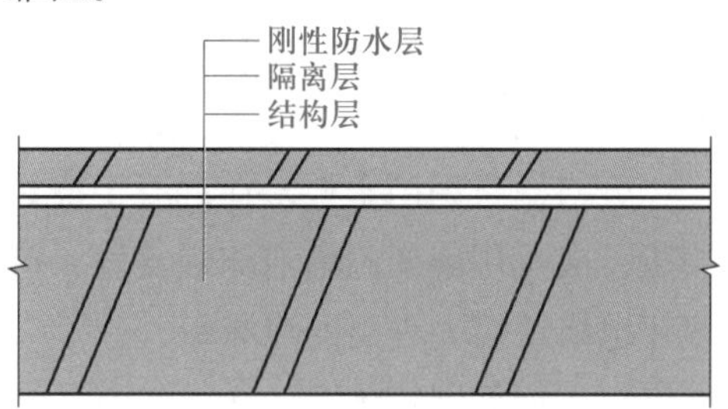

图 10–4　刚性防水屋面构造

2. 施工顺序

（1）施工准备工作

屋面结构层为装配式钢筋混凝土屋面板时，应用细石混凝土嵌缝，其强度等级应不小于 C20；灌缝的细石混凝土宜掺膨胀剂。当屋面板缝宽度大于 40 mm 或上窄下宽时，板缝内应设置构造钢筋。灌缝高度与板面平齐，板端应用密封材料嵌缝密封处理。

由室内伸出屋面的水管、通风管等须在防水层施工前安装，并在周围留凹槽以便嵌填密封材料。檐口挑出支模及分格缝模板应按要求制作并刷隔离剂。

刚性防水层的混凝土、砂浆配合比应按设计要求，由实验室通过试验确定。尤其是掺有各种外加剂的刚性防水层，其外加剂的掺量要严格试验，以获得最佳掺量范围。按工程量的需要，宜一次备足水泥、砂、石等需要量，保证混凝土连续一次浇捣完成。原材料进场应按规定要求对材料进行抽样复验，合格后才能使用。

（2）施工环境条件

刚性防水层严禁在雨天施工，因为雨水进入刚性防水材料中，会增加水灰比，同时使刚性防水层表面的水泥浆被雨水冲走，造成防水层疏松、麻面、起砂等现象，丧失防水能力。

施工环境温度宜控制在 5 ~ 35 ℃，不得在负温和烈日暴晒下施工，也不宜在雪天或大风天气施工，以避免混凝土、砂浆受冻或失水。

（3）隔离层施工

刚性防水层和结构层之间应脱离，即在结构层与刚性防水层之间增加一层低强度等级砂浆、卷材、塑料薄膜等材料，起隔离作用，使结构层和刚性防水层变形互不受约束，以减少因结构变形使防水混凝土产生的拉应力，减少刚性防水层的开裂。具体做法有砂浆隔离层（包括黏土砂浆隔离层和石灰砂浆隔离层）和卷材隔离层两类。

因为隔离层材料强度低，在隔离层继续施工时，要注意对隔离层加强保护。混凝土运输不能直接在隔离层表面进行，应采取垫板等措施。绑扎钢筋时不得扎破隔离层表面，浇捣混凝土时不能振破隔离层。

（4）分格缝留置

留置分格缝是为了减少因温差、混凝土干缩、徐变、荷载、振动、地基沉陷等变形造成的刚性防水层开裂。分格缝应按设计要求设置；如无明确规定时，可按下述原则设置。

分格缝应设置在结构层屋面板的支承端、屋面转折处（如屋脊）、防水层与突出屋面结构的交接处，并应与板缝对齐。

纵横分格缝间距一般不大于 6 m，或“一间一分格”，分格面积不超过 36 m^2 为宜。

现浇板与预制板交接处，按结构要求留有伸缩缝、变形缝的部位，分格缝宽宜为 10 ~ 20 mm。

分格缝可采用木板，在混凝土浇筑前支设，混凝土浇筑完毕，收水初凝后取出分格缝模板；或采用聚苯乙烯泡沫板支设，待混凝土养护完成、嵌填密封材料前按设计要求的高度用电烙铁熔去表面的泡沫板。

（5）钢筋网片施工

防水层内应按设计要求配置钢筋网片，一般配置直径为 4 ~ 6 mm、间距为 100 ~ 200 mm 的双向钢筋网片。网片采用绑扎和焊接均可，其位置以居中偏上为宜，保护层厚度不小于 10 mm 钢筋要调直，不得有弯曲、锈蚀、沾油污；分格缝处钢筋网片要断开。为保证钢筋网片位置留置准确，可采用先在隔离层上满铺钢丝绑扎成型后，再按分格缝位置剪断的方法施工。

（6）细石混凝土防水层施工

浇捣混凝土前，应将隔离层表面浮渣、杂物清除干净；检查隔离层质量及平整度、排水坡度和完整性；支好分格缝模板，标出混凝土浇捣厚度，厚度不宜小于 40 mm。材料及混凝土质量要严格保证，经常检查是否按配合比准确计量，每工作班进行不少于两次的坍落度检查，并按规定制作检验试块。加入外加剂时，应准确计量，投料顺序得当，搅拌均匀。

混凝土搅拌应采用机械搅拌，搅拌时间不少于 2 min。混凝土运输过程中应防止漏浆和离析。采用掺加抗裂纤维的细石混凝土时，应先加入纤维干拌均匀后再加水，干拌时间不少于 2 min。

混凝土的浇捣按“先远后近、先高后低”的原则进行。一个分格缝范围内的混凝土必须一次浇捣完成，不得留施工缝。混凝土宜采用小型机械振捣，如无振捣器，可先用木棍等插捣，再用小滚（30～40 kg，长 600 mm 左右）来回滚压，边插捣边滚压，直至密实和表面泛浆，泛浆后用铁抹子压实抹平，并要确保防水层的设计厚度和排水坡度。铺设、振动、滚压混凝土时必须严格保证钢筋间距及位置的准确。

混凝土收水初凝后，及时取出分格缝隔板，用铁抹子第二次压实抹光，并及时修补分格缝的缺损部分，做到平直整齐；待混凝土终凝前进行第三次压实抹光，要求做到表面平光，不起砂、不起皮、无抹板压痕为止。抹压时，不得撒干水泥或干水泥砂浆。

待混凝土终凝后，必须立即进行养护，应优先采用表面喷洒养护剂养护，也可用蓄水养护法或稻草、麦草、锯末、草袋等覆盖后浇水养护，养护时间不少于 14 d，养护期间保证覆盖材料的湿润，并禁止闲人上屋面踩踏或在上继续施工。

【操作指导】

耐根穿刺防水卷材的施工方法应与耐根穿刺检测报告中注明的施工方法一致。

当屋面坡度大于 30% 时，施工过程中应采取防滑措施。

施工过程中应采取防止杂物堵塞排水系统的措施。

防水层和保护层施工完成后，屋面应进行淋水试验或雨后观察，檐沟、天沟、雨水口等应进行蓄水试验，并应在检验合格后再进行下一道工序施工。

防水层施工完成后，后续工序施工不应损害防水层，在防水层上堆放材料应采取防护隔离措施。

种植屋面视频

【知识拓展】

一、验收资料

验收资料包括防水设计、施工方案、技术交底记录、材料质量证明文件、施工日志、工程检验记录等。

二、验收隐蔽工程

隐蔽工程验收的部位：包括卷材、涂膜防水层的基层；保温层的隔汽和排汽措施；保温层的铺设方式、厚度、板材缝隙填充质量及热桥部位的保温措施；接缝的密封处理；瓦材与基层的固定措施；檐沟、天沟、泛水、水落口和变形缝等细部做法；屋面易开裂和渗水部位的附加层；保护层与卷材、涂膜防水层之间的隔离层；金属板材与基层的固定和板缝间的密封处理；坡度较大时，防止卷材和保温层下滑的措施。

三、屋面观感质量检查

（1）卷材铺贴方向应正确，搭接缝应黏结或焊接牢固，搭接宽度应符合设计要求，表面应平整，不得有扭曲、皱折和翘边等缺陷。

（2）涂膜防水层黏结应牢固，表面应平整，涂刷应均匀，不得有流淌、起泡和露胎体等缺陷；

（3）嵌填的密封材料应与接缝两侧黏结牢固，表面应平滑，缝边应顺直，不得有气泡、开裂和剥离等缺陷。

（4）檐口、檐沟、天沟、女儿墙、山墙、水落口、变形缝和伸出屋面管道等防水构造，应符合设计要求。

（5）烧结瓦、混凝土瓦铺装应平整、牢固，行列整齐，搭接应紧密，檐口应顺直；脊瓦应搭盖正确，间距应均匀，封固应严密；正脊和斜脊应顺直，应无起伏现象；泛水应顺直整齐，结合应严密。

（6）沥青瓦铺装应搭接正确，瓦片外露部分不得超过切口长度，钉帽不得外露；沥青瓦应与基层钉粘牢固，瓦面应平整，檐口应顺直；泛水应顺直整齐，结合应严密。

（7）金属板铺装应平整、顺滑；连接应正确，接缝应严密；屋脊、檐口、泛水直线段应顺直，曲线段应顺畅。

（8）玻璃采光顶铺装应平整、顺直，外露金属框或压条应横平竖直，压条应安装牢固；玻璃密封胶应深浅一致，宽窄均匀，光滑顺直。

（9）上人屋面或其他使用功能屋面，其保护及铺面应符合设计要求。

四、检查屋面有无渗漏、积水和排水系统是否通畅

应在雨后或持续淋水 2 h 后检查屋面有无渗漏、积水和排水系统是否通畅，并应填写淋水试验记录。具备蓄水条件的檐沟、天沟应进行蓄水试验，其最小蓄水高度不应小于 20 mm，蓄水时间不得少于 24 h，并应填写蓄水试验记录。

任务 10.3　地下防水工程施工

【任务引入】

地下工程由于深埋在地下，时刻受地下水的渗透作用，如防水问题处理不好，致使地下水渗漏到工程内部，将会带来一系列问题：影响人员在工程内正常的工作和生活；使工程内部装修和设备加快锈蚀。使用机械排除工程内部渗漏水，需要耗费大量能源和经费，而且大量的排水还可能引起地面和地面建筑物不均匀沉降和破坏等。由于地下工程常年受到潮湿和地下水的有害影响，所以，对地下工程防水的处理比屋面工程要求更高、更严，防水技术难度更大，必须认真对待，确保良好的防水效果，满足使用方面的要求。

目前，地下工程的防水方案主要有下列几种。

（1）采用防水混凝土结构。它是利用提高混凝土结构本身的密实性来达到防水要求的，防水混凝土结构既能承重又能防水，应用较广泛。

（2）采用排水方案。它是利用盲沟、渗排水层等措施，把地下水排走，以达到防水要求。此法多用于重要的、面积较大的地下防水工程。

（3）在地下结构表面设防水层，如抹水泥砂浆防水层或贴卷材防水层等，为增强防水效果，必要时采取“防”“排”结合的多道防水方案。

【知识准备】

一、地下防水等级

地下防水工程的设计和施工遵循防水设计原则，并根据建筑功能及使用要求，按现行规范正确划定防水等级，合理确定防水方案。现行规范规定地下工程防水等级及其相应的适用范围见表 10–11。

表 10–11　地下工程防水等级及其适用范围

防水等级	标准	适用范围
一级	不允许渗水，结构表面无湿渍	人员长期停留的场所；因有少量湿渍会使物品变质、失效的储物场所及严重影响设备正常运转和危及工程安全运营的部位；极重要的战备工程
二级	不允许漏水，结构表面可有少量湿渍； 工业与民用建筑：总湿渍面积不应大于总防水面积（包括顶板、墙面、地面）的 1/1 000；任意 100 m^2 防水面积上的湿渍不超过 2 处，单个湿渍的最大面积不大于 0.1 m^2； 其他地下工程：总湿渍面积不应大于总防水面积的 2/1 000；任意 100 m^2 防水面积上的湿渍不超过 3 处，单个湿渍的最大面积不大于 0.2 m^2；其中，隧道工程还要求平均渗水量不大于 0.05 L/（m^2 · d），任意 100 m^2 防水面积上的渗水量不大于 0.15 L/（m^2 · d）	人员经常活动的场所；在有少量湿渍的情况下不会使物品变质、失效的储物场所及基本不影响设备正常运转和工程安全运营的部位；重要的战备工程
三级	有少量漏水点，不得有线流和漏泥砂； 任意 100 m^2 防水面积上的漏水或者湿渍点不超过 7 处，单个湿渍的最大面积不大于 0.3 m^2，单个漏水点最大漏水量不大于 2.5 L/d	人员临时活动的场所；一般战备工程
四级	有漏水点，不得有线流和漏泥砂； 整个工程平均渗水量不大于 2 L/（m^2 · d），任意 100 m^2 防水面积上平均漏水量不大于 4 L/（m^2 · d）	对渗漏水无严格要求的工程

二、地下防水的工程的主要形式

地下防水工程的主要形式有防水混凝土结构防水、卷材防水和涂膜防水等。

根据地下防水工程的特点及环境要求，坚持多道设防、刚柔相济、扬长避短、综合防治的做法是十分必要的。刚性防水材料从普通防水混凝土向高性能、外加剂纤维抗裂以及聚合物水泥混凝土方向发展；柔性防水材料从普通纸胎沥青油毡向聚酯胎、玻纤胎高聚物改性沥青以及合成高分子片材方向发展；防水涂料和密封防水材料也从沥青基向高聚物改性沥青、高分子以及聚合物无机涂料方向发展。新材料、新技术、新工艺的推广促使我国地下防水应用技术水平有新的飞跃和提高。

1. 防水混凝土

防水混凝土是以调整结构混凝土的配合比或掺外加剂的方法来提高混凝土的密实度、抗渗性、抗蚀性，满足设计对地下建筑的抗渗要求，达到防水的目的。防水混凝土具有施工简便、工期短、造价低、耐久性好、工程造价低等优点，在地下工程中得到了广泛的应用。目前常用的防水混凝土主要有普通防水混凝土、外加剂防水混凝土等。

2. 卷材防水层

地下工程卷材防水选用高聚物改性沥青类或合成高分子类卷材，这种防水层具有良好的韧性和延伸性，可以适应一定的结构振动和微小变形，防水效果较好，目前仍作为地下工程的一种防水方案而被较广泛采用。其缺点是沥青油毡吸水率大、耐久性差、机械强度低，直接影响防水层质量，而且材料成本高、施工工序多、操作条件差、工期较长，发生渗漏后修复困难。地下工程防水卷材搭接宽度见表 10–12。

表 10–12　防水卷材搭接宽度

卷材品种	搭接宽度 /mm
弹性体改性沥青防水卷材	100
改性沥青聚乙烯胎防水卷材	100
自粘聚合物改性沥青防水卷材	80
三元乙丙橡胶防水卷材	100/60（胶黏剂 / 胶黏带）
聚氯乙烯防水卷材	60/80（单焊缝 / 双焊缝）
	100（胶黏剂）
聚乙烯丙纶复合防水卷材	100（黏结料）
高分子自粘胶膜防水卷材	70/80（自粘胶 / 胶黏带）

3. 水泥砂浆防水层

水泥砂浆防水层是采用普通水泥砂浆、聚合物水泥防水砂浆、掺外加剂或掺合料防水砂浆等材料，采用多层抹压施工或机械喷涂形成的刚性防水层。它是依靠特定的施工工艺要求或在水泥砂浆内掺入外加剂、聚合物来提高水泥砂浆的密实性或改善水泥砂浆的抗裂性，从而达到防水抗渗的目的。

水泥砂浆防水层按掺入外加剂的不同，可分为普通水泥砂浆防水层、防水砂浆防水层、聚合物水泥砂浆防水层和纤维聚合物水泥砂浆防水层 4 种。

水泥砂浆防水层与卷材、金属、混凝土等防水材料相比，具有施工操作简便、造价适宜、容易修补等优点，但普通水泥砂浆韧性差、较脆、极限拉伸强度较低。近年来，利用高分子聚合物材料制成聚合物改性砂浆，提高了水泥砂浆的抗拉强度和韧性。由于水泥砂浆防水层与混凝土具有良好的黏结能力，因此既可用于结构主体的迎水面，也可以在背水面作为大面积轻微渗漏时修补使用。

4. 涂料防水层

涂料防水层包括有机防水涂料和无机防水涂料，有机防水涂料应采用反应型、水乳型、聚合物水泥等涂料；无机防水涂料应采用掺外加剂、掺合料的水泥基防水涂料或水泥基渗透结晶型防水涂料。

涂料防水层适用于受侵蚀性介质作用或受振动作用的地下工程；有机防水涂料宜用于主体结构的迎水面，无机防水涂料宜用于主体结构的迎水面或背水面。有机防水涂料基面应干燥。当基面较潮湿时，应涂刷湿固化型胶结剂或潮湿界面隔离剂；无机防水涂料施工前，基面应充分润湿，但不得有明水。防水涂料厚度应根据防水等级按表 10–13 选用。

表 **10–13**　防水涂层厚度　　单位：mm

防水等级	设防道数	有机涂料			无机涂料	
		反应型	水乳型	聚合物水泥	水泥基	水泥基渗透结晶型
Ⅰ级	三道及以上	1.2 ~ 2	1.2 ~ 1.5	1.5 ~ 2	1.5 ~ 2	≥ 0.8
Ⅱ级	二道设防	1.2 ~ 2	1.2 ~ 1.5	1.5 ~ 2	1.5 ~ 2	≥ 0.8
Ⅲ级	一道设防	—	—	≥ 2	≥ 2	—
	复合设防	—	—	≥ 1.5	≥ 1.5	—

【任务实施】

一、防水混凝土施工方法

地下室防水视频

1. 普通防水混凝土

防水混凝土是通过控制材料选择，混凝土拌制、浇筑、振捣的施工质量，以减少混凝土内部的空隙和消除空隙间的连通，最后达到防水要求。

防水混凝土的抗渗能力不应小于 0.6 MPa，环境温度不得高于 80 ℃，处于侵蚀性介质中防水混凝土的耐侵蚀系数不应小于 0.8，防水混凝土结构垫层的抗压强度等级不应小于 10 MPa，厚度不应小于 100 mm；衬砌厚度不应小于 200 mm；裂缝宽度不得大于 0.2 mm；钢筋保护层厚度迎水面不应小于 35 mm，当直接处于侵蚀介质中时，保护层厚度不应小于 50 mm。

防水混凝土的原材料中，水泥标号不宜低于 32.5 级，要求抗水性好、泌水小、水化热低，并具有一定的抗腐蚀性。细骨料要求颗粒均匀、圆滑、质地坚实，含泥量不大于 3% 的中粗砂，泥块含量不得大于 1.0%。砂的粗细颗粒级配适宜，平均粒径 0.4 mm 左右。粗骨料要求组织密实、形状整齐，含泥量不大于 1%，泥块含量不得大于 0.5%。颗粒的自然级配适宜，粒径为 5 ~ 40 mm，且吸水率不大于 1.5%。

防水混凝土的水泥用量在一定水灰比范围内，每立方米混凝土水泥用量一般不小于 300 kg；掺有活性掺合料时，水泥用量不得少于 280 kg/m^3，但亦不宜超过 400 kg/m^3。同时，砂率宜为 35% ~ 45%，水泥与砂的比例应控制在 1 : 2 ~ 1 : 2.5。在保证振捣密实的前提下，水灰比尽可能小，一般不大于 0.55。坍落度不宜大于 50 mm，泵送时入泵坍落度宜为 100 ~ 140 mm。防水混凝土的配合比应通过试验确定，其抗渗水压值应比设计要求提高 0.2 MPa。水泥、水、外加剂掺量允许偏差不得大于 ± 1%；砂、石计量允许偏差不得大于 ± 2%。为了增强混凝土的均匀性，应采用机械搅拌，搅拌时间不得少于 2 min，掺有外加剂的混凝土搅拌时间为 2 ~ 3 min。

普通防水混凝土的施工

2. 外加剂防水混凝土

外加剂防水混凝土是在混凝土中掺入一定的有机或无机的外加剂，改善混凝土的性能和结构组成，提高混凝土的密实性和抗渗性，从而达到防水目的。

外加剂种类较多，各自的性能、效果及适用条件不尽相同，应根据地下建筑防水结构的要求和施工条件，选择合理、有效的防水外加剂。常用的外加剂防水混凝土有三乙醇胺防水混凝土、加气剂防水混凝土、减水剂防水混凝土、氯化铁防水混凝土等。其施工要点同普通防水混凝土。

卷材防水层施工方法

二、水泥砂浆防水层施工方法

水泥宜用强度等级为 32.5 以上的普通硅酸盐水泥、膨胀水泥或矿渣硅酸盐水泥，如有侵蚀介质作用时，应按设计要求选用。砂宜用中砂，不含杂质，含泥量应小于 3%，配合比按工程需要确定。水泥净浆的水灰比宜控制在 0.37 ~ 0.40 或 0.55 ~ 0.60 范围内。水泥砂浆灰砂比宜为 1 : 2.5，其水灰比为 0.60 ~ 0.65 之间，稠度宜控制在 7 ~ 8 cm，如掺外加剂或采用膨胀水泥时，其配合比应执行专门的技术规定。

施工时，必须对基层表面进行严格而细致的处理，包括清理、浇水、凿槽和补平等工作，以保证基层表面潮湿、清洁、坚实、大面积平整而表面粗糙，这样可增强防水层与结构表面的黏结力。

防水层的第 1 层是在基面上抹素灰，厚 2 mm，分两次抹成；第 2 层抹水泥砂浆，厚 4 ~ 5 mm，在第 1 层初凝时抹上，以增强两层黏结；第 3 层抹素灰，厚 2 mm，在第 2 层凝固并有一定强度，表面适当洒水湿润后进行；第 4 层抹水泥砂浆，厚 4 ~ 5 mm，同第 2 层操作。若采用 4 层防水时，则此层应表面抹平压光；若用 5 层防水时，第 5 层刷水泥浆一遍，随第 4 层抹平压光。

采用水泥砂浆防水层时，结构物阴阳角、转角均应做成圆角。防水层的施工缝需留阶梯形斜坡，层次要清楚，可留在地面或墙面上，离开阴阳角 200 mm 左右，接缝时，先在阶梯形处均匀涂刷水泥浆一层，然后依次层层搭接。

【操作指导】

一、地下防水工程渗漏原因

（1）地下室堵漏混凝土配合比在现场施工时配制不准确，特别是水灰比增大，使混凝土收缩大，出现裂缝引起渗漏。

（2）混凝土保护层厚度不够。混凝土保护层厚度按规范要求应为 20 ~ 35 mm，但施工时常常由于不能保证而出现裂缝，造成渗漏。

（3）不重视细部的构造处理，对变形缝、施工缝、后浇带、预留接口、混凝土主体结构等部分采取的地下堵漏措施不当。

（4）混凝土拌合物中，砂石含泥量大或混入杂物，成为漏水隐患。

（5）模板表面清理不干净，隔离剂涂刷不均匀、接缝不严密、混凝土漏振或少振，特别是地下室外墙与底板处及预埋件周围，出现蜂窝、麻面、孔洞，造成地下室渗漏。

（6）成品保护不善。购置的地下室堵漏材料或已完工的地下室堵漏层，由于保管不善、施工不慎造成破坏且未及时修补而造成渗漏。

（7）混凝土养护不良造成早期失水严重，形成毛细管通道。地下防水工程修补堵漏，要根据工程特点和渗漏情况分析原因，选择相应的材料、工艺和机具设备来进行。

二、地下防水工程渗漏防治方法

1. 促凝灰浆堵漏法

堵漏灰浆应根据每次用量，随用随拌，常用的有以下几种。

促凝水泥浆：在水灰比为 0.55 ~ 0.60 的水泥浆中，掺入占水泥重量 1% 的促凝剂，搅拌均匀而成。

快凝水泥砂浆：将水泥:砂子 =1∶1 干拌均匀后，用促凝剂:水 =1∶1 的混合液代替拌合水，以水灰比为 0.45 ~ 0.50 调制而成。

快凝水泥胶浆（简称“胶浆”）：用水泥和促凝剂直接拌合而成，根据使用条件不同，配合比为水泥:促凝剂 =1∶（0.5 ~ 0.6）或 1∶（0.8 ~ 0.9），这种胶浆凝结时间很快，可以达到迅速堵漏的目的。

常见漏水情况分为慢渗、快渗、急流和高压急流 4 种。在渗漏工程修堵前，必须找出渗漏的准确部位，做出标记，才能进行处理。检查方法是，漏水量大或比较明显的渗漏部位，可直接察觉；慢渗或不明显的渗漏，可将渗漏处擦干，均匀薄薄地撒上一层干水泥粉，表面出现湿痕处即是漏水的准确位置。堵漏原则为使大漏变小漏，由缝漏变孔漏，将大面积漏水缩小为小面积，使漏水集于一点或数点，最后堵塞漏水点。

2. 氰凝、丙凝灌浆堵漏法

氰凝、丙凝灌浆材料具有良好的抗渗性能，这类堵漏法适用下列范围：混凝土结构内部松散、蜂窝、麻面、孔洞造成的渗漏水；混凝土施工缝结合不严导致的缝隙漏水；混凝土结构出现的局部裂缝漏水；采用止水带处理变形缝时，止水带与混凝土结合不严而形成的接触面间漏水。

目前市场供应氰凝灌浆材料的预聚体有 TT–1、TT–2、TM–1、TP–1 等型号。氰凝浆液的配制：按预聚体（主剂）、增塑剂、乳化剂、溶剂、催化剂顺序称量加入容器内，拌和均匀即可使用。丙凝注浆材料由丙烯酰胺、亚甲基双丙烯酰胺、三乙醇胺、过硫酸铵等材料搅拌均匀即成，一般配成浓度为 10% 的丙凝溶液，使用时可作适当调整，其变化范围为 7% ~ 15%。其施工工艺为裂缝处理→布置灌浆孔→埋设灌浆嘴→封闭漏水部位→试灌→灌浆→封孔。

职业常识：

氰凝毒性较大，在配制、压浆过程中及结束时，操作人员必须配戴防护镜、口罩和胶皮手套，同时还应注意防火。

【知识拓展】

一、地下防水工程冬季施工

地下工程冬期施工时，必须采取一定的技术措施。因为混凝土温度在 4 ℃时，强度增长速度仅为 15 ℃时的 1/2。当混凝土温度降到 –4 ℃时，水泥水化作用停止，混凝土强度也停止增长。水冻结后，体积膨胀 8% ~ 9%，使混凝土内部产生很大的冻胀应力。如果此时混凝土的强度较低，就会被冻裂，使混凝土内部结构破坏，造成强度、抗渗性显著下降。冬期施工措施，既要便于施工、成本低，又要保证混凝土施工质量，具体应根据施工现场条件选择。化学外加剂主要是防冻剂。在混凝土拌合物拌合用水中加入防冻剂能降低水溶液的冰点，保证混凝土在低温或负温下硬化，如掺亚硝酸钠—三乙醇胺防冻剂的防水混凝土，可在外界温度不低于 –10 ℃的条件下硬化。但由于防冻剂的掺入会使溶液的导电能力倍增，故此不得在高压电源和大型直流电源的工程中应用。在施工时，还要适当延长混凝土的搅拌时间，混凝土入模温度应为正温。

振捣要密实，并要注意早期养护。暖棚法是采取暖棚加温，使混凝土在正温下硬化，当建筑物体积不大或混凝土工程量集中的工程，宜采用此法。暖棚法施工时，暖棚内可以采用蒸汽管片或低压电阻片加热，使暖棚保持在 5 ℃以上，混凝土入模温度也应为正温。在室外平均气温为 –15 ℃以下的结构，应优先采用蓄热法。采用蓄热法需经热工计算，根据每立方米混凝土从浇筑完毕的温度降到 0 ℃的过程中，透过模板及覆盖的保温材料所放出的热量与混凝土所含的热量及水泥在此期间所放出的水化热之和相平衡，与此同时混凝土的强度也正好达到临界强度。当利用水泥水化热不能满足热量平衡时，可采用原材料加热法（分别加热水、砂、石）或增加保温材料的热阻。

蒸汽加热法和电加热法，由于易使混凝土局部热量集中，故不宜在防水混凝土冬期施工中使用。

二、地下防水工程的验收

1. 防水混凝土

防水混凝土抗压强度试件，应在混凝土浇筑地点随机取样后制作。同一工程、同一配合比的混凝土，取样频率与试件留置组数应符合现行国家标准《混凝土结构工程施工质量验收规范》（GB 50204—2015）的有关规定。

防水混凝土抗渗性能应采用标准条件下养护混凝土抗渗试件的试验结果评定，试件应在混凝土浇筑地点随机取样后制作，连续浇筑混凝土每 500 m^3 应留置一组 6 个抗渗试件，且每项工程不得少于两组；采用预拌混凝土的抗渗试件，留置组数应视结构的规模和要求而定。

防水混凝土分项工程检验批的抽样检验数量，应按混凝土外露面积每 100 m^2 抽查 1 处，每处 10 m^2，且不得少于 3 处。

防水混凝土验收内容及方法见表 10–14。

表 **10–14**　防水混凝土验收

序号	检查内容	检验方法
主控项目	原材料、配合比及坍落度	检查产品合格证、产品性能检测报告、计量措施和材料进场检验报告
	抗压强度和抗渗性能	检查混凝土抗压强度、抗渗性能检验报告
	施工缝、变形缝、后浇带、穿墙管、埋设件等设置和构造	观察检查和检查隐蔽工程验收记录
一般项目	结构表面应坚实、平整，不得有露筋、蜂窝等缺陷；埋设件位置应准确	观察检查
	防水混凝土结构表面的裂缝宽度不应大于 0.2 mm，且不得贯通	用刻度放大镜检查
	防水混凝土结构厚度不应小于 250 mm，其允许偏差应为 +8 mm、–5 mm；主体结构迎水面钢筋保护层厚度不应小于 50 mm，其允许偏差应为 ±5 mm	尺量检查和检查隐蔽工程验收记录

2. 水泥砂浆防水层

水泥砂浆防水层分项工程检验批的抽样检验数量，应按施工面积每 100 m^2 抽查 1 处，每处 10 m^2，且不得少于 3 处。

水泥砂浆防水层验收内容及方法见表 10–15。

表 10-15　水泥砂浆防水层验收

序号	检查内容	检验方法
主控项目	原材料及配合比	检查产品合格证、产品性能检测报告、计量措施和材料进场检验报告
	黏结强度和抗渗性能	检查砂浆黏结强度、抗渗性能检测报告
	水泥砂浆防水层与基层之间应结合牢固，无空鼓现象	观察和用小锤轻击检查
一般项目	水泥砂浆防水层表面应密实、平整，不得有裂纹、起砂、麻面等缺陷	观察检查
	水泥砂浆防水层施工缝留槎位置应正确，接槎应按层次顺序操作，层层搭接紧密	观察检查和检查隐蔽工程验收记录
	水泥砂浆防水层的平均厚度应符合设计要求，最小厚度不得小于设计厚度的 85%	用针测法检查
	水泥砂浆防水层表面平整度的允许偏差应为 5 mm	用 2 m 靠尺和楔形塞尺检查

3. 卷材防水

卷材防水层分项工程检验批的抽样检验数量，应按铺贴面积每 100 m^2 抽查 1 处，每处 10 m^2，且不得少于 3 处。

卷材防水验收内容及方法见表 10-16。

表 10-16　卷材防水验收

序号	检查内容	检验方法
主控项目	所用卷材及其配套材料	检查产品合格证、产品性能检测报告和材料进场检验报告
	在转角处、变形缝、施工缝、穿墙管等部位做法	观察检查和检查隐蔽工程验收记录
一般项目	卷材防水层的搭接缝应粘贴或焊接牢固，密封严密，不得有扭曲、皱折、翘边和起泡等缺陷	观察检查
	采用外防外贴法铺贴卷材防水层时，立面卷材接槎的搭接宽度，高聚物改性沥青类卷材应为 150 mm，合成高分子类卷材应为 100 mm，且上层卷材应盖过下层卷材	观察和尺量检查
	侧墙卷材防水层的保护层与防水层应结合紧密，保护层厚度符合设计要求	观察和尺量检查
	卷材搭接宽度的允许偏差应为 -10 mm	观察和尺量检查

4. 涂料防水层

涂料防水层分项工程检验批的抽样检验数量，应按涂层面积每 100 m^2 抽查 1 处，每处 10 m^2，且不得少于 3 处。

涂料防水层验收内容及方法见表 10–17。

表 10–17　涂料防水层验收

序号	检查内容	检验方法
主控项目	所用的材料及配合比	检查产品合格证、产品性能检测报告、计量措施和材料进场检验报告
	平均厚度合格，且最小厚度不得小于设计厚度的 90%	用针测法检查
	在转角处、变形缝、施工缝、穿墙管等部位做法	观察检查和检查隐蔽工程验收记录
一般项目	应与基层黏结牢固，涂刷均匀，不得流淌、鼓泡、露槎	观察检查
	涂层间夹铺胎体增强材料时，应使防水涂料浸透胎体覆盖完全，不得有胎体外露现象	观察检查
	侧墙涂料防水层的保护层与防水层应结合紧密，保护层厚度应符合设计要求	观察检查

复习思考题

1. 常用的防水材料有哪些？防水卷材有哪些种类？
2. 试述高聚物改性沥青防水卷材的冷粘法和热熔法的施工工艺。
3. 简述涂膜防水屋面的施工工艺。
4. 简述卷材防水屋面的细部构造做法。
5. 地下防水工程的防水等级有几级？有哪几种防水方案？
6. 简述地下工程防水混凝土结构防水施工的操作要点和质量控制。

项目 11
外墙保温与建筑施工碳排放计算

【学习目标】

知识目标

1. 了解外墙工程的施工准备、质量要求、应注意的质量问题。
2. 熟悉外墙保温工程的施工步骤、操作方法。
3. 掌握建筑施工碳排放的计算方法。

能力目标

1. 能够在施工操作中认识和正确使用相关的施工机具。
2. 能够掌握施工工艺及操作要点。
3. 具备检验施工质量的操作能力。

素养目标

1. 培养理论结合实践的应用能力。
2. 提升相应的职业技能技术及工程管理能力。
3. 具备良好的思想品德，吃苦耐劳的职业素养和爱岗敬业的奉献精神。

【知识图谱】

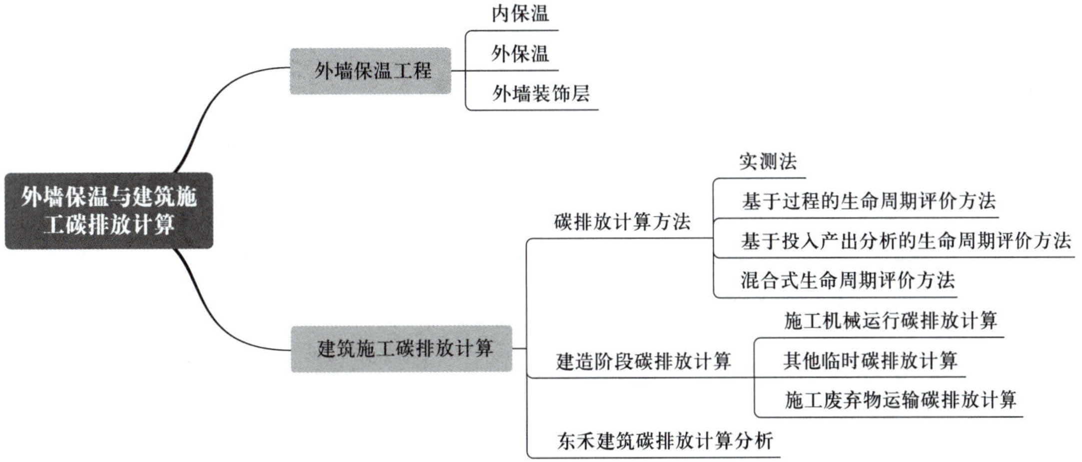

任务 11.1 外墙保温工程

【任务引入】

本任务以实际工程案例进行实操，基本信息如下。

（1）基层墙体及找平层应干燥。

（2）基层墙体已验收合格。门窗框及墙身上各种进户管线、水落管支架、预埋件等按设计安装完毕。

（3）砌体墙用 20 mm 厚 1∶3 水泥砂浆找平。

（4）剪力墙平整度用 2 m 靠尺检查，最大偏差大于 4 mm 时，应用 20 mm 厚 1∶3 水泥砂浆找平；最大偏差小于 4 mm 时，不平处用 1∶3 水泥砂浆修补平整。

（5）施工现场环境温度和墙体表面温度在施工后 24 h 内不得低于 5 ℃，风力不大于 5 级。

（6）夏季施工时应当采取有效措施，防止雨水冲刷墙面。

【知识准备】

一、现场浇注聚氨酯保温

在建筑物墙体干燥之后，即可直接在其表面上喷涂聚氨酯，一般喷涂厚度在 4 cm 左右，要求采用高压喷涂机以使得表面尽量平整。在完成喷涂后的泡沫上刮涂聚合物水泥，然后再进行外装饰。

二、预制保温夹芯板

预制保温夹芯板一般采用在连续生产线上加工完成的聚氨酯夹芯板材，外表面往往采用彩色钢板或铝板，背面则多用铝箔。安装时，首先在外墙上做龙骨，然后将板材固定在龙骨上，也可采取双面彩钢板作为墙体材料使用，既美观又具有良好的保温效果。

三、空心砖的充填保温

这些空心砖的空腔部分大约占砖的全部体积的 40%，砖体大都是硅酸盐材料，在其空腔中灌入聚氨酯，使得整体结构增强且大大增加了绝热效果。

四、外墙贴板

在干燥的外墙面上涂刷专用的耐水解稳定性良好的聚氨酯黏合剂，把预先裁好的聚氨酯板贴在外墙上，在聚氨酯的外面上涂刷黏合剂，把网格布粘贴上，待其固化后再抹聚合物水泥，最后在其外表面上进行装饰。

五、聚苯颗粒保温砂浆

将废弃的聚苯乙烯塑料加工破碎成 0.5 ~ 4 mm 的颗粒，作为轻集料来配制保温砂浆。该做法包含保温层、抗裂防护层和抗渗保护面层，施工技术简便，可降低劳动强度，提高工作效率，不受结构质量差异的影响，对有缺陷的墙体施工时墙面不需修补找平。

六、聚苯板与墙体一次浇注成型

在混凝土框架体系中将聚苯板内置于建筑模板内，在即将浇注的墙体外侧，浇注混凝土，混凝土与聚苯板一次浇注成型为复合墙体。

七、外墙保温涂料

外墙保温涂料主要有陶瓷隔热保温涂料、憎水性硅酸绝热保温涂料、胶粉聚苯颗粒外墙保温涂料等。

【任务实施】

一、施工工具

开槽器、壁纸刀、电热丝切割器、螺丝刀、钢锯条、剪刀、电动搅拌器、冲击钻、电锤、刷子、粗砂纸及常用工具。

二、施工工序

施工准备→墙面基层处理→砌体抹灰找平→穿墙孔洞封堵→挤塑板（隔离带）粘贴→铺设钢丝网片并用锚固件固定→抹抗裂砂浆→养护验收。

三、配置专用黏结剂

（1）将 5 份（重量比）干混砂浆倒入干净的塑料桶，加入 1 份净水，应边加水边搅拌，然后用手持式电动搅拌器搅拌 5 min，直到搅拌均匀，且稠度适中为止。

（2）专用黏结剂的配置只准许加入净水，不得加入其他添加物（剂）。

（3）将配置的黏结剂静置 5 min，再搅拌即可使用，配置好的黏结剂宜在 1 h 内用完。

四、基层墙体处理

刷界面剂一道→粘贴挤塑板→预粘板边网格布条→钻孔及安装固定件→挤塑板打磨找平→刷界面剂一道→配聚合物砂浆→抹底层聚合物砂浆→配面层涂料→埋贴网格布→抹面层聚合物砂浆→嵌密封膏→配置专用瓷砖黏结剂→喷（涂）面层涂料或粘贴面砖→清理饰面层、验收。

五、施工操作要点

1. 刷界面剂一道

为增加挤塑板与基层、面层的黏结力，应在挤塑板两面各刷界面剂一道。

2. 基层处理

彻底清除基层墙体表面浮灰、油污、脱模剂、空鼓及风化物等影响黏结强度的材料。

3. 配置专用黏结剂（过程略）

4. 安装挤塑板

（1）标准板规格尺寸为 1 200 mm × 600 mm，对角线误差小于 2 mm，挤塑板用电热丝切割器或工具刀切割，尺寸允许偏差为 ±1.5 mm。

（2）网格布翻包：门窗洞口、变形缝两侧等处的挤塑板上预粘网格布，总宽度约 200 mm，翻包部分宽度为 80 mm，具体做法为将网格布裁剪成长度为 180 mm 加板厚，首先在翻包部位抹长度为 80 mm、宽度为 2 mm 的专用黏结剂，然后压入 80 mm 长的网格布，余下的甩出备用。

（3）将配置好的专用黏结剂涂抹在挤塑板的背后，黏结剂压实厚度约为 3 mm，为保证黏结牢固，黏结方法可采用条点法和条粘法。

a. 条点法：用抹子在每块挤塑板周边及中间抹宽 50 mm、厚度为 10 mm 的专用黏结剂，再在挤塑板分隔区内抹直径为 100 mm、厚度为 10 mm 的灰饼。

b. 条粘法：用齿口镘刀将专用黏结剂沿水平方向均匀地抹在挤塑板上，条宽 10 mm，厚度 10 mm，中距 50 mm。

（4）将抹好专用黏结剂的挤塑板迅速粘贴在墙面上，以防止表面结皮而失去黏结作用。不得在挤塑板侧面涂抹专用黏结剂。

（5）挤塑板粘上墙后，应用 2 m 靠尺压平，保证其平整度及粘贴牢固，板与板之间要挤紧，不得有缝，因切割不直构成的缝隙，用挤塑板条塞入并磨平。每粘完一块板，应将挤出的专用黏结剂清除。

（6）挤塑板粘贴应分段自下而上沿水平方向横向铺贴，每排板应错缝 1/2 板长，局部最小错缝不得小于 100 mm。

5. 安装固定件

（1）固定件在挤塑板粘贴 8 h 后开始安装，并在其后 24 h 内完成。按设计要求的位置用冲击钻钻孔，孔径 10 mm，钻入基层墙体深度约为 60 mm，固定件锚入基层墙体的深度约为 50 mm，以确保牢固可靠。

（2）固定件个数按设计说明要求设置。

（3）自攻螺钉应挤紧并将工程塑料膨胀钉帽与挤塑板表面齐整或略拧入一些，确保膨胀钉尾部回拧，使其与基层墙体充分锚固。

6. 打磨

（1）挤塑板接缝不平处应用粗砂纸打磨，动作为轻柔的圆周运动，不要沿着与挤塑板接缝平行的方向打磨。

（2）打磨后及时将挤塑板碎屑及浮灰用刷子清理干净。

7. 做装饰线角

（1）根据设计要求用墨线弹出需要做线角的位置，并进行水平和竖直方向校正。

（2）凹线角使用开槽器将挤塑板切成凹口，挤塑板凹口最薄处不小于 15 mm。

（3）凸线角应按设计尺寸切割后，在线角及对应挤塑板两面刷界面剂一道，再涂满专用黏结剂，使其粘贴牢固。

8. 抹底层聚合物砂浆

（1）将配置好的聚合物砂浆均匀地涂抹在挤塑板上，厚度为 2 mm。

（2）聚合物砂浆的配置同专用黏结剂。

9. 压入网格布

（1）网格布应按工作面的长宽要求裁剪，并应留出搭接宽度。网格布的裁剪应顺经纬向进行。

（2）在门窗等洞口周围用网格布翻包，四角均应附加一层网格布加强，整幅网格布应在洞口周边翻包及附加网格布之上。

（3）在洞口及网格布翻包部位的挤塑板正面和侧面，均涂抹聚合物砂浆（只允许此处的挤塑板端边抹聚合物砂浆）。将预先甩出的网格布沿板厚翻转，并压入聚合物砂浆中。

（4）将整幅网格布沿水平方向绷直绷平，注意将网格布内曲的一面朝里，用抹子由中间向上、下两边将网格布抹平，使其紧贴。网格布水平方向搭接宽度不小于 100 mm，垂直方向搭接长度不小于 80 mm，搭接处用聚合物砂浆补充底层砂浆的空缺处，不得使网格布皱褶、空鼓、翘边。

（5）在凹凸线角处，应将窄幅网格布埋入底层聚合物砂浆内，将整幅网格布放在窄幅网格布之上，搭接宽度 80 mm。

（6）在墙身阴阳角处两侧网格布双向绕角相互搭接，各侧搭接宽度不小于 200 mm。

10. 抹面层聚合物砂浆

（1）抹完底层聚合物砂浆并压入网格布后，待砂浆凝固至表面不粘手时，开始抹面层聚合物砂浆，抹面厚度以盖住网格布为准，使聚合物砂浆总厚度为 2.5 ~ 3.0 mm。

（2）为提高外墙抗冲击能力，应增加一层网格布，并按照前两项工序进行两遍，聚合物砂浆总厚度为 3.5 ~ 4.0 mm。

11. 变形缝、界格缝处施工

（1）墙身变形缝的金属盖缝板应在挤塑板粘贴前按设计定位并与基层墙体固定牢固。

（2）在金属盖缝板与挤塑板相接处及界格缝处填塞发泡聚乙烯实心圆棒，其直径应为缝宽的 1.3 倍，分两次嵌入密封膏，深度为缝宽的 50% ~ 70%。

（3）密封膏的施工应注意不要污染两边挤塑板面层。

12. 饰面层的施工

（1）饰面层采用水溶性高弹涂料时，施工前应修补聚合物砂浆不平处，并用细砂纸打磨，然后进行涂料施工。

（2）饰面层采用面砖时，黏结剂及勾缝砂浆应采用专用瓷砖黏结剂。

13. 修补孔洞

（1）当脚手架拆除后，应及时对孔洞进行修补。对墙体孔洞用相同的基层墙体材料进行填补，并用 1∶3 水泥砂浆抹平。

（2）根据孔洞尺寸切割挤塑板并打磨其边缘部分，使之能严密封填于孔洞处，并在挤塑板两面刷界面剂一道。

（3）待孔洞水泥砂浆凝固后，将挤塑板背面涂 10 mm 厚的专用黏结剂，将挤塑板塞入洞中，注意不要在四周边沿涂专用黏结剂。

（4）裁剪面积能覆盖整个修补区域大小的网格布，并与周边网格布搭接 80 mm。

（5）涂抹底层聚合物砂浆，埋入修补用的网格布，待表面不粘手时，再涂面层聚合物砂浆，厚度应与周边一致。

（6）用湿毛刷将新旧表面不平整处整平，并将孔洞边缘刷平。

六、质量检验标准

1. 保证项目

（1）挤塑板、网格布的规格和各项技术指标，聚合物砂浆配置原料的质量应符合相应规范的规定。

（2）挤塑板应与墙面粘贴牢固，无松动和虚粘现象。

（3）聚合物砂浆与挤塑板应粘贴紧密，无脱层、空鼓、面层无爆灰和裂缝。

2. 基本项目

（1）每块挤塑板与基层面的总粘贴面积为 30% ~ 50%。

（2）固定件胀塞部分进入结构墙体不小于 50 mm。

（3）挤塑板碰头缝不抹黏结剂。

（4）网格布应横向铺贴，压粘密实，不能有空鼓、皱褶、翘边、外露等现象，水平方向搭接宽度不小于 100 mm，垂直方向搭接宽度不小于 80 mm。

（5）聚合物砂浆厚度不宜大于 4 mm，首层不大于 5 mm。

七、允许偏差项目

挤塑板安装允许偏差及检验方法应符合表 11-1 规定。

表 11–1 挤塑板安装允许偏差及检验方法

项目允许偏差 /mm	检验方法
表面平整 2 度	2 m 靠尺和塞尺检查
垂直度每层 5 度	用 2 m 托线板检查
总高 H/1 000，且不大于 20 mm	经纬仪或吊线和尺量检查
阴阳角垂直 2 度	用 2 m 托线板检查
阴阳角方正 2 度	用 200 mm 方尺和塞尺检查
接缝高差 1.5 mm	用直尺和塞尺检查

【知识拓展】

外墙保温施工方案（二）

一、外墙涂料

（1）墙面空鼓、开裂、露网情况已整改完善，门洞口、窗洞口已收口完善，阳台铁花栏杆、落水管支架、铝合金窗框、线条及各种管线等需要在墙面打洞的，已安装完成，并已补洞完成。玻璃安装则待外墙涂料完成再进行施工。

（2）阳台、露台、屋面防水已施工完成，地坪混凝土已浇筑

（3）外阳台及空调板（与雨水将直接接触部位）滴水及线条防流挂措施已到位。

（4）线条顺直，无大小头。防流挂措施已处理到位。

（5）墙面观感质量合格，无明显抹痕。

（6）外墙面抹灰（或保温抗裂砂浆面层）施工应已完善，墙面基本干燥，含水率在 10% 以下，pH 小于 10。

（7）基层表面清洁，无杂物、油污、浮灰。

（8）阳台、露台、斜屋面、空调机位防水层，基层抹灰收口完成，门窗洞口抹灰收口收边完善，涂料应是在基层抹灰到位后，才能进行施工。

（9）检查基面平整度、垂直度，应保证达到中级抹灰要求。

二、成品保护

（1）对楼地面的成品保护：涂料的堆放和搅拌处用彩条布垫底，避免涂料污染地面。

（2）对室内的阳角、墙面做好保护：在材料运输过程中，对室内的阳角、墙面做好保护，避免碰撞造成阳角缺角或破坏墙面；在喷涂到门窗洞口时，在洞口一侧需用挡板遮住，防止涂料从窗口进入室内，污染地面、墙面；不得在室内墙面、地面随便滚涂。

（3）对门窗、栏杆的保护：在施工过程中，保护好门窗、栏杆的保护膜，不得破坏，一旦发现有破损的地方及时修补；涂料施工时，要异常注意防止造成污染，如一旦污染，

应立刻用湿抹布擦拭干净；为防止损坏保护膜和栏杆、窗框，严禁在栏杆、窗口上放置竹跳板和杂物，人员不得踩踏栏杆和窗框。

（4）对已完工的涂料成品的保护：在后一种涂料施工时，容易污染部位用彩条布遮盖，避免构成交叉污染。

（5）对管道及支架的保护：在涂料施工时，不得损坏管道支架，不得将涂料污染到管道上，如一旦污染，要立刻用湿抹布擦拭干净。

（6）对已完工的涂料成品，在漆膜未完全成膜前，如果遇到雨天须用彩条布遮盖保护，防止构成雨痕和流挂，从而造成污染和返工。

三、真石漆喷涂

（1）喷涂时浮点大小可用“枪塞”来调节控制，在喷涂过程中，喷枪口中心线要始终与喷面垂直，喷枪斗与喷面距离为 0.3 ~ 0.5 m。按设计效果调节喷枪，使其气压和出料达到所要求的效果。

（2）以分格为单位喷涂完整的工作面，收枪或中涂收工，应喷涂完整的分格面，不允许喷涂一半就停工，避免造成接痕。

（3）在真石漆未干时，用平滚筒滚压一遍。喷涂一格，在石漆未干燥时，及时揭掉分格黏胶带。

四、分格缝施工

（1）按照设计要求每条分格缝间隔为 600 mm，呈水平分布。

（2）根据现场实际情景，对窗口、线条部位的个别分格缝进行微调，确保美观，并尽可能一致。

（3）方法：刷分格缝漆、弹水平线、贴 20 mm 宽的美纹纸、喷真石漆、撤除美纹纸。

（4）控制要点：确保分格缝在一条水平线上，修补时不能超过上下水平线。

五、脚手架洞的处理

（1）如遇脚手架无法移动而留下洞口，待基层处理到位后一整块一齐修补。

（2）预留 600 mm × 600 mm 的方框，用同批次材料进行修补，特别注意对接头的控制。

六、细节处理——阴角喷涂要点

（1）阴角喷涂，应从阴角同时往两边喷涂，减少阴角堆积。

（2）待 15 ~ 20 min 后，对阴角形成的毛刺用铁板轻压，使阴角保持顺直。

七、细节处理——后收口部位的处理

涂料施工要求一次性整遍成活，质量效果才有保证，切忌反复施工。土建收口未完成暂时不施工该部位，以阴角或阳角断开，待收口完成后单独进行施工。

任务 11.2　建筑施工碳排放计算

【任务引入】

建筑物从其原材料生产、运输、施工安装、运营使用到拆除处理整个全生命周期内都会排放出大量温室气体，致使建筑领域一直是世界能源消耗和温室气体排放的主要门户之一。其中，建筑施工阶段温室气体排放是建筑全生命周期排放量的重要组成部分，具有高强度和集中排放的特点，在建设期间需要消耗大量的资源并在短期内排放出大量温室气体。因此，施工阶段碳排放计算在建筑全生命周期碳排放评估中占有重要地位，也是实施建筑工程施工低碳化的必经之路。

【知识准备】

建筑工程从最初规划设计到最终的废物处理的全生命周期各过程中，均会产生能源消耗和碳排放等环境影响。因此，从全生命周期角度系统、全面地分析建筑工程碳排放水准和影响因素，对实现全行业以及全社会低碳发展具有重要意义。

一、碳排放计算方法

近年来，生命周期评价法已被广泛应用于碳排放与能耗等计算分析中，主要包括基于过程的生命周期评价方法（process-based LCA）、基于投入产出分析的生命周期评价方法（input-output-based LCA）、混合式生命周期评价方法（hybrid LCA），以及实测法等诸多计算理论，如图 11-1 所示。

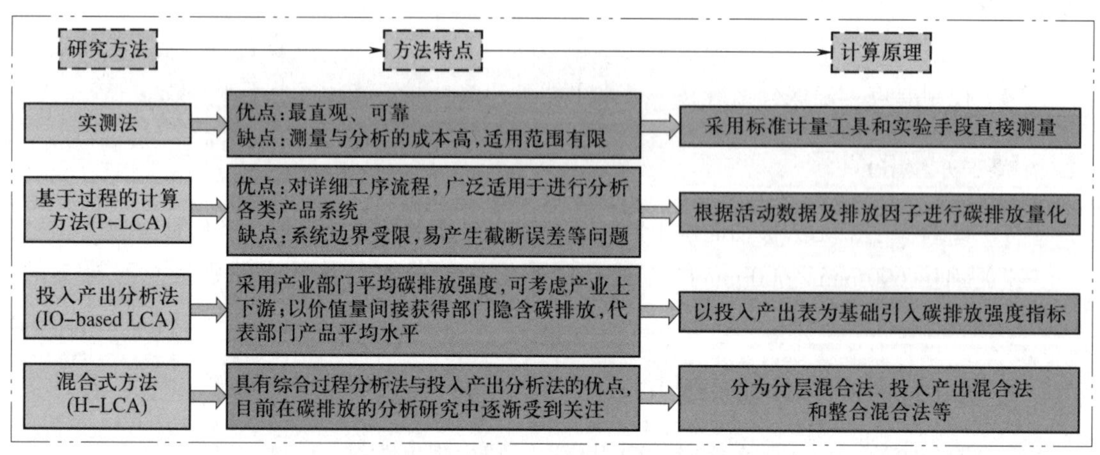

图 11-1　生命周期碳排放计算方法

二、建造阶段碳排放计算

建造阶段的碳排放量应为现场能源利用与施工废弃物运输碳排放量之和。其中，现场能源利用又可进一步划分为施工机械的运行能耗，以及现场临时照明、办公、生活等的能

耗。采用基于过程的计算方法计算建造阶段的碳排放量，其公式为

$$E^{con}=E^{mac}+E^{coe}+E^{cwt} \quad (11-1)$$

式中：E^{mac}——机械运行耗能的碳排放量（t_{CO_2e}）；

E^{coe}——其他临时用能的碳排放量（t_{CO_2e}）；

E^{cwt}——施工废弃物运输的碳排放量（t_{CO_2e}）。

值得注意的是，《建筑碳排放计算标准》（GB/T 51366—2019）规定仅需考虑机械设备小型机具、临时设施等的碳排放，未包含废弃物运输、临时生活与办公的碳排放。

1. 施工机械运行碳排放计算

施工机械运行的碳排放可根据机械耗能量与能源碳排放因子按下式计算，即

$$E^{mac}=\sum_j Q_j^{mac,e} EF_j^{e} \quad (11-2)$$

式中：$Q_j^{mac,e}$——施工机械运行对能源 j 的消耗总量。

在碳排放核算阶段，应根据施工现场单据、仪表示数等完成机械耗油量、耗电量的统计。

（1）在碳排放预算阶段，施工机械运行的能源消耗总量宜根据施工机械台班定额与工程消耗量定额等，采用施工工序能耗估算法按下式估算，即

$$Q_j^{mac,e}=Q_j^{sub,e}+Q_j^{mea,e} \quad (11-3)$$

式中：$Q_j^{sub,e}$——分部分项工程的能源消耗总量；

$Q_j^{mea,e}$——措施项目的能源消耗总量。

（2）分部分项工程的能源消耗总量应按下列公式计算，即

$$Q_j^{sub}=\sum_m Q_m^{sub} f_{jm}^{sub} \quad (11-4)$$

$$f_{jm}^{sub}=\sum_n q_{nm}^{mac} q_{jn}^{mac,e}+q_{jm}^{oth,e} \quad (11-5)$$

式中：Q_m^{sub}——分部分项工程中项目 m 的工程量；

f_{jm}^{sub}——项目 m 单位工程量对能源的消耗量；

q_{nm}^{mac}——项目 m 单位工程量对施工机械 n 的消耗量（台班）；

$q_{jn}^{mac,e}$——施工机械 n 单位台班对能源的消耗量；

$q_{jm}^{oth,e}$——项目 m 单位工程量中，小型施工机具不列入机械台班消耗量，但其消耗的能源列入材料部分的能源 j 消耗量。

（3）措施项目的能耗计算应符合以下规定。

脚手架、模板及支架、垂直运输、建筑物超高等可计算工程量的措施项目，其能耗应按下列公式计算，即

$$Q_j^{mea,e}=\sum_m Q_m^{mea} f_{jm}^{mea} \quad (11-6)$$

$$f_{jm}^{mea}=\sum_n q_{nm}^{mac}\, q_{jn}^{mac,e} \quad (11-7)$$

式中：Q_m^{mea}——措施项目 m 的工程量；

f_{jm}^{mea}——措施项目 m 单位量对能源的消耗量。

施工降排水应包括成井和使用两个阶段，其能源消耗应根据项目降排水专项方案

计算。

其他施工临时设施（如垂直运输）消耗的能源应根据施工企业编制的临时设施布置方案和工期计算确定。

2. 其他临时碳排放计算

施工现场其他临时用能的碳排放量可按下式计算，即

$$E^{coe}=\sum_{j} Q_j^{coe,e} EF_j^{e} \tag{11-8}$$

式中：$Q_j^{coe,e}$——施工现场其他临时活动对能源 j 的消耗总量。

在碳排放核算阶段，临时用能量（主要是用电）应以电表示数、燃料采购单据等为依据，并可与机械运行用能合并统计。在碳排放预算阶段，临时用能量可根据用能指标估计值、施工面积和工期按下式估算，即

$$Q_j^{coe,e}=f_j^{coe,e}A^{con}T^{con} \tag{11-9}$$

式中：$f_j^{coe,e}$——单位时间、单位施工面积的用能指标估计值；

A^{con}——施工面积（m^2）；

T^{con}——预计工期（d）。

3. 施工废弃物运输碳排放计算

施工废弃物运输的碳排放量可采用材料运输过程的计算方法。在碳排放核算阶段，废弃物运输能耗根据运输载具的燃料或动力购买单据统计；而在碳排放预算阶段，根据单位面积的预估施工废弃物量、施工面积和废弃物运输距离按式 11–10 估计废弃物的运输量。一般来说，施工废弃物仅考虑通过公路运输至废弃物处理厂或填埋场。

$$Q^{cwt}=q^{cwt}A^{con}D^{cwt} \tag{11-10}$$

式中：Q^{cwt}——施工废弃物的运输量（t · km）；

q^{cwt}——单位施工面积的预估废弃物量（t/m）；

D^{cwt}——施工废弃物的公路运输距离（km）。

【任务实施】

一、案例一

已知某钢筋加工分项工程的工程量为 24.5 t，单位分项工程的施工机械台班消耗量及台班耗电量见表 11–2，计算该分部分项工程的施工机械运行碳排放量［提示：用电碳排放因子取 0.68 $kgCO_{2e}$/（kW · h）］。

表 11–2　单位分项工程的施工机械台班消耗量及台班耗电量

机械	名称	钢筋调直机	钢筋切断机	钢筋弯曲机	直流弧焊机	对焊机	电焊条烘干箱
	型号	14 mm	40 mm	40 mm	32 kV · A	75 kV · A	45 cm × 35 cm × 45 cm
消耗量（台班 /t）		0.095	0.105	0.242	0.473	0.095	0.047
耗电量 /（kW · h/t）		11.9	32.1	12.8	93.6	122.0	6.7

解：由式（11–5），单位钢筋加工分项工程的耗电量为

$$f^{sub}_{钢筋加工}=(0.095\times11.9+0.105\times32.1+0.242\times12.8+0.473\times93.6+0.095\times122.0+0.047\times6.7)\text{kW}\cdot\text{h/t}\approx63.78\text{kW}\cdot\text{h/t}$$

由式（11–4），钢筋加工分项工程的总耗电量为

$$Q^{s}_{钢筋加工}=(24.5\times63.78)\text{kW}\cdot\text{h}\approx1562.6\text{kW}\cdot\text{h}$$

代入式（11–2），钢筋加工分项工程的碳排放总量为

$$E^{mac}=(1562.6\times10^{-3}\times0.68)t_{CO_2e}\approx1.063t_{CO_2e}$$

二、案例二

根据某建筑工程施工方案，预计工期为 185 d，施工面积为 3624 m^2，预估临时照明用电量为 0.05 kW·h/（m^2·d）；现场办公、生活区的面积为 360 m^2，单位面积日均用量为 0.2 kW·h/（m^2·d），估计现场临时用能的碳排放量［提示：用电碳排放因子 0.68 $kgCO_{2e}$·/（kW·h）］。

解：根据已知条件，单位施工面积的现场办公、生活用电量指标为

$$f^{coe}_{办公、生活}=(0.2\times360\div3624)\text{kW}\cdot\text{h/(m}^2\cdot\text{d)}\approx0.02\text{kW}\cdot\text{h/(m}^2\cdot\text{d)}$$

由式（11–9），临时照明与现场办公、生活用电量分别为

$$Q^{coe}_{临时照明}=(0.05\times3624\times185)\text{kW}\cdot\text{h}\approx33522\text{kW}\cdot\text{h}$$

$$Q^{coe}_{办公、生活}=(0.02\times3624\times185)\text{kW}\cdot\text{h}\approx13409\text{kW}\cdot\text{h}$$

根据式（11–8），施工现场其他临时用能的碳排放量为

$$E^{coe}=[(33522+13409)\times10^{-3}\times0.68]t_{CO_2e}\approx31.91t_{CO_2e}$$

三、东禾建筑碳排放计算分析

建筑物碳排放计算采用碳排放因子法，将各部分活动形成的能源与材料消耗量乘以对应的二氧化碳排放因子，计算出建筑物不同阶段相关活动的碳排放。对于制冷剂等特殊物质释放产生的碳排量，根据其全球变暖潜值转换为二氧化碳当量。采用碳排放因子法得到各单项活动的碳排量，按照类别进行汇总可分别计算出建材生产和运输、建造和拆除、运行各阶段的碳排量。以北方某办公楼建筑结构为例，采用东禾软件对其施工方面进行总体碳排放量的计算。

1. 北方某办公楼 BIM 模型（图 11–2）导入

图 11–2　北方某办公楼模型

2. 填写建筑信息（图 11-3）

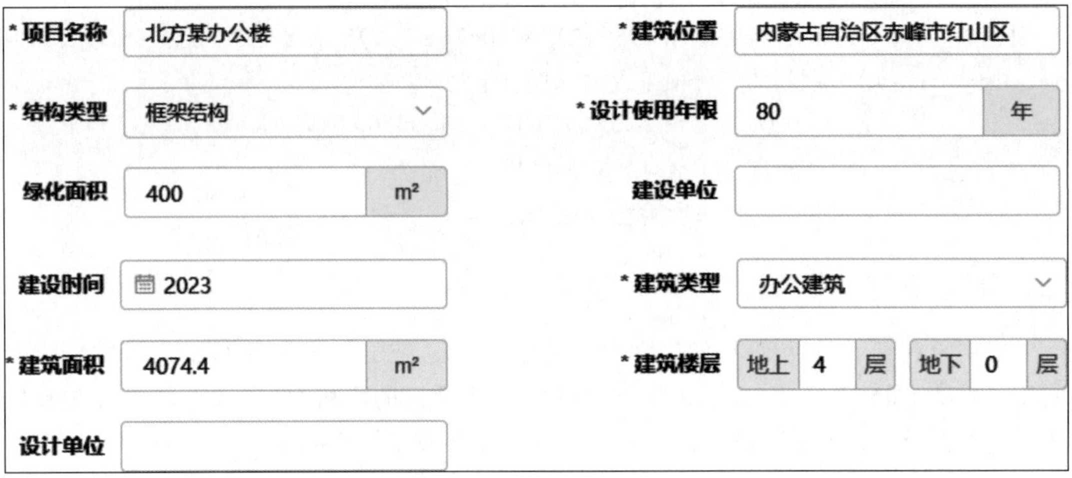

* 项目名称	北方某办公楼	* 建筑位置	内蒙古自治区赤峰市红山区
* 结构类型	框架结构	* 设计使用年限	80 年
绿化面积	400 m²	建设单位	
建设时间	2023	* 建筑类型	办公建筑
* 建筑面积	4074.4 m²	* 建筑楼层	地上 4 层 地下 0 层
设计单位			

图 11-3　填写建筑信息

3. 导入建造阶段信息

建造阶段碳排放计算见表 11-3。

表 11-3　建造阶段碳排放

建造类别	设备名称	单位	工程量	碳排放因子 $kgCO_{2e}$/（单位工程量）	碳排量 $t_{CO_{2e}}$
能源	柴油	t	60	4211.0000	252.70
能源	汽油	t	35	4252.3000	148.90
机械	电动单级离心清水泵	台班	1	19.6000	0.10
机械	施工电梯	台班	2	38.9000	0.10
机械	电动单梁起重机	台班	1	40.7000	0.10
…	…	…	…	…	…
合计					0

按设计使用年限 80 年计算，建造阶段的碳排放强度为______ $kgCO_2e$/（$m^2 \cdot a$），年均碳排量为______ $kgCO_2e/a$。

注：建造阶段数据计算条目共 5 条，如图 11-4 所示，按照单项碳排量大小排序，最后合计数据为该项目所有建造内容所产生的碳排量总和。

序号	类别	名称	规格型号	单位	数量	碳排放量 (tCO₂e)	操作
1	能源	柴油		t	60	252.7	
2	能源	汽油		t	35	148.9	
3	机械	电动单级离心清水泵	出口直径 (mm) 200 小	台班	1	0.1	
4	机械	施工电梯	单笼 130m	台班	2	0.1	
5	机械	电动单梁起重机	提升质量(t) 10 中	台班	1	0.1	

图 11–4　建造阶段数据计算条目

4. 补充建筑信息并计算导出报告

【知识拓展】

推行绿色施工

施工过程作为建筑全生命周期中的一个重要阶段，是实现建筑领域资源节约和节能减排的关键环节。《建筑工程绿色施工规范》(GB/T 50905—2014)对绿色施工的定义是：在保证质量、安全等基本要求的前提下，通过科学管理和技术进步，最大限度地节约资源，减少对环境的负面影响，实现节能、节材、节水、节地和环境保护的建筑工程施工活动。实施绿色施工，应依据因地制宜的原则，贯彻执行国家、行业和地方相关的技术经济政策。绿色施工应是可持续发展理念在工程施工中全面应用的体现，绿色施工并不仅仅指在工程施工中实施封闭施工，没有尘土飞扬，没有噪声扰民，在工地四周栽花、种草，实施定时洒水等这些内容，它涉及可持续发展的各个方面，如生态与环境保护、资源与能源利用、社会与经济发展等内容。作为人口众多的发展中国家，我国现阶段仍保持较高的建设量，推行绿色施工对管理与控制建筑施工建造过程的资源、能源消耗及碳排放具有重要作用。

《“十四五”建筑业发展规划》将“绿色低碳生产方式初步形成”作为一项重要发展目标，并提出：持续深化绿色建造试点工作，提炼可复制推广经验；开展绿色建造示范工程创建行动，提升工程建设集约化水平，实现精细化设计和施工；培育绿色建造创新中心，加快推进关键核心技术攻关及产业化应用；研究建立绿色建造政策、技术、实施体系，出台绿色建造技术导则和计价依据，构建覆盖工程建设全过程的绿色建造标准体系；在政府投资工程和大型公共建筑中全面推行绿色建造；积极推进施工现场建筑垃圾减量化，推动建筑废弃物的高效处理与再利用，探索建立研发、设计、建材和部品部件生产、施工、资源回收再利用等一体化协同的绿色建造产业链。

《“十四五”建筑节能与绿色建筑发展规划》提出：大力发展钢结构建筑，鼓励医院、学校等公共建筑优先采用钢结构建筑，积极推进钢结构住宅和农房建设，完善钢结构建筑防火、防腐等性能与技术措施；在商品住宅和保障性住房中积极推广装配式混凝土建筑，完善适用于不同建筑类型的装配式混凝土建筑结构体系，加大高性能混凝土、高强钢筋和消能减震、预应力技术的集成应用；因地制宜发展木结构建筑；推广成熟可靠的新型绿色建造技术；完善装配式建筑标准化设计和生产体系，推行设计选型和一体化集成设计，推广少规格、多组合设计方法，推动构件和部品部件标准化，扩大标准化构件和部品部件使用规模，满足标准化设计选型要求；积极发展装配化装修，推广管线分离、一体化装修技术，提高装修品质。

《“十四五”住房和城乡建设科技发展规划》将“绿色建造技术”作为城乡建设绿色低碳技术重点任务之一，具体包括：开展全过程绿色低碳建造关键技术、建筑全寿命期垃圾减量化和资源化利用关键技术、城市低影响开发设计施工关键技术、绿色建造前策划后评估技术、建造过程排放控制关键技术等研究与应用。

复习思考题

1. 外墙保温施工工序有哪些？
2. 简述外墙保温施工操作要点。
3. 被动房的典型应用场景有哪些？
4. 建筑施工碳排放计算方法有哪些？

参考文献

［1］刘红波，张帆，陈志华，王龙轩．人工智能在土木工程领域的应用研究现状及展望［J/OL］．土木与环境工程学报（中英文），2024，46（1）：14–32.

［2］张凯，陆玉梅，陆海曙．双碳目标背景下我国绿色建筑高质量发展对策研究［J］．建筑经济，2022，43（03）：14–20.

［3］黄光球，郭韵钰，陆秋琴．基于智能建造的建筑工业化发展模式研究［J］．建筑经济，2022，43（03）：28–34.

［4］陈珂，丁烈云．我国智能建造关键领域技术发展的战略思考［J］．中国工程科学，2021，23（04）：64–70.

［5］刘占省，孙啸涛，史国梁．智能建造在土木工程施工中的应用综述［J］．施工技术（中英文），2021，50（13）：40–53.

［6］杨宇沫．基于BIM的装配式建筑智慧建造管理体系研究［D］．西安科技大学，2020.

［7］吴建清，宋修广．智慧公路关键技术发展综述［J］．山东大学学报（工学版），2020，50（04）：52–69.

［8］刘占省，刘诗楠，赵玉红，杜修力．智能建造技术发展现状与未来趋势［J］．建筑技术，2019，50（07）：772–779.

［9］鲍跃全，李惠．人工智能时代的土木工程［J］．土木工程学报，2019，52（05）：1–11.

［10］工业和信息化部电信研究院．物联网白皮书（2022）

［11］丁烈云．智能建造推动建筑产业变革［N］．中国建设报，2019–06–07（8）.

［12］肖绪文．智能建造务求实效［N］．中国建设报，2021–04–05（4）.

［13］钱七虎．工程建设领域要向智慧建造迈进［J］．建筑，2020（18）：17–18.

［14］毛志兵．智慧建造决定建筑业的未来［J］．建筑，2019（16）：22–24.

［15］李久林．智慧建造关键技术与工程应用［M］．北京：中国建筑工业出版社，2017.

［16］王要武，吴宇迪．智慧建设及其支持体系研究［J］．土木工程学报，2012，45（S2）：241–244.

［17］马智亮．走向高度智慧建造［J］．施工技术，2019，48（12）：1–3.

［18］樊启祥，林鹏，魏鹏程，等．智能建造闭环控制理论［J］．清华大学学报（自然科学版），2021，61（7）：660–670.

［19］郭红领．智能建造之思考［N］．中国建设报，2020–10–13（8）.

［20］刘占省，孙佳佳，杜修力，等．智慧建造内涵与发展趋势及关键应用研究［J］．

施工技术，2019，48（24）：1-7，15.

［21］刘文峰，廖维张，胡昌斌．智能建造概论［M］．北京：北京大学出版社，2021.

［22］韩豫，孙昊，李宇宏，尤少迪．智慧工地系统架构与实现［J］．科技进步与对策，2018，35（24）：107-111.

［23］闫文娟，王水璋．无人机倾斜摄影航测技术与 BIM 结合在智慧工地系统中的应用［J］．电子测量与仪器学报，2019，33（10）：59-65.

［24］王鑫，杨泽华，国连斌．智能建造工程技术［M］．北京：中国建筑工业出版社，2021.

［25］王宇航，罗晓蓉．智能建造概论［M］．北京：机械工业出版社，2021.

［26］刘守宇，宋海港，周亮，朱留洋．基于 BIM+ 智慧工地精细化协同管理平台架构［J］．重庆建筑，2022，21（03）：23-25.

［27］叶昌润；刘志松，方文．基于 BIM 技术的智慧工地施工管理研究［J］．智能建筑与智慧城市．2022，（10）：75-77.

［28］叶亚三．基于 BIM 与智慧工地的集成化施工建设技术应用［J］．中国招标．2022，（10）：124-126.

［29］刘洋宇．基于人脸识别技术的智慧工地人员出入管理系统设计［J］．信息与电脑（理论版）．2022，34（04）：139-141.

［30］蒲祖红，崔隽娜．智慧工地系统在建筑施工过程中的应用［J］．智能建筑与智慧城市．2022，（10）：93-95.

［31］王振飞．土木工程施工［M］．北京：高等教育出版社，2022.

［32］张蓓，高理，郭玉霞．建筑施工技术［M］．北京：北京理工大学出版社，2020.

［33］中华人民共和国住房和城乡建设部，中华人民共和国国家质量监督检验检疫总局．建筑地基基础工程施工规范（GB 51004—2015）［S］．北京：中国计划出版社，2015.

［34］蒋春平，张蓓．建筑施工技术［M］．2 版．北京：中国建材工业出版社，2012.

［35］刘彦青，梁敏，刘志宏．建筑施工技术［M］．3 版．北京：北京理工大学出版社，2018.

［36］尹素花，常建立．建筑施工技术［M］．北京：北京理工大学出版社，2016.

［37］吴志红，陈娟玲，张会．建筑施工技术［M］．2 版．南京：东南大学出版社，2016.

［38］贺晓文，陈卫东，孙羽．建筑施工技术［M］．北京：北京理工大学出版社，2016.

［39］建筑施工手册［M］．5 版．北京：中国建筑工业出版社，2012.

［40］东南大学，天津大学，同济大学．混凝土结构（上册）混凝土结构设计原理［M］．7 版．北京：中国建筑工业出版社，2020.

［41］李辉，黄敏．建筑施工技术［M］．3 版．重庆：重庆大学出版社，2022.

［42］朱星，钱军，强伟．建筑施工技术［M］．南京：南京大学出版社，2019.

［43］姚谨英，姚晓霞．建筑施工技术［M］．7 版．北京：中国建筑工业出版社，2022.

［44］张耀春．钢结构设计原理［M］．2 版．北京：高等教育出版社，2020.

［45］陈绍蕃，顾强．钢结构（上册）：钢结构基础［M］．4 版．北京：中国建筑工业出版社，2018.

［46］戴国欣．钢结构［M］．5 版．武汉：武汉理工大学出版社，2019.

［47］赵春荣．钢结构施工［M］．北京：中国人民大学出版社，2022.

［48］李高锋，刘大鹏，焦文俊．建筑施工技术［M］．南京：南京大学出版社，2020.

［49］蒋金生．土建工程施工工艺标准（下）［M］．杭州：浙江大学出版社，2020.

［50］王利文．土木工程施工技术［M］．北京：中国建筑工业出版社，2021.

［51］胡建琴，温鸿武．钢结构施工技术［M］．2 版．北京：化学工业出版社，2016.

［52］戴立先．钢结构工程细部节点做法与施工工艺图解［M］．北京：中国建筑工业出版社，2018.

郑重声明

读者意见反馈

为收集对教材的意见建议，进一步完善教材编写并做好服务工作，读者可将对本教材的意见建议通过如下渠道反馈至我社。

咨询电话 400-810-0598

反馈邮箱 gjdzfwb@pub.hep.cn

通信地址 北京市朝阳区惠新东街4号富盛大厦1座

高等教育出版社总编辑办公室

邮政编码 100029

授课教师如需获得本书配套教辅资源，请登录“高等教育出版社产品信息检索系统”（https://xuanshu.hep.com.cn/）搜索下载，首次使用本系统的用户，请先进行注册并完成教师资格认证。